汽车电器与控制技术

主　编　吴旭文　傅连开　王道勇

扫描二维码进入本书配套网络课程

北京理工大学出版社
BEIJING INSTITUTE OF TECHNOLOGY PRESS

内 容 简 介

本书知识内容，涉及汽车电器部分的九大系统，如：铅酸蓄电池、交流发电机、起动机系统、数字点火系统、灯光系统、传统仪表及新技术仪表、辅助电器系统、安全气囊、汽车空调等系统的知识。引入了汽车电源引入 AMG 电池、电源管理、分区空调、汽车显控技术、智慧大灯、矩阵大灯、虚拟成像、无钥匙进入、全景影像……

本书可作为高等院校、高职院校汽车类专业的专业教材，也可以作为汽车维修电工证的技术培训教材，还可供汽车修理厂、汽车运输部门的工程技术人员、技术工人作技术参考用书。

版权专有　侵权必究

图书在版编目（CIP）数据

汽车电器与控制技术／吴旭文，傅连开，王道勇主编. -- 北京：北京理工大学出版社，2022.11
ISBN 978 - 7 - 5763 - 1843 - 2

Ⅰ. ①汽… Ⅱ. ①吴… ②傅… ③王… Ⅲ. ①汽车 - 电气设备②汽车 - 电子控制 Ⅳ. ①U463.6

中国版本图书馆 CIP 数据核字（2022）第 212645 号

出版发行 /	北京理工大学出版社有限责任公司
社　　址 /	北京市海淀区中关村南大街 5 号
邮　　编 /	100081
电　　话 /	（010）68914775（总编室）
	（010）82562903（教材售后服务热线）
	（010）68944723（其他图书服务热线）
网　　址 /	http：//www.bitpress.com.cn
经　　销 /	全国各地新华书店
印　　刷 /	涿州市新华印刷有限公司
开　　本 /	787 毫米 ×1092 毫米　1/16
印　　张 /	18.75
字　　数 /	437 千字
版　　次 /	2022 年 11 月第 1 版　2022 年 11 月第 1 次印刷
定　　价 /	89.00 元

责任编辑／多海鹏
文案编辑／多海鹏
责任校对／周瑞红
责任印制／李志强

图书出现印装质量问题，请拨打售后服务热线，本社负责调换

前 言

基于国家"产教融合、工学结合、校企合作"的三教改革，本教材通过引入在用汽车电器的前端技术，解决现行汽车电器课程教材内容陈旧简浅、技术与知识严重脱节、同质化严重等较迫切的问题，对标衔接汽车产业升级转型需求，及时将新技术、新工艺、新规范纳入教材，推动教学与产业升级后的职业岗位业务高度融合，为行业、区域输送发展需要的、有发展韧劲的高素质技术技能复合型人才。

本教材的编写特点：

1. 采用区域及块层的方式，对教材进行知识叠加与区分，以方便不同层次的高职学生（或应用本科）使用；

2. 教材根据不同系统的知识特性，将采用与之相适应的多元教学组织形式，以满足研发、测试、维修、推广等岗位要求为线、面进行搭建分层，并以企业岗位真实的任务与问题为导向，在保留7+2传统系统领域的基础上，彻底重构区域的知识体系与知识的逻辑关系，导入企业不同层次的工作任务或学习任务，其内容既有技能型、知识应用型、探讨型等多样性的技术体系，又设有技术拓展任务。

设计的逻辑思想：提出实际工作任务或学习任务——厘清并整合任务，提出方向引导——关键性知识的解构及其实践应用——尝试完成工作任务或学习任务——做技术拓展延伸，开拓及巩固学生已学的知识——进行任务复盘自查、评价及总结经验。

教材依托有银在线开放课程等信息化资源，紧扣课程目标，以问题为导向，实践、思考相融合，以层叠链式推进为主线，创设企业在用场景，完整实现学思践悟的成才路径，为学习提供方便、高效的学习模式。

3. 教材内容更多以点的方式进行解析，做到以点带面、触类旁通。

4. 教材内容在编写时，尽量保证技术、知识的前瞻性与引领性。

本书在编写过程中参阅了大量的技术手册、书籍资料，这些资料给予了很大的帮助，在此，向相关的作者及广东德大宝马技术总监罗伟春、本田汽车维修培训讲师胡伟忠等企业人员，一并表示感谢。

由于知识浩瀚及本人水平的局限等，难免有错漏，在此，恳请读者提出宝贵意见。

编 者

目 录

模块一　汽车电路的识读基础 ·· 001
- 任务1　认知汽车电路组成与特点 ·· 002
- 任务2　解析中间装置结构原理，并完成测试 ··· 006
- 任务3　认知电路符号与识读电路 ·· 011

模块二　铅酸蓄电池 ··· 023
- 任务1　铅酸蓄电池的识别与指标评价 ··· 024
- 任务2　蓄电池充放电原理及电池均衡性分析 ··· 028
- 任务3　蓄电池主要参数与性能测试 ··· 035
- 任务4　铅酸蓄电池的充电技术 ··· 040

模块三　交流发电机及电压调节器 ·· 046
- 任务1　交流发电机的识别 ·· 047
- 任务2　交流发电机结构与发电原理解析 ·· 051
- 任务3　交流发电机的静态检测 ··· 062
- 任务4　电压调节器及其调压控制解析 ··· 066
- 任务5　交流发电机特性曲线在测试上的应用 ··· 071

模块四　起动机设备 ··· 075
- 任务1　识别起动机的编号与结构 ·· 076
- 任务2　解析起动机原理及完成静态测试 ·· 084
- 任务3　起动机空载试验 ·· 091

模块五　数字点火设备 ·· 095
- 任务1　数字点火系统的认知 ··· 096
- 任务2　点火线圈结构及高电压释放原理解析 ··· 101
- 任务3　火花塞结构及电火花解析 ·· 108
- 任务4　信息传感器与控制电路解析 ··· 113

目录

模块六　灯光照明设备 …… 123
任务 1　前照灯照明设备的认知 …… 123
任务 2　卤素灯与前照灯控制电路解析 …… 128
任务 3　氙气前照灯结构原理解析 …… 137
任务 4　LED 前照灯结构原理解析 …… 142
任务 5　其他照明设备解析 …… 147

模块七　灯光信号设备 …… 151
任务 1　转向/危险警报灯系统解析 …… 151
任务 2　制动灯不亮故障的解析及测试 …… 157
任务 3　倒车灯单边不亮故障的解析及测试 …… 162

模块八　汽车仪表设备 …… 165
任务 1　识别的仪表信息 …… 166
任务 2　深度解读指针表显系统 …… 170
任务 3　剖析全液晶仪表显示控制 …… 180
任务 4　HUD 虚拟成像装置的认知 …… 184

模块九　行车辅助设备 …… 191
任务 1　正确使用与了解电动刮水系统 …… 192
任务 2　深度解读电动刮水器与智能雨量传感器 …… 195
任务 3　剖析电动后视镜控制电路 …… 205
任务 4　全景影像装置的认知 …… 209

模块十　舒适辅助设备 …… 215
任务 1　电动车窗技术解析 …… 216
任务 2　电动天窗技术解析 …… 223
任务 3　电动座椅技术解析 …… 230
任务 4　中控门锁技术解析 …… 235

目 录

　　任务 5　无钥匙进入技术解析 ················ 242

模块十一　汽车安全气囊 ················ 248
　　任务 1　安全维护与使用安全气囊 ············ 249
　　任务 2　安全气囊技术解析 ················ 253

模块十二　汽车空调设备 ················ 261
　　任务 1　正确维护与使用汽车空调 ············ 262
　　任务 2　制冷系统技术解析 ················ 267
　　任务 3　制暖系统技术解析 ················ 275
　　任务 4　压缩机电路控制解析 ·············· 279
　　任务 5　出风模式的管理控制解析 ············ 283

参考文献 ··························· 290

模块一　汽车电路的识读基础

序号	模块名称	能力	知识点
1	模块一 汽车电路的识读基础	*能够识别出汽车电路的基本电路元件及其图形表示符号； *能够绘制出"多功能开关"的逻辑表	*汽车电路元件的表示符号（常用）； *电路符号与器件原理的相似性
课程思政点：电气图形符号与我们国家象形文字的相似性			
	任务1	任务2	任务3
	认知汽车电路组成与特点	解析中间装置原理，并完成测试	认知电路符号与识读电路

　　汽车电气设备系统种类繁多，比如智能灯光、智能座椅、新空调系统、液晶显示屏、自适应巡航、智能座舱等，设备装置数量越来越庞大，电路、线束等中间装置也越来越繁杂，如图1-1所示。

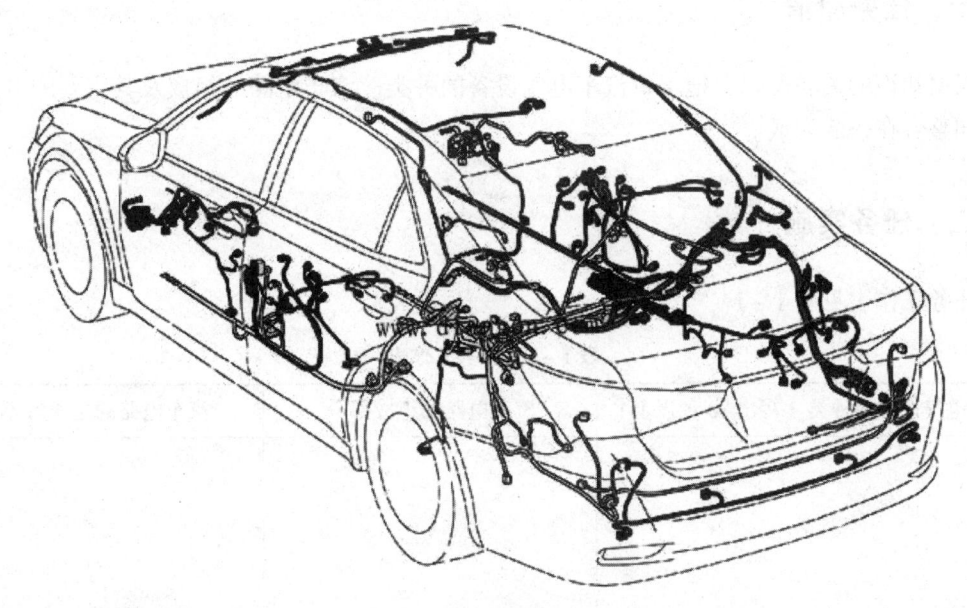

图1-1　线束布局

　　而且汽车电气设备的电子化程度、智能化程度也越来越高，如此复杂、多样的多交叉技术设备，在工程、制造、装配和维修上都需要有它自己的工程语言，才能更好地让人们去认知、掌握、应用……如何做到有序、科学、合理地把这些装置糅合一起,这就是汽车电路的关键。

任务1　认知汽车电路组成与特点

任务描述

实施内容——认识和了解汽车电气设备的种类、汽车电路的组成及其主要的电路特点。

❖ 任务目标

通过学习,能区分清楚汽车电路系统的组成及其各自的特点。

任务准备

1. 课前知识储备:上网查阅一些汽车电路方面的相关资讯。
2. 扫码完成课前预习。

任务实施过程

一、任务厘清

根据知识的关联逻辑,把了解汽车电气设备的种类、汽车电路的组成及其主要的电路特点认知整合在一起完成。

二、任务实施

任务工作表见表1-1。

表1-1　任务工作表

汽车电气设备的种类(写出10种以上)	汽车电路的组成部分	汽车电路的主要特点

知识链接

一个完整的汽车电路主要是由电源、中间装置（电路保护装置、控制元件及导线……）和用电设备三部分组成，如图1-2所示。

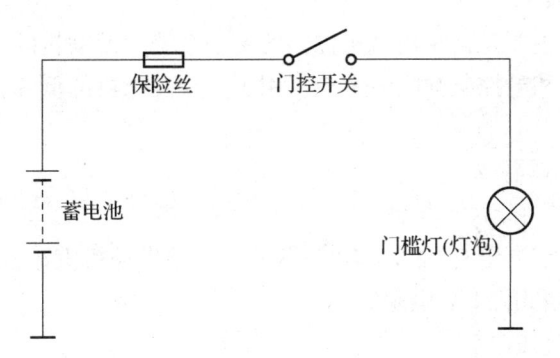

图1-2　汽车基本电路

1. 汽车电源

汽车电源是由蓄电池和发电机两个电源并联组成的双电源系统。

2. 中间装置

汽车电路系统的中间装置，在各大系统都大体一致，存在一致性。其主要由汽车线束、开关装置、保险装置、继电器、控制器、连接器及连接端子等组成。

大部分中间装置都集成在配电盒装置内，内置器件包括中央接线盒、电路继电器、保险装置、插接器和总分、细分导线，有的还集成了控制模块等。

3. 用电设备的种类

汽车用电设备包括起动系统、点火系统、照明系统、信号装置、仪表及报警装置、辅助电气设备和汽车电子控制系统。随着汽车电子技术的不断发展，将会有越来越多的电子设备应用在汽车上，以提高汽车的安全性、舒适性和方便性。

1）起动系统

起动系统主要包括起动机及其控制电路，其作用是起动发动机。

2）点火系统

点火系统用来产生电火花，点燃汽油机中的可燃混合气，主要包括点火线圈、点火器、分电器和火花塞等。

3）照明系统

照明系统包括车外和车内的照明灯具，它可提供车辆安全行驶的必要照明。

4）信号装置

信号装置包括音响信号和灯光信号两类，提供行车所必需的信号。

5）仪表及报警装置

此装置用来监测发动机及汽车的工作情况，使驾驶员能够通过仪表、报警装置及时监视发动机和汽车运行的各种参数及异常情况，确保汽车正常运行。它包括车速里程表、发动机转速表、水温表、燃油表、电压（电流）表、机油压力表、气压表和各种报警灯等。

6）辅助电气设备

辅助电气设备包括风窗电动刮水器、风窗洗涤器、空调系统、汽车视听设备、车窗玻璃电动升降器、电动座椅、电动天窗、电动后视镜等，车用辅助电气设备有日益增多的趋势，主要向舒适、娱乐和安全保障等方面发展。车辆的豪华程度越高，辅助电气设备就越多。

7）汽车电子控制系统

汽车电子控制系统主要是指利用微机控制的各个系统。发动机的微机控制主要有汽油喷射发动机集中控制系统和电控柴油喷射系统，用于实现发动机的低油耗、低污染，提高汽车的动力性和经济性。

4. 汽车电器设备电路特点

1）低压电源

汽车电气设备的额定电压有 12 V、24 V 两种。汽油发动机汽车普遍采用 12 V 电源，而大型柴油发动机汽车多采用 24 V 电源。

2）直流电源（双直流电源）

汽车通常使用双电源系统，如图 1-3 所示，包括发电机与蓄电池。蓄电池可循环反复使用，起辅助作用，而发电机是汽车电源系统的主要电源。

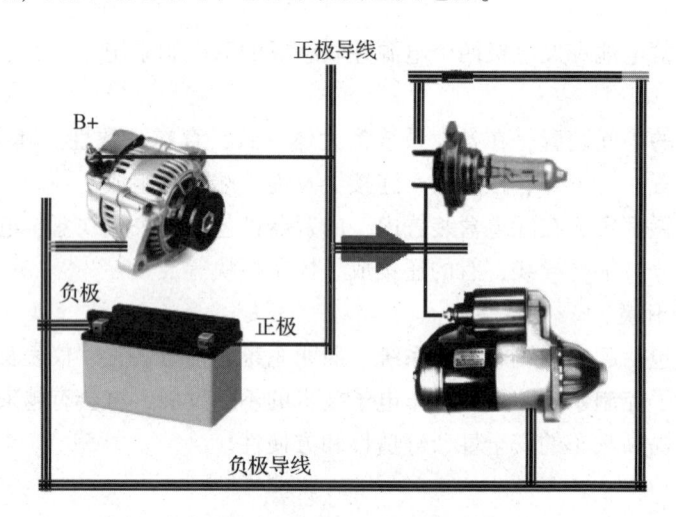

图 1-3　汽车双电源

3）并联制

汽车上所有用电设备都是采用并联机制连接的。

4）单线制

汽车用电设备都是并联机制，即电源正极到用电设备只用一根导线连接，用电设备利用本身的金属外壳直接与汽车车身相接，汽车的金属车身作为公共回路，回到电源负极，这种连接方式称为单线制。

由于单线制节省导线、线路清晰、安装与检修方便，并且用电设备无须与车体绝缘，因此广为现代汽车所采用。

5）负极搭铁

采用单线制时，蓄电池的一个电极须接到车架上，又称"搭铁"。

若将蓄电池的负极接到车架上，就称为"负极搭铁"。目前，各国生产的汽车基本上都采用"负极搭铁"。

任务拓展

如图1-4所示，风扇电路的中间装置有哪些？

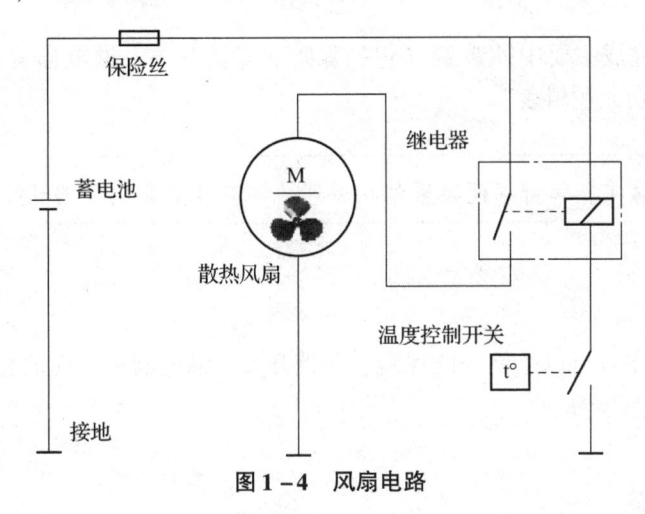

图1-4　风扇电路

任务评价与总结

评价与总结

_____
_____
_____
_____

任务2　解析中间装置结构原理，并完成测试

任务描述

实施内容——完成主要中间装置（包括保险、多挡开关、继电器等器件）的测试，并绘制出"点火开关功能逻辑表"。

> ❖ 任务目标
>
> 通过学习，能完整解析中间装置结构原理，并能独立完成多挡开关的测试。

任务准备

1. 课前知识储备：可以上网查阅保险、多挡开关、继电器等方面的相关资讯。
2. 扫码完成课前预习。

任务实施过程

一、任务厘清

根据知识间的关联逻辑，把完成主要中间装置（包括保险、多挡开关、继电器等器件）的测试，以及绘制"点火开关功能逻辑表"整合在一起完成。

二、任务实施

任务工作表见表1-2。

表1-2　任务工作表

识别保险丝	
测试四脚继电器步骤	测试完成五挡钥匙开关的"功能逻辑表"
	<table><tr><td></td><td>1</td><td>2</td><td>3</td><td>4</td><td>5</td></tr><tr><td>S</td><td></td><td></td><td></td><td></td><td></td></tr><tr><td>●</td><td></td><td></td><td></td><td></td><td></td></tr><tr><td>D</td><td></td><td></td><td></td><td></td><td></td></tr><tr><td>Y</td><td></td><td></td><td></td><td></td><td></td></tr><tr><td>Q</td><td></td><td></td><td></td><td></td><td></td></tr></table>

一、保险装置

汽车电路保护装置有不可恢复式和可恢复式两种。常用的保护装置有熔断器、易熔线和断路器等。

1. 熔断器（又叫保险丝）

（1）熔断器是最常用的保护装置，其内的保护元件就是"熔丝"，是不可恢复的电路保护装置，通常用于局部电路的保护，如图1-5所示。

图1-5 熔断器

当其所保护的电路过载或出现短路故障时，熔断器的熔丝因流经的电流超过了规定值而发热熔断，从而保护电路和用电设备不被烧坏。

（2）熔断器按结构形式可分为金属丝式、管式、片式和平板式等多种形式。

2. 易熔线

易熔线通常被接在蓄电池正极端附近，或集中安装在接线盒内。易熔线不能绑扎于线束内，也不得被其他物件所包裹。

易熔线由多股熔丝绞合而成，用于保护其工作电流较大的电路，如图1-6所示。易熔线的不同规格通常以不同的颜色来区分。

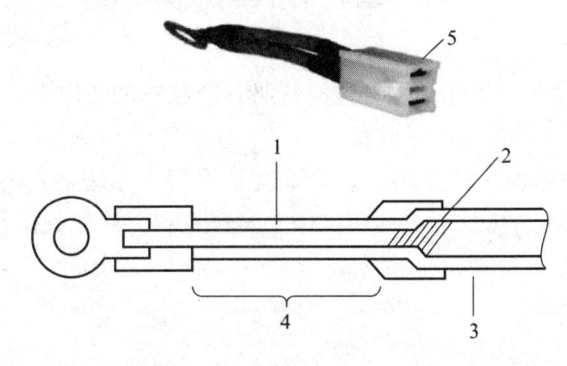

图1-6 易熔线结构示意图
1—细导线；2—接合片；3—电路导体；4—易熔线熔断部分；5—实物

3. 断路器

断路器起保护作用的主要元件是双金属片和触点，有自恢复式和按压恢复式两种。

4. 图形符号

电路中的熔断器、易熔线和断路器电气图形符号见表1-3。

表1-3 常见保护装置的电气图形符号

熔断器	易熔丝	电路断电器
─▭─	∽	⌒⌒

二、开关装置

开关是控制电路通/断的关键，由它的状态决定是否接通"用电设备"的电流回路。

1. 汽车电路开关的分类

（1）根据结构方式可以分为机械式、液压式、气压式、电子式等。
（2）根据控制功能数量可以分为单功能开关、多功能开关、组合开关。
（3）根据接通方式可以分为触点式与无触点式。

2. 多挡功能开关

现代电器使用了很多的多挡开关（或叫多功能开关），点火钥匙开关也属于多挡位的功能开关，如图1-7所示。

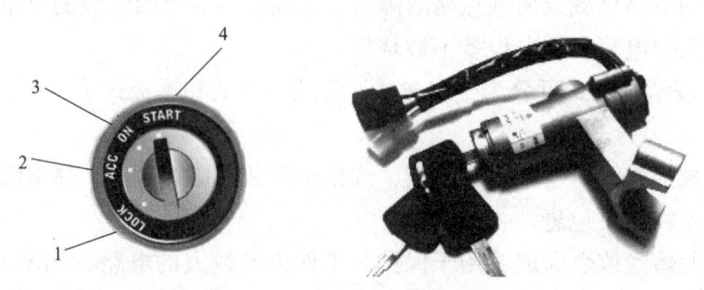

图1-7 点火钥匙开关实物
1—锁止挡；2—辅助电源挡；3—点火挡；4—起动挡

1）图形法

图1-8所示为钥匙开关置于不同挡位时线脚连通状态的图形表示方法。

2）表格法（又叫"开关功能逻辑表"）

通常采用"开关逻辑表"的方法，简单说就是用列表方法把它的功能状态及其导线间的连通状态表示出来的一种方法，其简单方便、观察直观，被行业技术人员广泛采用。

三、继电器

在汽车、电气等控制中，常利用电磁、电子原理或其他方法（如热电或机电）实现自动接通或切断电路，以实现用小电流控制大电流的目的，进而减小控制开关触点的电流负荷。

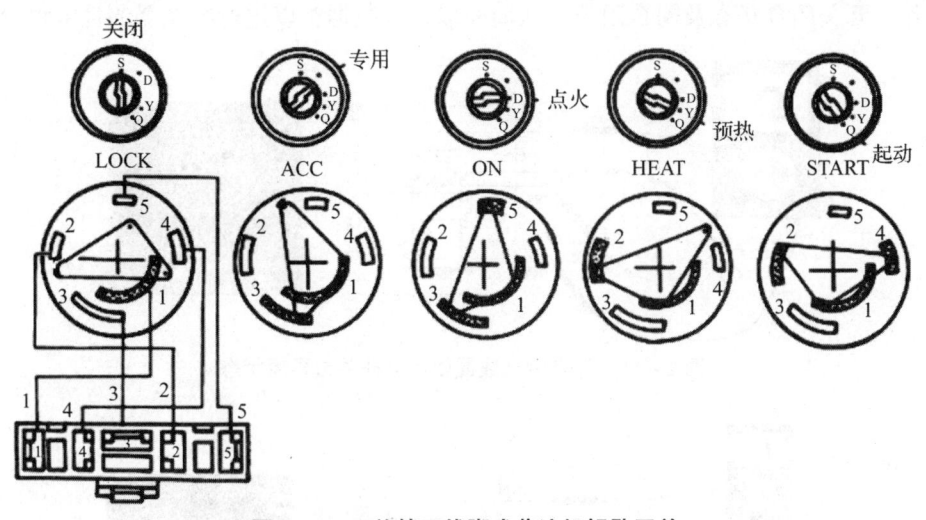

图 1-8　五旋挡五线脚式柴油机钥匙开关

1. 继电器的分类

继电器通常可分为常开继电器、常闭继电器和常开、常闭混合型继电器。继电器的外形与内部结构如图 1-9 所示。

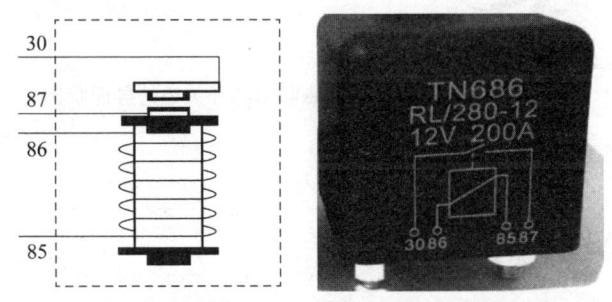

图 1-9　四脚常开式继电器结构示意与实物图

在电路控制中，继电器通常与各种控制开关配合使用，以达到理想的控制目的。图 1-10 所示为用继电器参与控制的电动机电路结构及其用法的原理图。

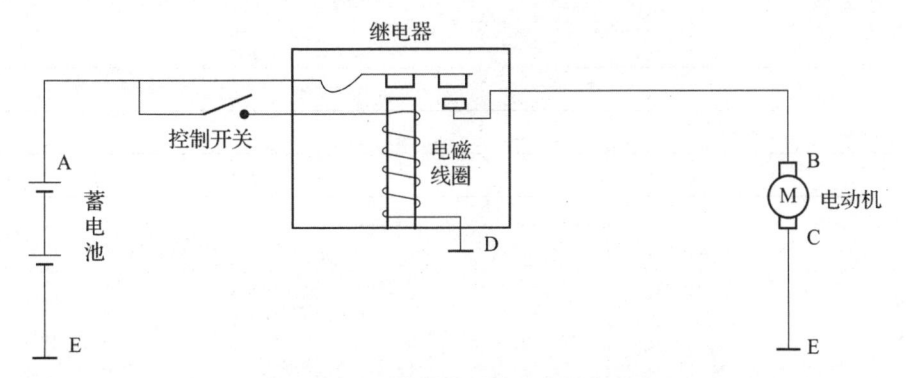

图 1-10　继电器控制的原理示意电路

2. 继电器的性能测试图解

如图 1-11 与图 1-12 所示，首先测试继电器的静态参数是否正常，然后再通电动态测试其动作、开关闭合状态及闭合阻值，从而获取这些数据，以进行继电器的性能评价。

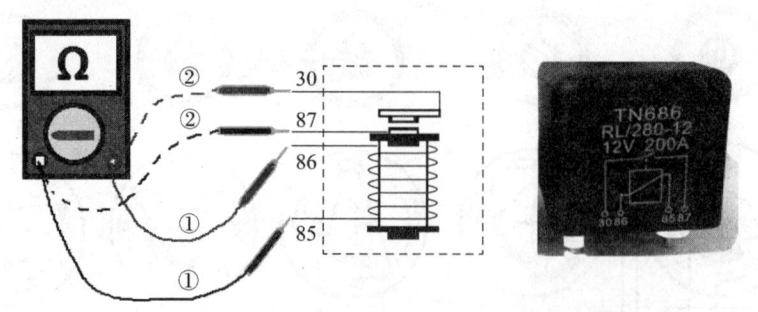

图 1-11　静态测试线圈阻值与开关组导通状态

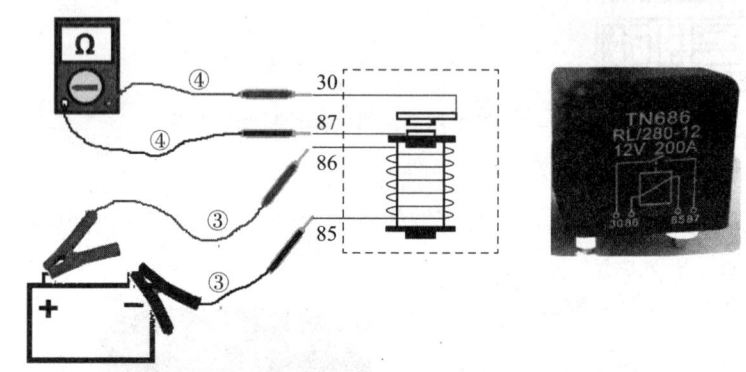

图 1-12　动态测试线圈磁吸力与开关组的导通状态

任务拓展

测试五脚继电器装置的性能状态。

任务评价与总结

评价与总结

_____
_____
_____
_____

任务3　认知电路符号与识读电路

任务描述

实施内容——全面认识汽车电路图中常用的电路符号，以及识读原车电路图。

> ◈ 任务目标
>
> 　　通过学习，能全面认识汽车电路图中常用的电路符号，并能识读原车电路图的各个重要细节。

任务准备

1. 课前知识储备：上网查阅电路图、电路符号等方面的相关资讯。
2. 扫码完成课前预习。

任务实施过程

一、任务厘清

根据知识间的关联逻辑，把认识汽车电路图中常用的电路符号以及识读原车电路图整合在一起完成。

二、任务实施

任务工作表见表1-4。

表1-4　任务工作表

解读图1-13中不少于10个图内标识			
标识名称	描述含义	标识名称	描述含义

卡罗拉电喇叭的电路如图1-13所示。

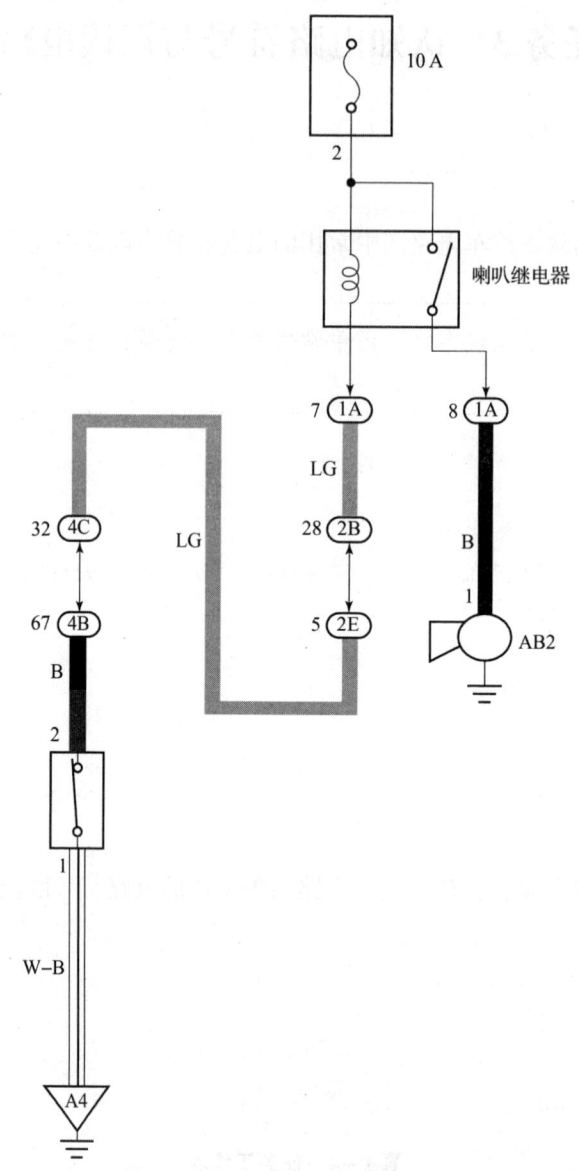

图1-13 卡罗拉电喇叭的电路图

知识链接

一、汽车电路图

汽车电路图，即由各种符号、线条和图形构成，并能完整地表述汽车电气系统器件及连接关系的平面图。

1. 表达方式

汽车电路图常见的表达方式有线路图、原理图和线束图三种。

(1) 线路图：它是一种包括完整准确的器件表达符号信息及相关联的精确定位和路径过程的电路简图。

(2) 原理图：它是只描述电路架构关系和控制方式的一种图形。

(3) 线束图：属于一种实物图，强调其走向、位置的布置关系。

2. 全车电路（整车电路）

将汽车电器的各个基本系统用标准汽车电气设备图形符号表示，并把系统内的开关、熔断丝、继电器（或 ECU）用不同颜色、规格的导线连接在一起，所构成的线路图，称为全车电路（或叫整车电路）。

二、电路图的脉络（导线、线束及连接器）

1. 汽车线束/导线

汽车线束/导线是组成汽车电气电路的基础元件，汽车导线均采用多股铜线绞合而成，绝缘皮多采用 PVC 绝缘材料，要求其具有很好的耐温、耐油、耐磨、防水、防腐蚀、抗氧化和阻燃等特性。

汽车线束用电线的选择，需考虑电气性能和车载时的物理性能，通常从导线类型、导线截面积、导线颜色三方面进行选择。

2. 汽车导线类型

汽车电路导线也可以分为低压导线与高压导线两种。常见的低压导线又分为普通导线、起动电缆和搭铁电缆。

1）普通导线

普通低压导线为铜质多丝软线，根据使用标准不同，其外皮绝缘包层的材料、厚度不同，通常有很多的类型。

不同标准下常用电线的特点如下：

(1) 日本标准 AVSS（AVS）导线的特点是薄皮绝缘，柔韧性较好；

(2) 国际标准 QVR 的特点是绝缘皮厚，比较柔软，延展性好；

(3) 德国标准导线的绝缘皮更薄，柔韧性好；

(4) 美国标准导线绝缘皮一般为热塑性或热固性弹性体。

2）起动电缆

起动电缆是指连接蓄电池正极与起动机电源端子"30"之间的电缆，其横截面积有 25 mm^2、35 mm^2、50 mm^2、70 mm^2 等多种规格，允许电流高达 500 A 乃至 1 000 A 以上。

3）搭铁电缆

搭铁电缆又称搭铁线，是由铜丝编织成的扁形软铜线。国产汽车常用搭铁线的长度有 300 mm、450 mm、600 mm、760 mm 四种。

3. 导线的颜色

1）导线的颜色

为方便布线和检修，汽车各条电路的导线均采用不同的颜色，各国对汽车导线的颜色有不同的规定，见表 1-5。

表1-5 各国对汽车导线的颜色有不同的规定

颜色	ISO代码	日系代码	德系代码	法系代码	颜色	ISO代码	日系代码	德系代码	法系代码
黑	B	B	SW	N	灰	Gr	Gr	gr	G
白	W	W	WS	B	紫	V	V		Mv
红	R	R	RO	R	橙	O	O		Or
绿	G	G	gn	V	粉	P			Ro
黄	Y	Y	ge	J	浅蓝	L		hb	
棕	Br	Br	br	M	浅绿	Lg			
蓝	BL			BL					

导线一般都标有导线颜色代码。国际标准组织（ISO）规定采用各颜色的英文字母为导线色码，我国及英国、美国等均采用英文字母，但也有一些国家采用本国母语字母作为导线色码。

2）我国汽车电气标准对导线的基本技术要求

我国要求截面积4.0 mm² 以上的导线采用单色，其他导线则采用双色（在主色基础上加辅助色条），即在主色基础上加辅助色条，绝缘层基色为白色，条纹色为黑色。图1-14所示为双色导线。

4. 线束连接器

线束连接器由插头和插座两部分组成，用于电气设备线束间的电路连接。为保证连接可靠，都设有锁止装置，而且具有良好的密封性，以防止油污、水及灰尘等进入而使端子锈蚀。

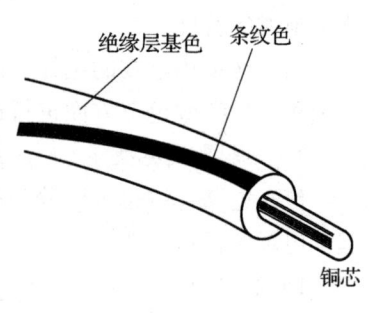

图1-14 双色导线

汽车电路图上连接器的图形符号、插脚标号表示方法基本相同，欧系车的电气连接器在壳体上，一般还标有线脚序号。连接器与插接线脚端号的识读原则如图1-15所示，扒开连接器，让接口面朝向自己，锁扣朝上。

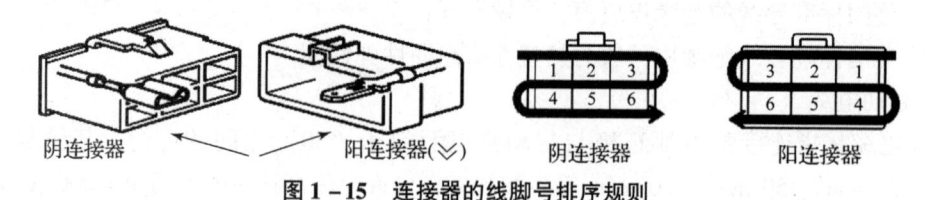

图1-15 连接器的线脚号排序规则

1）阳脚插座线脚序号识别

如图1-15所示，由右上角位为"1"，朝左边数，依次递增；顶端第一排数完，再从第二排右边第一个数起，依次类推。

2）阴脚插座线脚序号识别

如图1-15所示，由左上角位为"1"，朝右边数，依次递增；顶端第一排数完，再从第二排左边第一个数起，依次类推。

三、汽车电路基本符号

我国是在参照国际标准（ISO、IEC）的基础上，根据国情制定了自己的规范标准，常用符号可分为七大类：限定符号，导线、端子和导线的连接符号，触点与开关符号，电气元件符号，仪表符号，各种传感器符号，电气设备符号，见表1-6～表1-11。

表1-6 导线连接符号

序号	图形符号	图形说明	序号	图形符号	图形说明
1	●	接点	11		多极插头和插座（示出的为三极）
2	○	端子			
3	∅	可拆卸的端子			
4	─○─○─	导线的连接			
5	┬	导线的分支中连接	12		接通的连接片
6	┼	导线的交叉连接	13		断开的连接片
7	┼	导线的跨越	14	───	边界线
8	⌒	插座的一个极	15		屏蔽（护罩）
9	▬	插头的一个极			
10	⌒	插头和插座	16		屏蔽导线

表1-7 开关图形符号

序号	图形符号	图形说明	序号	图形符号	图形说明
1		动合（常开）触点	3		先断后合的触点
2		动断（常闭）触点	4		中间断开的双向触点

续表

序号	图形符号	图形说明	序号	图形符号	图形说明
5		双动合触点	16	OP	机油滤清器报警开关
6		双动断触点	17	t°	热敏开关动合触点
7		单动断双动合触点	18	t°	热敏开关动断触点
8		双动断单动合触点	19		热敏自动开关动断触点
9		一般情况下手动控制	20		热继电器触点
10		拉拔操作	21	0 1 2	旋转多挡开关位置
11		旋转开关	22		钥匙操作
12		推动操作	23		热执行器操作
13		一般机械操作	24	t°	温度控制
14		旋转、旋钮开关	25	P	压力控制
15		液位控制开关	26		拉拔开关

续表

序号	图形符号	图形说明	序号	图形符号	图形说明
27		推拉多挡开关位置	33		凸轮控制
28		钥匙开关（全部定位）	34		联动开关
29		多挡开关，点火、起动开关，瞬时位置为2，能自动返回至1（即2挡不能定位）	35		手动开关的一般符号
30		节流阀开关	36		定位（非自动复位）开关
31	BP	制动压力控制	37		按钮开关
32		液位控制	38		能定位的按钮开关

表1-8 传感器符号

序号	图形符号	图形说明	序号	图形符号	图形说明
1	$t°$	温度表传感器	3	$t°_w$	水温传感器
2	$t°_a$	空气温度传感器	4	Q	燃油表传感器
5	OP	油压表传感器	6	m	空气质量传感器

续表

序号	图形符号	图形说明	序号	图形符号	图形说明
7	T	尾灯传感器	14	n	转速传感器
8	F	制动器摩擦片传感器	15	V	速度传感器
9	W	燃油滤清器积水传感器	16	AP	空气压力传感器
10	*	传感器的一般符号	17	B	蓄电池传感器
11	AF	空气流量传感器	18	BR	制动灯传感器
12	λ	氧传感器	19	BP	制动压力传感器
13	K	爆燃传感器			

表1-9 仪表符号

序号	图形符号	图形说明	序号	图形符号	图形说明
1	A	电流表	3	Ω	欧姆表
2	A/V	电压/电流表	4	W	瓦特表
5	OP	油压表	6	n	转速表

续表

序号	图形符号	图形说明	序号	图形符号	图形说明
7	t°	温度表	12		数字式电钟
8	*	指示仪表	13		自记车速里程表
9	Q	燃油表	14		带电钟自记车速里程表
10	V	车速里程表	15		带电钟的车速里程表
11		电钟	16	V	电压表

表 1-10 保险、电子器件符号

序号	图形符号	图形说明	序号	图形符号	图形说明
1		易熔线	7		三极晶体闸流管
2		电路继电器	8		光电二极管
3		永久磁铁	9		PNP型三极管
4		操作器件一般符号	10		集电极接管壳三极管（NPN型）
5		一个绕组电磁铁	11		具有两个电极的压电晶体
6		两个绕组电磁铁	12		电感器线圈绕组扼流图
			13		带磁芯的电感器
			14		熔断器

续表

序号	图形符号	图形说明	序号	图形符号	图形说明
15		电容器	23		触点常闭的继电器
16		可变电容器	24		电阻器
17		极性电容器	25		可变电阻器
18		穿心电容器	26		压敏电阻器
19		半导体二极管一般符号	27		热敏电阻器
20		单向击穿二极管、电压调整二极管（稳压管）	28		滑线式变阻器
21		发光二极管	29		分路器
22		双向二极管（变阻二极管）			

表1-11 电气设备符号

序号	图形符号	图形说明	序号	图形符号	图形说明
1		直流电动机	3		并励直流电动机
2		串励直流电动机	4		永磁直流电动机

续表

序号	图形符号	图形说明	序号	图形符号	图形说明
5	M	起动机（带电磁开关）	14	Y	天线一般符号
6	M	燃油泵电动机、洗涤电动机	15	U	电压调节器
7	⊗	照明灯、信号灯、仪表灯、指示灯	16	n	转速调节器
8	双丝灯	双丝灯	17		电磁阀一般符号
9	U const	稳压器	18		常开电磁阀
10		点烟器	19		常闭电磁阀
11		热继电器	20		电磁离合器
12		间歇刮水继电器	21	M	用电动机操纵的怠速调整装置
13		防盗报警系统	22	U>	过电压保护装置
			23	I>	过电流保护装置
			24	t°	温度调节器
			25		绕组

任务评价与总结

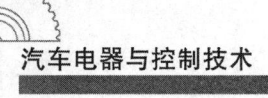

评价与总结

_____
_____
_____
_____

模块二　铅酸蓄电池

序号	模块名称	能力点	知识点
1	模块二 铅酸蓄电池	*能够准确识别并解析铅酸蓄电池的主要指标； *能够借助设备测试出蓄电池的主要参数； *能够借助获得的参数数据分析出蓄电池性能； *能够完成对蓄电池进行充电； *能够进行铅酸蓄电池的基本维护与使用	*铅酸蓄电池常用的编号规则与标准； *铅酸蓄电池的基本参数 *铅酸蓄电池主要参数间的关联逻辑变化关系
	课程思政点：国家绿色能源战略在老百姓身边的体现		
	任务1	任务2	任务3
	铅酸蓄电池的识别与指标评价	蓄电池充放电原理及电池均衡性分析	蓄电池主要参数与性能测试
	任务4		
	铅酸蓄电池的充电技术		

　　铅酸蓄电池是汽车重要组成部分之一，发动机起动运转的能量全部依赖蓄电池，汽车用电设备也都需要蓄电池参与供电，属于比较容易耗损的耗损件。

　　1. 蓄电池的用途

　　蓄电池的主要用途是起动电源，除此之外，蓄电池还有以下功用：

　　（1）在发动机速运转或停转（发电机电压低）时，向车载用电设备供电；

　　（2）当用电设备功率超过了发电机的额定功率时，协助发电机供电；

　　（3）当蓄电池存电不足，且发电机负载不多时，可将发电机的电能转换为化学能储存起来；

　　（4）蓄电池并联在车载电网中，吸收电路中的瞬变电压脉冲，起到保护电子元件的作用；

　　（5）蓄电池给车载计算机提供不间断的休眠电源。

　　2. 蓄电池的工作环境

　　（1）起动时需大电流工作。起动时，需要在短时间内向起动机提供超大电流（汽油发动机为100~600 A，大型柴油机可达1 000 A)，为了减小起动电流，现代起动机大量使用了减速机构，所以要求其内阻一定要小，大电流输出时电压要稳定，以确保有良好的起动性能。

(2) 蓄电池一般都是放在发动机机舱内，夏天温度高（冬天可能很低），温度条件也直接影响到了蓄电池的故障率高/低和充放电效率等性能。

任务1　铅酸蓄电池的识别与指标评价

任务描述

实施内容——识别与评价铅酸蓄电池标签上指标项所描述的内容。

> ❖ 任务目标
>
> 通过学习，能识别并解析蓄电池标签上的技术指标，且具有指标的评价与应用能力。

任务准备

1. 课前知识储备：上网查阅一些蓄电池方面的相关资讯。
2. 扫码完成课前预习。

任务实施过程

一、任务厘清

根据知识的关联逻辑，把了解铅酸蓄电池类型的编号规则、标准及其主要指标等内容整合在一起完成。

二、任务实施

任务工作表见表2-1。

表 2-1　任务工作表

指标项名称	完成下面两个标准的编号	指标项表示的内容
	6 – QW – 45（325）；46B24RS	

知识链接

一、蓄电池常见使用标准

汽车蓄电池常见的使用标准见表 2-2。

表 2-2　汽车蓄电池常见的使用标准

常见标准	标准描述
GB	国家标准
JIS	日本工业标准
DIN	德国工业标准
EN	欧洲工业标准
SAE	美国工程师协会标准
BCI	国际蓄电池协会标准

二、蓄电池我国的国家（GB）标准

我国蓄电池型号规则通常采用按照国家（GB）标准，如图 2-1 所示，以风帆牌铅酸蓄电池型号 6 – QA – 150 为例：

图 2-1 风帆牌铅酸蓄电池型号

（1）6 表示由 6 个单格电池组成，每个单格电池电压为 2 V，即额定电压为 12 V。

（2）Q 表示蓄电池的用途，Q 为汽车起动用蓄电池，M 为摩托车用蓄电池，JC 为船舶用蓄电池，HK 为航空用蓄电池，D 为电动车用蓄电池，F 为阀控型蓄电池。

（3）A 和 W 表示蓄电池的类型，A 表示干荷型蓄电池，W 表示免维护型蓄电池，若不标，则表示普通型蓄电池。

（4）150 表示蓄电池的额定容量为 150 A·h（电量充足的蓄电池，在常温下，以 20 时率放电电流，放电 20 h 内蓄电池对外输出的电量）。

如果额定容量值的后面出现下角标，则其含义如下：

如：6-QA-150$_a$ 中角标 a 表示对原产品的第一次改进，名称后加角标 b 则表示第二次改进，依次类推。

另如在电池容量值的型号后面加不同字母，其含义如下：

①型号后加 d 表示低温起动性能好，如 6-qa-110d。

②型号后加 hd 表示高抗振型。

③型号后加 df 表示低温反装，如 6-qa-165df。

三、日本（JIS-1982）标准

按照日本（JIS-1982）标准的型号规则，比如蓄电池的型号为 80D26L，则其含义如下：

（1）80 表示容量代号，容量大小没有直接表述。JIS 蓄电池容量与型号的对照表见表 2-3。

表 2-3　JIS 蓄电池容量与型号的对照

蓄电池 ID 代码	蓄电池容量/(A·h)
34 B 19 R/L	27
46 B 24 R/L	36
55 B 23 R/L	48
80 B 26 R/L	55
95 B 31 R/L	64
……	

(2) D 表示宽/高乘积，由大写字母 A~H 表述，对照表见表 2-4。

表 2-4　JIS 蓄电池宽高代号尺寸对照　　　　　　　　　　　　mm

代号	宽	高	代号	宽	高
A	162	127	E	213	176
B	203	127/129	F	213	182
C	207	135	G	213	222
D	204	173	H	220	278

(3) 26 表示长度为 26 cm。
(4) L 表示负极极桩在左边位置。

任务拓展

完成解析编号 12 V 45 A·h CCA 325 A 的蓄电池所描述的内容。

知识提示

此编号标准是 SAE 标准！

任务评价与总结

评价与总结

任务 2　蓄电池充放电原理及电池均衡性分析

任务描述

实施内容——学习铅酸蓄电池的电化学原理；通过测其各个单格电池的电解液密度，计算各个单格电池电动势，并用此参数评估蓄电池的均衡性。

任务目标

通过学习，能通过电池的结构组成写出铅酸蓄电池的电化学方程式（并配平方程式）；能使用冰点仪独立完成铅酸蓄电池电解液冰点/密度的数据测试；能够根据实测密度数据与温度数据，计算、分析各个单格电池的电动势均衡性。

任务准备

1. 课前知识储备：上网查阅一些蓄电池充放电方面的相关资讯。
2. 扫码完成课前预习。

任务实施过程

一、任务厘清

根据知识的关联逻辑，把"学习铅酸蓄电池电化学原理"以及"通过测其各个单格电池的电解液密度，计算各个单格电池电动势，并用此参数评估蓄电池的均衡性"细分成两个子任务分别完成。

二、任务实施

任务 2.1　通过学习铅酸蓄电池电化学原理，完成下面任务，见表 2 - 5。

表 2 - 5　任务工作表

铅酸蓄电池的结构特点		
电化学方程	充电：	
	放电：	

知识链接

一、铅酸蓄电池

铅酸蓄电池一般由六个单格电池组成，每个单格电池分隔安装在单独的壳体中，用连接线（联条）穿过壁板，通过串联而成并固定连接在一起。常用的蓄电池其实是一个电池组，每个单格电池的标称电压为 2 V。

1. 串联的数量

通常可以通过蓄电池加注塞的数量来判定单体电池的数量，如图 2-2 所示。

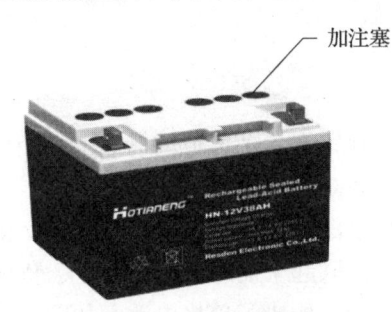

图 2-2 铅酸蓄电池

2. 铅酸蓄电池的构造

铅酸蓄电池由六个单格电池组、容器壳体、联条（单体电池连接线）、接线端子（极桩）、存液室和排气孔等组成，如图 2-3 所示。

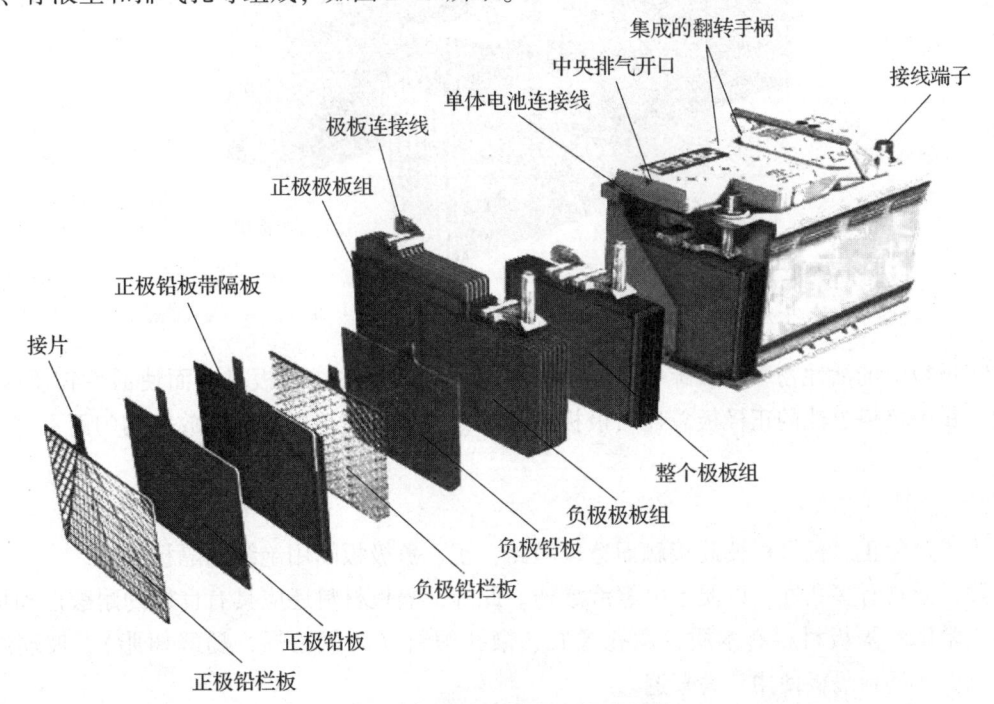

图 2-3 蓄电池的基本构造组成

3. 铅酸蓄电池的结构特点

蓄电池的接线端子和极板连接器都是由铅制成，正极接线端子和负极接线端子具有不同的直径，正极总是比负极粗，不同的直径可以避免蓄电池连接错误（防止接错极）。

此外，还有的正极桩标"+"号或涂红色，负极桩标"-"号或涂蓝色、绿色等其他颜色来区分。

二、单体电池的构造

1. 单体电池的组成

一个单体电池是由正、负两个极板组，38%浓度的硫酸溶液（电解液），隔板，壳体等构成的。

2. 单体电池的构造

1）极板与单格电池

极板是通过把活性物质填充在铅锑合金铸成的栅架上，经化学处理工艺制成，正、负极板上的活性物质分别是氧化铅（PbO_2）和铅膏（Pb）。

在充足电的状态下，正极板呈深棕色，负极板呈深灰色。正极板组和负极板组是将多片正极板与负极板各自用横板焊接并联起来而组成的。将正、负极板相互嵌合，中间用隔板隔开，并置于存有电解液的容器中，就构成了单格电池，如图2-4所示。

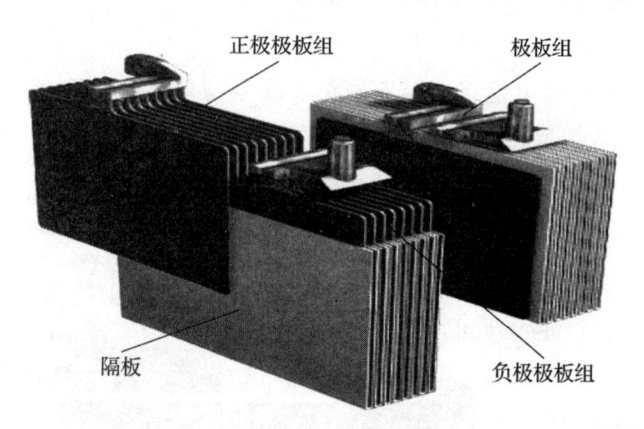

图2-4 正/负极板组与隔板（袋）组

正极板上的活性物质比较疏松，若单面放电，则容易造成极板拱曲而使活性物质脱落。因此，每个单格电池的正极板总比负极板少一片，这样可使正极板两面放电均匀而不容易拱曲变形。

2）隔板

为了避免正、负极板彼此接触而造成短路，正、负极板间用绝缘的隔板隔开。

隔板需具有多孔性，以便于电解液渗透。此外，隔板材料还应具有良好的耐酸性和抗氧化性。常用的隔板材料有木质、微孔橡胶、微孔塑料（聚氯乙烯、酚醛树脂）、玻璃纤维等，以微孔塑料隔板使用最为普遍。

近年来出现了袋状的微孔塑料隔板，其将正极板紧紧地套在里面，可防止正极板活性物质脱落，如图 2-5 所示。隔板沟槽面应朝向正极板，因为正极板附近的电化学反应比较激烈，沟槽有利于电解液上下流通，保持其密度均匀。

3）电解液

电解液可使极板上的活性物质溶解和电离，产生电化学反应。

电解液由纯净的硫酸与蒸馏水按一定的比例配制而成，其密度一般为 1.24~1.30 g/cm³。

4）壳体

壳内用间壁分成 6 个互不相通的单格，底部有凸棱，用以搁置极板组，而凸棱的凹槽则可用于积存脱落下来的活性物质，以避免沉积的活性物质造成短路。

壳体大多用耐酸、耐热、耐振的硬橡胶制成，且可以制成半透明壳体，便于观察电解液的液面高度。少维护电池在壳体的侧面顶端都还设置了液面高度刻度线。

三、铅酸蓄电池的电化学原理

铅酸蓄电池的核心部分是极板和电解液，蓄电池通过极板上的活性物质与电解液的电化学反应建立起电动势，进行放电和充电过程。

（1）放电化学反应：

$$PbO_2 + 2H_2SO_4 + Pb \rightarrow PbSO_4 + 2H_2O + PbSO_4$$

（2）充电化学反应：

$$PbSO_4 + 2H_2O + PbSO_4 \rightarrow PbO_2 + 2H_2SO_4 + Pb$$

（3）放电过程电化学反应状态。

如图 2-5（a）所示，蓄电池接上负载，在电动势的作用下，负极板上的电子（e）经外电路和负载流向正极板，形成放电电流；正极板上的 Pb 得到 2 个电子，变成二价铅离子（Pb^{2+}），并溶于电解液。

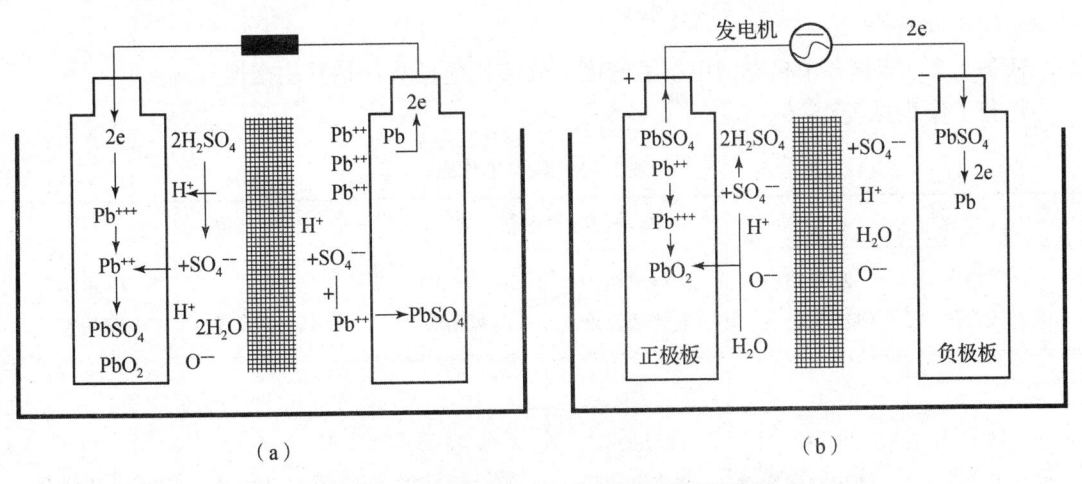

图 2-5 蓄电池充/放电化学反应原理示意图
（a）放电；（b）充电

放电电流使得正、负极板上的 Pb^{4+} 和 e 数量减少，原有的平衡被破坏，于是，正、负极板上的 PbO_2、Pb 继续溶解电离，以补充消耗掉的 Pb、e。与此同时，电解液中的

Pb^{2+} 浓度增加并与 SO_4^{2-} 生成硫酸铅（$PbSO_4$），分别沉附于正、负极板表面，其放电过程如下：

负极反应：$$Pb - 2e^- + SO_4^{2-} = PbSO_4$$

正极反应：$$PbO_2 + 2e^- + 4H^+ + SO_4^{2-} = PbSO_4 + 2H_2O$$

放电过程中，正、负极板上的活性物质 PbO_2、Pb 逐渐转变为 $PbSO_4$，电解液中的 H_2SO_4 减少，H_2O 增加，电解液的密度下降。

理论上，放电过程可一直进行到极板上所有的活性物质都转变为 $PbSO_4$ 为止。实际上，由于放电生成的 $PbSO_4$ 沉附于极板表面，故使电解液不能渗入到极板内层，造成极板内层的活性物质不能被利用。

（4）充电过程电化学反应状态。

如图 2-5（b）所示，正、负极板上有少量 $PbSO_4$ 溶于电解液，呈离子状态。当接上充电电源后，电源的电场力使正极板的电子（e）经充电电路流向负极板，形成充电电流。

正极板附近的 Pb^{2+} 失去 2 个电子而变为 Pb^{4+}，并与电解液中水解出来的 OH^- 结合，生成 $Pb(OH)_4$，$Pb(OH)_4$ 又分解为 PbO_2 和 H_2O，PO_2 沉附于正极板上；负极板附近的 Pb^{2+} 则得到 2 个电子变为 Pb，沉附于负极板。

正负极板附近的 SO_4^{2-} 与电解液中的 H^+ 生成 H_2SO_4，充电电流使电解液中的 Pb^{2+}、O^{2-} 减少，极板上的 $PbSO_4$ 就会继续溶解电离：

负极反应：$$PbSO_4 + 2e^- = Pb + SO_4^{2-}$$

正极反应：$$PbSO_4 - 2e^- + 2H_2O = PbO_2 + 4H^+ + SO_4^{2-}$$

充电过程中，正、负极板上的 $PbSO_4$ 逐渐转化为正极板上的 PbO_2 和负极板上的 Pb，电解液中的 H^+ 减少生成 H_2SO_4，致其密度增大。

当充电接近终了时，充电电流会电解水，使 H_2O 变成 O_2、H_2，并从电解液中逸出，对电池是比较危险的。

任务 2.2 测量各单格电池电解液密度，并应用电动势评估其均衡性

任务工作表见表 2-6。

表 2-6 任务工作表

测量蓄电池电解液密度						
1#单格电解液密度	2#单格电解液密度	3#单格电解液密度	4#单格电解液密度	5#单格电解液密度	6#单格电解液密度
1#静止电动势	2#静止电动势	3#静止电动势	4#静止电动势	5#静止电动势	6#静止电动势
均衡性评价					

知识链接

一、冰点仪的使用

冰点仪结构示意图如图2-6所示。

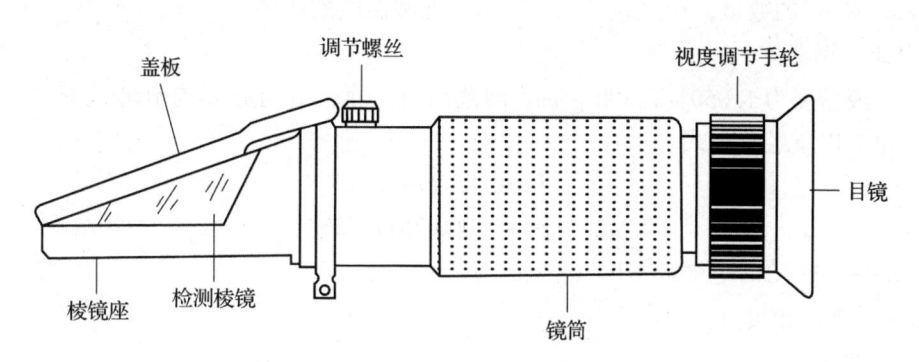

图2-6 冰点仪结构示意图

测量方法（见图2-7）：

（1）打开盖板，用软布仔细擦净检测棱镜。

（2）用滴管取待测溶液1~2滴，置于检测棱镜上，轻轻合上盖板并压平，避免气泡产生，使溶液布满棱镜表面。

（3）将仪器棱镜对准光源或明亮处，眼睛通过目镜观察视场，转动目镜调节手轮，使视场的蓝白分界线清晰。

（4）最左侧分界线的刻度值即为溶液的密度，读出此数值，即为电解液密度值。

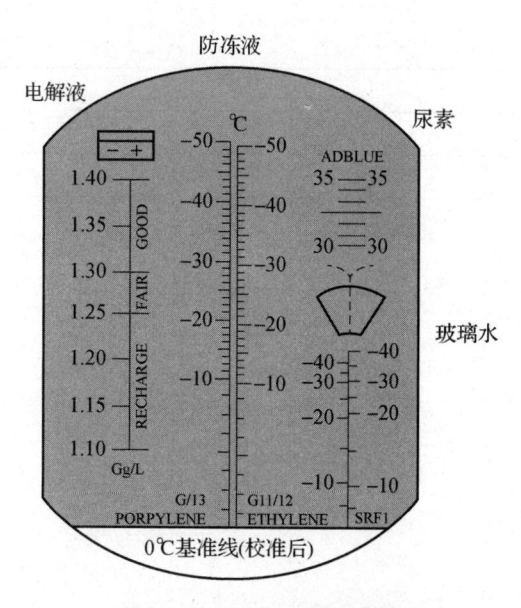

图2-7 冰点仪刻度表面图

二、铅酸蓄电池的静止电动势 E

1. 静止电动势 E（V）

静止电动势是指蓄电池在静止状态下正、负极板之间的电位差，大约在 2.1 V。

静止电动势的大小取决于极板上活性物质溶解电离达到动态平衡时，在极板单位面积上沉附的 Pb^{4+} 和 e^- 的数量，而这直接受电解液密度和温度的影响。

2. 静止电动势 E 的计算

在电解液密度为 1.050~1.300 g/cm³ 的范围内，静止电动势 E 与电解液密度及环境温度的关系可由以下经验公式表示：

$$E = 0.85 + \rho_{25℃}$$
$$\rho_{25℃} = \rho_t + 0.000\,75(t - 25)$$

式中：$\rho_{25℃}$——25 ℃时电解液密度（g/cm³）；

ρ_t——实测密度（g/cm³）；

t——实测温度（℃）；

0.000 75——相对应的密度温度变化系数。

任务拓展

完成对铅酸蓄电池的冰点测量。

任务评价与总结

评价与总结

任务3　蓄电池主要参数与性能测试

任务描述

实施内容——学习铅酸蓄电池主要参数，使用专业电池检测仪完成对铅酸蓄电池的性能测试。

任务目标

通过学习，能正确使用专业电池检测仪；能通过测试蓄电池的技术参数判断蓄电池的性能好坏。

任务准备

1. 课前知识储备：上网查阅一些蓄电池检测方面的相关资讯。
2. 扫码完成课前预习。

任务实施过程

一、任务厘清

根据知识的关联逻辑，把"学习铅酸蓄电池主要参数"及"使用专业电池检测仪完成对铅酸蓄电池的性能测试"整合在一起完成。

二、任务实施

任务工作表见表2-7。

表2-7　任务工作表

铅酸蓄电池主要参数	
CCA	
Rc	

续表

	工艺步骤	标准	实测数据	结论
蓄电池检测				

知识链接

一、基本参数

1. 额定电压（V）

额定电压，也称为标称电压，是指电气设备长时间正常工作时的最佳电压。汽车蓄电池的标称电压一般有 12 V 与 24 V。

2. 蓄电池额定容量 C（A·h）

蓄电池额定容量指将电量充足的蓄电池，在电解液温度为 (25 ± 5)℃ 的条件下以 20 时率的放电电流（相当于额定容量的 5%）连续放电，放至单格电池平均电压降到 1.75 V（终止电压）时输出的电量，用 C 表示，可以写成：

$$C = \int_0^t i \mathrm{d}t$$

恒流放电也可以表示为

$$C = i \times t$$

式中：C——容量（A·h）；

i——放电电流（A）；

t——时间（h）。

3. 蓄电池储备容量 Rc（A·h）

蓄电池储备容量是指完全充满电的蓄电池，在 (25 ± 5)℃ 的条件下，用 25 A 电流放电到蓄电池电压为 10.5 V（单格电池电压为 1.75 V）时所需的时间。

4. 蓄电池冷起动电流 CCA（A）

蓄电池冷起动电流是指蓄电池在规定某一低温状态下（通常规定在 -18 ℃），蓄电池电压降至极限馈电电压（单格电池电压为 1.2 V）前，蓄电池最大可以输出的电流值（连续 30 s 稳定释放出的最大电流值）。比如：蓄电池外壳标明 CCA 值为 600。

其含义：在 -18 ℃时，蓄电池至少可以连续 30 s 内提供出 600 A 的稳定电流。

5. 蓄电池内阻 R（Ω）

蓄电池内阻是指蓄电池在工作时，电流流过蓄电池内部所受到的阻力。蓄电池内阻分为欧姆电阻和极化内阻（电化学极化及浓差极化电阻）。

（1）欧姆电阻：电极材料、电解液、隔膜的电阻。
（2）极化内阻：发生正、负极化学反应时引起的内阻。

蓄电池内阻是由诸多因素构成的动态电阻。

研究蓄电池的内阻是为了了解与蓄电池直接连接的母线及馈线出口短路时，蓄电池将提供多大短路电流，以此来选择母线及其他设备，并根据短路电流来确定保护电器的级差配合。最新蓄电池内阻测试标准内阻值见表2-8。

表2-8 最新蓄电池内阻测试标准内阻值

序号	容量/(A·h)	电压/V	内阻值/mΩ	序号	容量/(A·h)	电压/V	内阻值/mΩ
1	40	12	7.9	5	80	12	5.3
2	60	12	6.5	6	85	12	5
3	65	12	5.8	7	100	12	4.5
4	75	12	5.5	8	120	12	4.3

6. 蓄电池充/放电率

放电速率简称放电率，常用时率和倍率表示。

1）时率 HR

以放电时间表示的放电速率，即以某电流放至规定终止电压所经历的时间。

例如：某电池额定容量是20时率时为12 A·h，即以 C_{20} = 12 A·h 表示，则电池应以12/20 = 0.6（A）的电流放电，连续达到20 h者即为合格。

C_{20} 的下脚标20表示放电时率20 h。

2）倍率

用来表示电池充、放电电流大小的比率，即倍率。

如：在200 A·h 蓄电池上，0.2C 表示以0.2倍率200 A·h 的值，即充、放电电流为40 A。

二、铅酸蓄电池性能参数的测试

1. 电解液液面的检查

电解液的液面高度既不能过高，也不能过低，过高易使电解液泄漏，过低则易使极板露出而硫化。

普通蓄电池多数采用半透明耐酸塑料容器盛出电解液，可从容器侧面观察液面的高度。为观察方便，一些蓄电池容器侧面有液面高度指示线（见图2-8中"UPPER LEVEL"与"LOWER LEVEL"）。

2. 蓄电池容量测试（高率放电测试仪，图2-9）

1）测试原理

通过高率放电测试仪测量蓄电池在大电流放电时的端电压，可以判断蓄电池的放电程度和起动能力。

图 2-8　蓄电池液面高度线　　　　图 2-9　智能蓄电池检测仪

2）测试方法

（1）将高率放电测试仪的正、负放电针分别用力压在蓄电池的正、负极柱上，保持 5 s，然后读取表值，即可知道蓄电池的性能。

（2）判断电池状况。对于 12 V 蓄电池而言，在室温条件下，若电压保持在 9.6 V 以上，则说明性能较好；若稳定在 10.6 V 以上，则说明性能良好；若电压低于 8 V，则说明蓄电池有故障，应更换蓄电池。

注意事项：

每次测试时间不得超过 5 s；蓄电池液体不足时不能测试；连续进行检测，必须间隔 1 min；测试仪左下端的锥形触头与黑色夹子同为负极，测试时也可用该触头测量。

3. 铅酸蓄电池全参数一次性测试（专业智能蓄电池检测仪）

1）专业智能蓄电池检测仪的使用方法

将检测仪正、负极夹与蓄电池的正、负极对应连接，被测蓄电池电压大于 9 V，检测仪可正常开机，开机界面如图 2-10 所示：

（1）根据被测蓄电池电压进行选择设定，对应 12 V 蓄电池则选择 12 V 电压。

（2）选择"电瓶测试"，检测仪进入下一步。

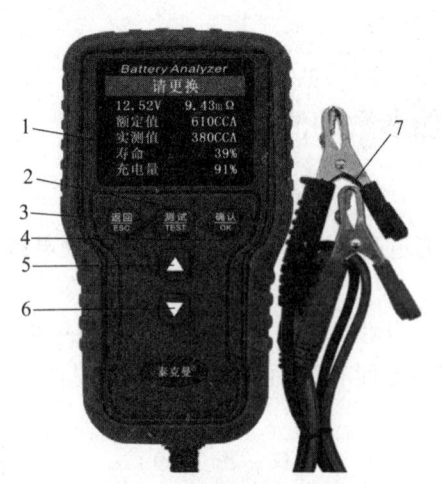

图 2-10　泰克曼蓄电池检测仪

1—LCD 显示器；2—测试按键；3—返回取消键；4—确认 OK 键；
5，6—向上、向下滚动键；7—正、负极夹

模块二　铅酸蓄电池

（3）选择被测蓄电池模型：普通型蓄电池选择"普通标准电瓶"；有标注 ACM/EFB 启停型蓄电池则选择"AGM/EFB 启停蓄电池"。

（4）根据需求选择测试模式：若选择"简易测试"模式进入后，则输入被测蓄电池上的额定电池容量数据，即在电池容量界面按仪器的"上下"键，输入被测蓄电池的额定标准（以一个 60 A·h 蓄电池为例，输入 60 A·h）后按测试键，即可进行测量；若选择"专业测试"模式进入后，则根据蓄电池上的参数标注选择蓄电池标准，如蓄电池为"CCA"标准，则可通过直接选择 CCA，在"电池额定值"界面根据被测蓄电池上所表示的标准值按"上下"键进行输入，输入完毕后按测试键进行测量。测量结果界面如图 2-11 所示。

图 2-11　测量结果界面

2）蓄电池的寿命评估

检测仪通过电压、内阻、实测 CCA 等数据智能评估的寿命即为该蓄电池的综合寿命状态，见表 2-9。

表 2-9　寿命评估释义表

寿命	测试结果	备注
>80%	良好	蓄电池状况良好
>60%	一般	蓄电池状况一般
>45%	需注意	蓄电池寿命将尽，需留意
<45%	建议更换	蓄电池寿命已尽，请参考更换

任务拓展

对一个 Rc 为 175 min 的铅酸蓄电池，它的应用场景是什么？举例说明。

知识提示

两个延伸参数：Rc 的电流值是多少？Rc 本身值是多少？什么状况下需要计时使用？

任务评价与总结

评价与总结

任务4　铅酸蓄电池的充电技术

任务描述

实施内容——学习铅酸蓄电池充电方法，以及蓄电池的充、放电特性；解决铅酸蓄电池中度硫化问题。

> **任务目标**
> 通过学习，能正确使用蓄电池充电器；能完成对欠电铅酸蓄电池进行充电补充或能解决铅酸蓄电池的中度硫化问题。

任务准备

1. 课前知识储备：上网查阅一些蓄电池充、放电方面的相关资讯。
2. 扫码完成课前预习。

任务实施过程

一、任务厘清

根据知识的关联逻辑，把"学习铅酸蓄电池充电方法，以及蓄电池的充、放电特性"与"解决铅酸蓄电池中度硫化问题"的内容整合在一起完成。

二、任务实施

任务工作表见表2-10。

表2-10　任务工作表

解析蓄电池的充、放电特性			
过电压值		终止电压	
充电种类			

续表

工艺步骤		标准	实测数据	结论
去硫化充电				

知识链接

一、铅酸蓄电池充放电特性

1. 蓄电池的放电特性

蓄电池的放电特性是指以恒定的电流放电时，蓄电池端电压 U、电动势 E 和电解液密度 ρ 随放电时间的变化规律。

以 20 h 放电时率的恒流放电特性曲线如图 2-12 所示（图中，E_0—静止电动势）。

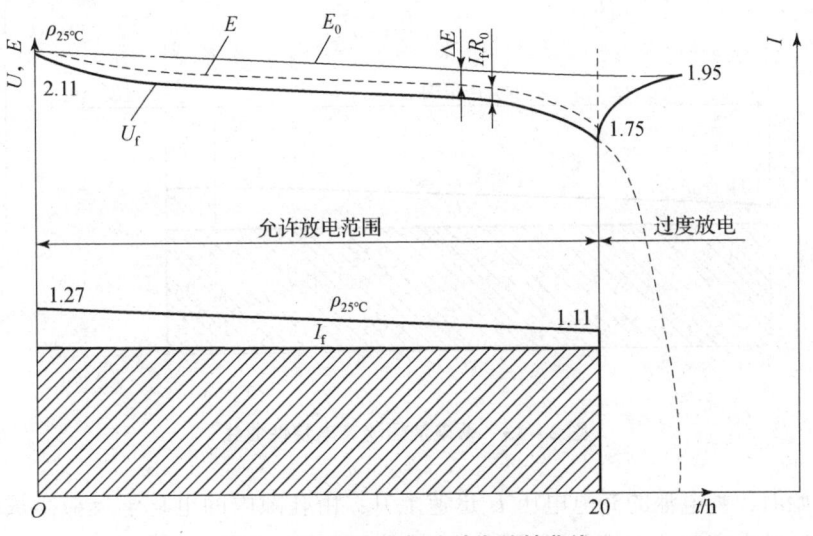

图 2-12 蓄电池恒流放电特性曲线

由于存在内阻 R，造成电压降，因此，蓄电池端电压 U 低于其电动势 E，即

$$U = E - I \cdot R$$

而

$$E = E_0 - \Delta E$$

从放电特性曲线可知，蓄电池放电终了可由两个参数判断：

(1) 单格电池电压下降至放电终止电压。

(2) 电解液密度下降至最小的许可值。

终止电压与放电电流的大小有关，放电电流越大，放电的时间就越短，允许放电的终止电压也就越低。

放电电流与终止电压的关系见表 2–11。

表 2–11 放电电流与终止电压的关系

放电电流	$0.05\ C_{20}$	$0.1\ C_{20}$	$0.25\ C_{20}$	$1\ C_{20}$	$3\ C_{20}$
连续放电时间	20 h	1 h	3 h	30 min	5.5 min
终止电压/V	1.75	1.70	1.65	1.55	1.5

2. 蓄电池的充电特性

蓄电池的充电特性是指以恒定的电流充电时，蓄电池充电电压 U、电动势 E 及电解液密度 ρ 随充电时间变化的规律。以 20 h 充电时率的恒流充电特性曲线如图 2–13 所示。为克服蓄电池内阻造成的电压降，充电电压 U 需高于蓄电池的电动势 E。

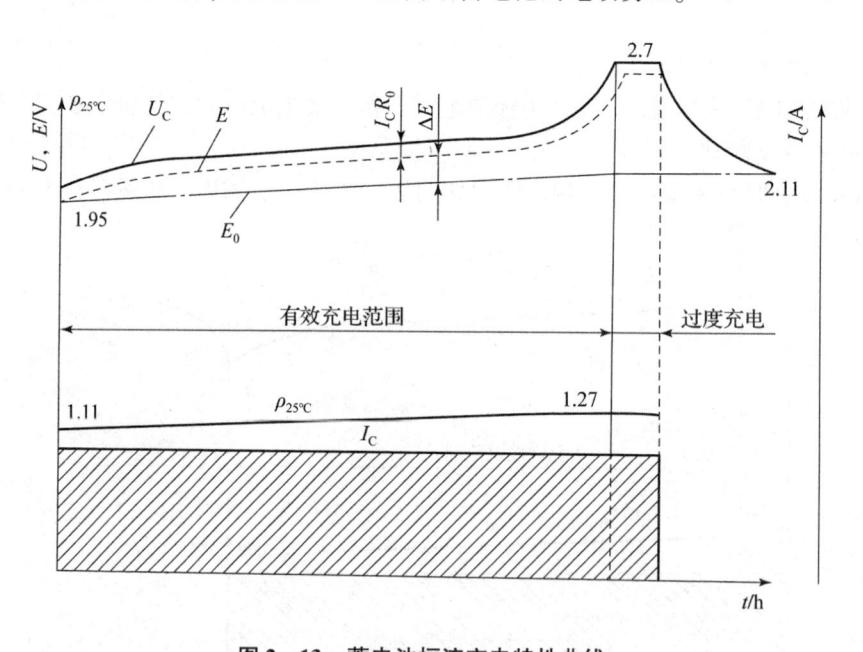

图 2–13 蓄电池恒流充电特性曲线

充电开始时，蓄电池的充电电压 U 迅速上升，由孔隙内的电化学反应生成的 H_2SO_4 使孔隙内电解液的密度迅速上升（导致电动势上升 ΔE 值）。

当极板孔隙内、外电解液的 H_2SO_4 产生浓度差后，极板孔隙内的 H_2SO_4 将向孔隙外扩散，此时，U 随着整个容器内电解液密度的缓慢增大而逐渐上升（ΔE 基本稳定）。当上升至 2.4 V 左右时，电解液开始有气泡冒出，这是极板上的 $PbSO_4$ 基本上已被还原成活性物质，充电电流已开始电解水的标志。继续充电，水的电解速度会不断上升，气泡也逐渐增多，使电解液呈"沸腾"状。由于 H^+ 在极板上得到电子变成 H_2 的速度较水的电解慢，因而在接近充足电时，负极板附近会集聚越来越多的 H^+，使负极板与电解液之间产生一个迅速上升的附加电位差（E 迅速上升），导致 U 迅速上升。附加电位差最高大约为 0.33 V，因此，充电电压上升至 2.7 V 后就不再升高，理论上 U 达到 2.7 V 时应终止充电，否则将造成过充电。但在实际使用中，往往在充电电压达到最高电压后还会继续充电 2~3 h，以确保蓄电池能完全充足。

蓄电池充足电的特征如下：
（1）蓄电池的端电压上升至最大值（单格电池电压为 2.7 V），且 2 h 内不再变化；
（2）电解液的密度上升至最大值，且 2 h 内基本不变；
（3）电解液大量冒气泡，呈现"沸腾"状态。

铅酸蓄电池过充电所产生的大量气体会在极板孔隙内（Δ）造成压力，这会加速极板活性物质脱落，导致蓄电池容量下降、使用寿命缩短。

二、蓄电池充电知识

1. 蓄电池充电方法

蓄电池有三种不同的充电方法，在使用中可根据具体情况选择适当的充电方法。

1）定流充电

定流充电是指充电过程中使充电电流保持不变的充电方法。

当单格电池电压上升至 2.4 V、电解液开始有气泡冒出时，应将电流减半，直到完全充足为止。

2）定压充电

定压充电是指充电过程中使充电电压保持不变的充电方法。

充电电压为定值，故充电电流随蓄电池电动势的升高而逐渐减小。定压充电一般以每单格电池 2.5 V 确定充电电压，即蓄电池的充电电压应为（14.80±0.05）V（6 单格电池）。

应注意充电初期最大充电电流，若电流超过了 $0.3C_{20}$（A），则应适当调低充电电压，待蓄电池电动势升高后再将充电电压调整到规定的值。

3）脉冲快速充电

（1）利用初期可接受大电流的特点，采用 (0.8~1)C_{20} 的大电流对蓄电池进行定流充电，使蓄电池在短时间内达到 60% 左右的容量。

（2）当单格电池电压达 2.4 V，电解液开始冒气泡时，先停止充电 25 ms 左右，消除欧姆极化，浓差极化也由于扩散作用而部分消失。

（3）接着再反充电，反充电的脉宽一般为 150~1 000 μs，幅值为 1.5~3 倍的充电电流，以消除电化学极化的电荷积累和极板孔隙中形成的气体，并进一步消除浓差极化。

（4）接着再停止充电 25 ms 后，进行正脉冲充电。

就这样周而复始反复进行（2）~（4）充电过程，如图 2-14 所示。

初充电应不超过 5 h，补充充电只需 0.5~1.5 h，其优点是空气污染小、省电。

2. 蓄电池的充电设备

图 2-15 所示为全自动 20 A 快速充电机。

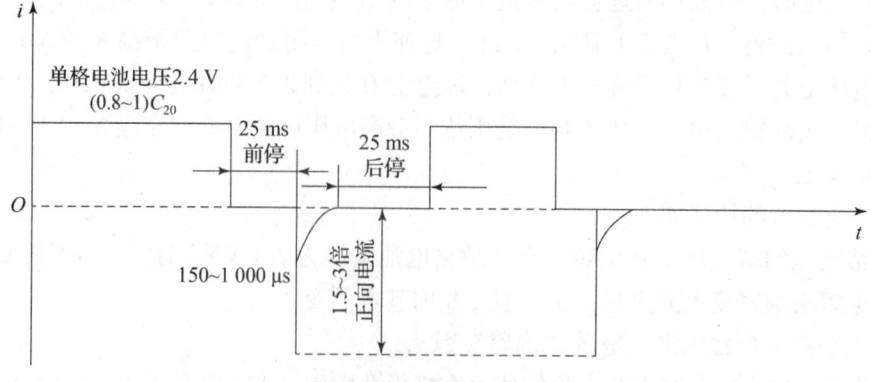

图 2-14 脉冲快速充电

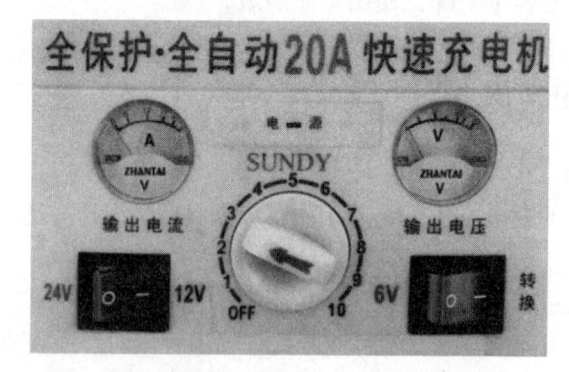

图 2-15 全自动 20 A 快速充电机

全自动 20 A 快速充电机的使用方法如下：

（1）将充电机的红色夹子夹在待充蓄电池的"+"极，黑色夹子夹在待充蓄电池的"-"极。

（2）观察操作面板，按动按钮，如待充蓄电池为 12 V，则面板左侧按钮按到 12 V 挡位。

（3）旋转电流旋钮至所需电流挡位，并观察电流表及电压表输出是否正常。

3. 充电种类及其工艺步骤

1）初充电

对新蓄电池或修复后蓄电池使用前的首次充电称为初充电，初充电一般采用定流充电，其充电工艺过程如下：

①按地区、季节配制好适当密度的电解液，并加注到蓄电池容器中。应注意：加注的电解液温度不得超过 35℃；加注电解液后，静置 3~6 h，此期间因电解液渗入极板，液面会有所降低，应补充电解液，使液面高于极板 10~15 mm。

②开始充电电流应为 $C_{20}/15$，待电压上升至 2.4 V，电解液开始有气泡冒出时，将充电电流减半继续充电；当充电至电解液呈现"沸腾"状态时，充电结束。

③充足电静置 2 h 后，再检测电解液的密度，如密度偏低，则可添加密度为 1.4 g/cm³ 的稀硫酸；如果过高，则可以添加蒸馏水，将密度调至规定的值。在充电过程中应随时检测电解液的温度，如果温度上升至 40 ℃，则应将电流减半。如果温度仍不降低，则应停止充

电，待温度降至 35 ℃ 以下后再继续充电。

2）补充充电

使用中的蓄电池以恢复其全充电状态所进行的充电称为补充充电。可采用定流充电的方法，也可用定压充电的方法，可以考虑用初充电的电流进行充电。

3）去硫化充电（适用于蓄电池维修）

对极板硫化不严重的蓄电池进行充电，旨在消除极板的硫化，其充电工艺过程如下：

（1）倾出蓄电池电解液，并用蒸馏水冲洗两次，然后加注足量的蒸馏水。

（2）接通电源，按 $C_{20}/30$ 的电流进行充电，当密度上升至 1.15 g/cm³ 时，倾出电解液，加注蒸馏水，再进行充电，如此反复，直至密度不再增大为止。

（3）以 10 h 放电率进行放电，当单格电池电压下降到 1.7 V 时，停止放电，然后以初充电电流进行充电，接着再放电、再充电，直到容量达到 80% C_{20} 为止。

任务拓展

解决铅酸蓄电池的"欠电"问题。

任务评价与总结

评价与总结

模块三　交流发电机及电压调节器

序号	模块名称	能力点	知识点
1	模块三 交流发电机及电压调节器	*能够区分、识别交流发电机的线脚标识及其含义； *能够解析出交流发电机的一些常用的基本参数； *能够解析出交流发动机的发电原理与整流、调压控制； *能够测试交流发电机并能评估出它们的优劣	*交流发电机的编号规则与标准； *交流发电机的基本参数与性能特性； *交流发电机的发电、整流和调压原理
课程思政点：清洁能源在当今社会的重要性——践行：绿水青山就是金山银山的理念			
任务1	任务2	任务3		
交流发电机的识别	交流发电机结构与发电原理解析	交流发电机的静态检测		
任务4	任务5		
电压调节器及其调压控制解析	交流发电机特性曲线在测试上的应用		

目前，汽车上均采用三相交流发电机，作为汽车中一个主要的电源系统，有时又把它称为硅整流发电机。

它是由三相同步交流发电机与三相整流桥（硅二极管组成）电路组成的发电装置，它将三相交流发电机的交流电，通过整流变为直流电输出。交流发电机总成如图3-1所示。

图3-1　交流发电机总成

交流发电机的作用是在发动机正常运转时，向所有（起动机除外）用电设备供电，同时把多余的电量存储、补充到蓄电池内，它是汽车用电设备的主要电源。

任务 1　交流发电机的识别

任务描述

实施内容——通过学习，完成对交流发电机型号、引线脚端号与标签上指标的识别。

任务目标

通过学习，具备识别并解析交流发电机型号、引线脚端号内容及标签上指标的能力。

任务准备

1. 课前知识储备：上网查阅一些交流发电机方面的相关资讯。
2. 扫码完成课前预习。

任务实施过程

一、任务厘清

针对如图 3-2 所示莱斯特 LESTER JFZ1711 交流发电机，完成对其型号、引线脚端号与标签上指标的识别和解析。

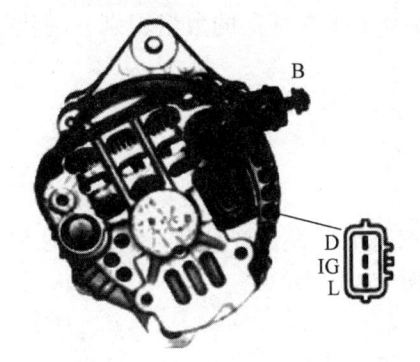

LESTER NO.：	JFZ1 711	ENGINE：	376Q
OEM NO.：	原始设备制造商	APPLICATION：	
WAI NO.：	国际电线协会(WAI)		
VOLTAGE：	12 V		
CURRENT：	75 A		
PULLEY GROOVE(槽)：	1S		

图 3-2　JFZ1711 交流发电机与铭牌

二、任务实施

任务工作表见表 3-1。

表 3-1　任务工作表

引脚端号	表达含义	型号	表达含义
B 引脚		JFZ	
D 引脚		1	
IG 引脚		7	
L 引脚		11	

知识链接

一、交流发电机的类型

1. 根据发电机总体结构分类

（1）普通交流发电机：一般是指电压调节器外置的发电机。

（2）整体式交流发电机：发电机、整流器和调节器制成一个整体的发电机。

（3）带泵交流发电机：交流发电机的后部加装了一个泵，能够高效利用发动机的附近空间。

（4）无刷交流发电机：如 JFW1913。

（5）永磁交流发电机：磁极为永磁铁制成的发电机。

2. 根据整流器使用的硅整流管（二极管）数量分类

（1）六管交流发电机：如 JF1522 东风汽车的整流桥。

（2）八管交流发电机：如 JFZ1542 天津夏利汽车用发电机。

（3）九管交流发电机：三菱、马自达汽车用的发电机整流器。

（4）十一管交流发电机：如 JFZ1913Z 奥迪汽车用发电机。

二极管的数量可以根据发电机整流桥板二极管位置凸起（或本身）的数量识别，现代新的整流技术还有的采用双整流器，不在此讨论。

二、国内发电机编号规则

根据中华人民共和国汽车行业标准 QC/T 73—1993《汽车电器设备产品型号编制方法》的规定，国产汽车交流发电机型号主要由五部分组成，如图 3-3 所示。

1. 产品代号

产品代号用中文字母表示，例：JF——普通交流发电机；JFZ——整体式（调节器内置）交流发电机；JFB——带泵的交流发电机；JFW——无刷交流发电机。

2. 电压等级代号

电压等级代号用一位阿拉伯数字表示，例：1 表示 12 V 系统，2 表示 24 V 系统，6 表示 6 V 系统。

模块三 交流发电机及电压调节器

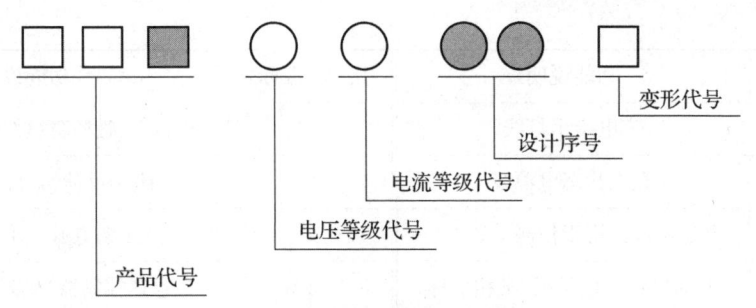

图 3-3 国产汽车交流发电机型号组成

（从左至右：产品代号、电压等级代号、电流等级代号、设计序号、变形代号）

3. 电流等级代号（见表 3-2）

表 3-2 电流等级代号

代号	1	2	3	4	5	6	7	8	9
电流值/A	≤19	20~29	30~39	40~49	50~59	60~69	70~79	80~89	≥90

4. 设计序号

设计序号用 0~2 位阿拉伯数字表示（"0"开始），表示产品设计的先后顺序。

5. 变形代号

一般以调整臂位置作为变形代号。

从驱动端往后看，调整臂在中间面的左边，用 Z 表示；调整臂在右边，用 Y 表示；调整臂在中间不加标记，如图 3-4 所示。

图 3-4 调整臂位置

三、发电机的引线脚端号标识

不同门类发电机的引线脚端号标识见表 3-3。

表 3-3 不同门类发电机的引线脚端号标识

引线脚端标号	功能说明	引线脚端标号	功能说明
B+	电源正极线	B-	电源负极线
D+	激磁线或充电指示灯线	E/G	地线

续表

引线脚端标号	功能说明	引线脚端标号	功能说明
L	充电指示灯线	F	磁场绕组控制线端
IG/run	点火状态电源线	Fr	磁场反馈信号,送经PCM
S	电池正极,用于侦测电源电压	C	磁场电源,来自蓄电池
W/P	发动机转速信号线/某相取样	DFM	怠速控制器（多见于柴油机）
N	中性点（Y形绕组接法）		

任务评价与总结

评价与总结

任务 2　交流发电机结构与发电原理解析

任务描述

实施内容——通过学习，需完成解析交流发电机的结构特点、发电原理及六管整流器的特点与整流原理，并分析输出电压值。

❖ 任务目标

通过学习，具备解析交流发电机结构特点、发电原理和整流器整流原理及输出分析的能力。

任务准备

1. 课前知识储备：上网查阅一些交流发电机发电与整流等方面的相关资讯。
2. 扫码完成课前预习。

任务实施过程

一、任务厘清

根据知识的关联逻辑，把交流发电机部分与整流器部分细分成两个子任务，分别去完成，这样条理会更加清晰。

二、任务实施

任务 2.1　完成解读交流发电机结构特点和发电原理，任务工作表见表 3-4。

表 3-4　任务工作表

项目	内容
描述交流发电机的组成	
定子绕组的嵌线原则	
交流电动势 E_ϕ 计算式	

知识链接

一、交流发电机

交流发电机主要包括转子、定子、电刷与滑环机构、风扇、传动带轮、轴承、前后端盖等，如图 3-5 所示。

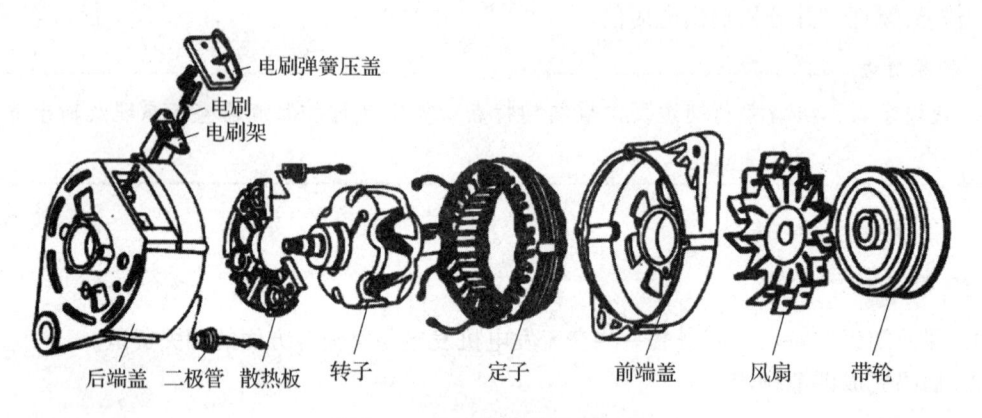

图 3-5 交流发电机结构组成

1. 定子总成

1）定子作用

定子绕组有三个线圈，又称为三相绕组。在工作时，三相定子绕组切割发电机转子转动所产生的旋转磁场，生成三相感应电动势。

2）定子组成

由定子铁芯和三相定子绕组组成。定子铁芯由内圈带槽的硅钢片叠成，定子绕组的导线就嵌放在铁芯的槽中，如图 3-6 所示。

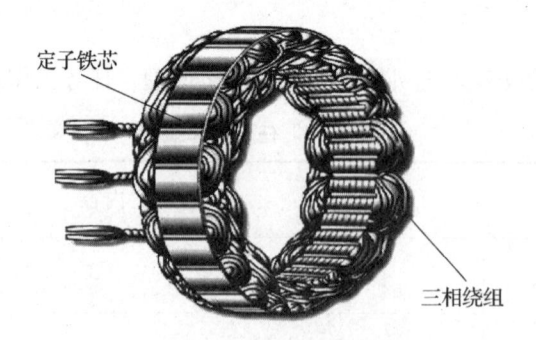

图 3-6 定子结构组成

定子三相绕组采用星形（Y形）接法或三角形（△形）接法，如图 3-7 所示，轿车大多数采用星形接法，少量车辆也会采用三角形接法。

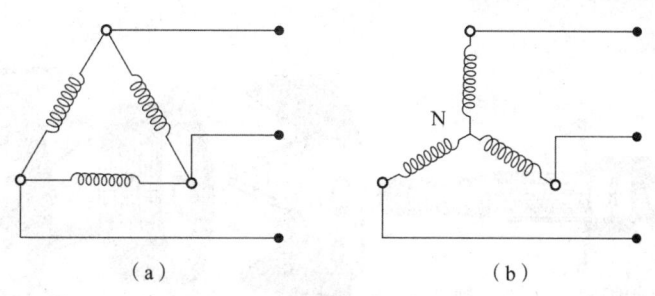

图 3-7　三相绕组接线方法

星形接法大多应用于汽车发电机，三个线圈的公共端称为中性点，用 N 表示，中性点 N 常用于控制充电指示系统，如图 3-7（b）所示。

3）定子绕组的嵌线特点

定子三相绕组必须按一定的要求绕制，才能使之获得频率相同、幅值相等、相位互差 120°的三相电动势，图 3-8 所示为 JF13 交流发电机的绕制。

（1）每个线圈两个有效边之间的距离应与一个磁极占据的空间距离相等。

（2）每相绕组相邻线圈始边之间的距离应与一对磁极占据的距离相等或成倍数。

（3）三相绕组的始边应相互间隔 $2\pi + 120°$ 的电角度（一对磁极占有的空间为 360°电角度）。

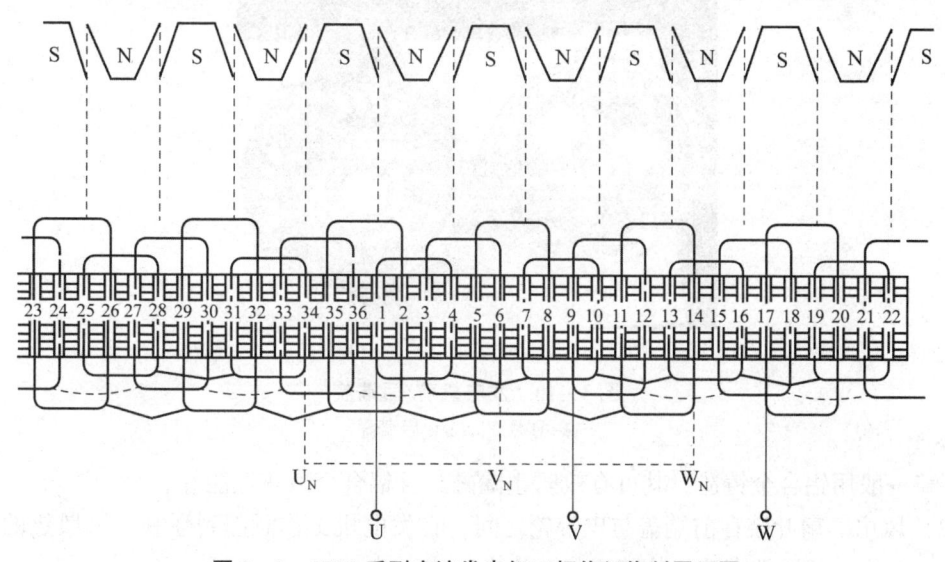

图 3-8　JF13 系列交流发电机三相绕组绕制展开图

2. 转子总成

交流发电机转子的功用是承担并产生"旋转磁场"。

交流发电机转子由爪极（磁爪极）、磁轭、磁场线圈（绕组）、导电滑环（集电环）和转子轴等组成，如图 3-9 所示。

（1）转子轴上压装着两块爪极，两块爪极各有六个鸟嘴形磁极，爪极空腔内装有磁场绕组（转子线圈）和磁轭。

（2）导电滑环由两个彼此绝缘的铜环组成，导电滑环压装在转子轴上并与轴绝缘，两个导电滑环分别与磁场绕组的两端通过焊接相连。

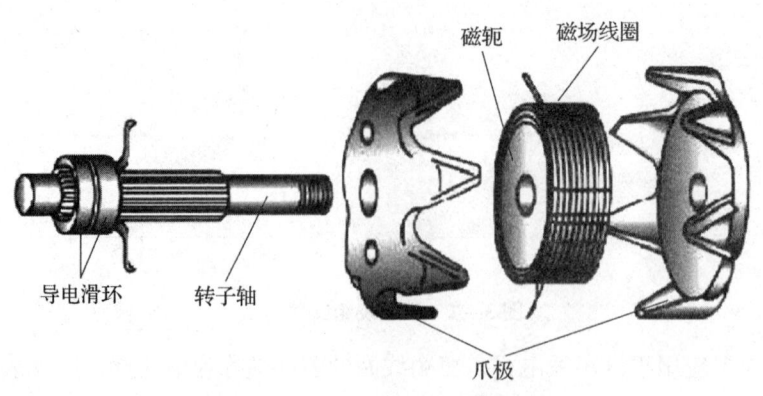

图3-9 交流发电机转子总成结构图

磁场绕组通过与集电环接触的两个电刷引入直流电,产生磁场并将爪极磁化。当转子轴在发动机驱动下旋转时,可使其产生的磁场与之同步旋转。

3. 壳体与其他组件

(1) 交流发电机端盖一般分成两部分（前端盖和后端盖）,起固定转子、定子、整流器和电刷组件的作用,如图3-10所示。

图3-10 发电机前/后端盖
(a) 前端盖；(b) 后端盖

端盖一般用铝合金铸造,其可有效防止漏磁,且铝合金散热性能好。

(2) 风扇。扇叶装在前端盖与皮带轮之间,在发电机工作时起到强制通风散热的作用,如图3-11所示,通常有叶片外装式与叶片内装式。

图3-11 发电机冷却风扇

4. 电刷与电刷架

电刷的作用是将电源通过导电滑环引入磁场绕组。电刷组件装在后端盖内,主要包括电刷、电刷架和电刷弹簧。

电刷通过弹簧与转子轴上的导电滑环保持接触。电刷是由石墨与铜粉压制而成的。

电刷通常架有两种形式:

(1) 外装式:从外部即可拆下电刷,如图 3-12(a)所示;
(2) 内装式:需拆开发电机后才能拆下电刷,如图 3-12(b)所示。

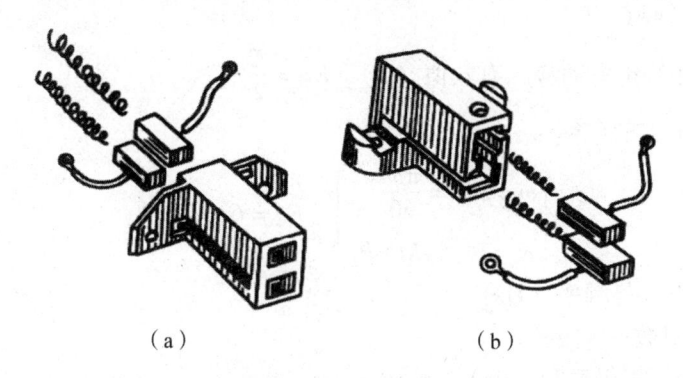

图 3-12 电刷组件
(a) 外装式;(b) 内装式

二、交流发电机的发电原理

1. 交流发电机发电原理

当交流发电机转子内部绕组通电后,随转子旋转时,就会形成一个绕转子轴旋转的磁场,使静止的电枢绕组因切割磁力线而产生感应电动势。

2. 三相同步感生电动势

由于磁极铁芯的特殊设计使磁极磁场近似于正弦规律分布,因此三相电枢绕组产生的感应电动势按正弦规律变化。

交流发电机产生的三相同步感生电动势如图 3-13 所示。

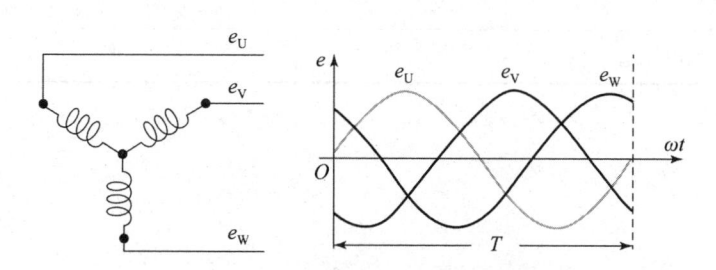

图 3-13 三相同步感生电动势示意图

3. 三相同步感生电动势的计算

$$\begin{cases} e_U = \sqrt{2}E_\Phi \sin\omega t \\ e_V = \sqrt{2}E_\Phi \sin\left(\omega t - \dfrac{2\pi}{3}\right) \\ e_W = \sqrt{2}E_\Phi \sin\left(\omega t + \dfrac{2\pi}{3}\right) \end{cases}$$

式中：ω——电角速度（rad/s）；

t——时间（s）；

E_Φ——每相绕组电动势的有效值（V），$E_\Phi = \dfrac{\sqrt{2}}{2}E_{\max}$。

其主要参数分别有以下关系：

$$\begin{cases} \omega = 2\pi f = \dfrac{\pi pn}{30} \\ E_\Phi = 4.44 KfN\Phi_m \end{cases} \Rightarrow E_\Phi = C \times n \times \Phi$$

式中：f——交流电动势频率（Hz）；

p——磁极对数；

n——发电机的转速（r/min）；

K——绕组系数，采用整距集中绕组时，$K=1$；

N——每相绕组匝数；

Φ_m——每极磁通幅值（Wb）；

Φ——绕组的磁通；

C——发电机常数（与发电机结构有关）。

任务 2.2 完成解析六管整流器整流原理及输出电压值分析

任务工作表见表 3-5。

表 3-5 任务工作表

项目	内容
描述六、八、九、十一管整流桥各自的特点	
整流器二极管的导通原则	
中性点的电压值	
发电机输出的平均电压值	

知识链接

一、整流器

1. 整流器的功用

整流器是将交流电转换成直流电的一种装置，车用发电机整流器一般采用三相桥式硅整流电路作整流桥。

2. 硅二极管与整流桥

车用整流器使用的硅二极管一般能承受正向平均电流 50 A、浪涌电流 600 A；反向电压高，反向重复峰值电压为 270 V，反向不重复峰值电压为 300 V；构建的整流电路桥可实现将正弦交流电转换成直流电。

整流器由两块整流板组成，即正极整流板与负极整流板。其是通过不同的制装方式，将二极管中的一条引线直接引出，另一条引线嵌入金属板（也叫散热板），从而构成了正极板与负极板。

图 3-14 所示为常用的六管硅整流器。

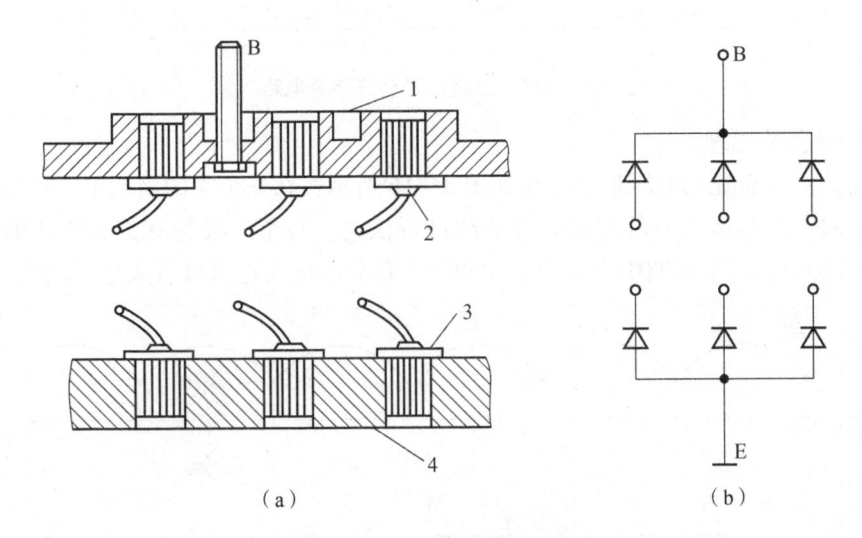

图 3-14 六管硅整流器

(a) 整流二极管安装图；(b) 整流二极管电路图

1—绝缘散热板；2—正极管；3—负极管；4—后端盖（或接地散热板）；B—电枢接柱；E—搭铁

1) 负极整流板

压装在金属板（散热板）上的是硅二极管（壳体）的正极，引线端为负极，硅二极管则称为负极管，压装的金属板件则称为负极整流板。

2) 正极整流板

压装在金属板（散热板）上的是硅二极管（壳体）的负极，引线端为正极，硅二极管则称为正极管，压装的金属板件则称为正极整流板。

3. 三相桥式全波整流原理

三相桥式全波整流器，它是利用硅二极管的单向导电性构筑三桥整流电路，完成对三相交流进行全波整流的，其电路图如图 3-15 所示。

(1) 在任何瞬间，三相桥管（二极管）的导通原则如下：

①正极板中：只有与电位最高的一相绕组相连的正二极管导通；

②负极板中：只有与电位最低的一相绕组相连的负二极管导通。

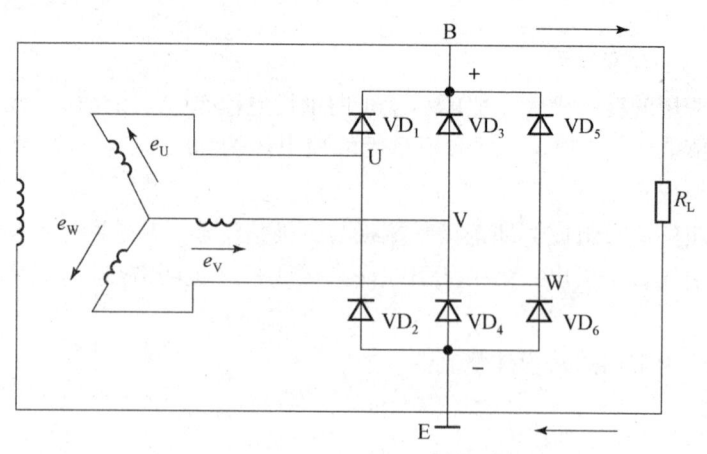

图 3-15 三相桥式全波整流电路

(2) 全波整流原理。

三相桥式全波整流的电压形态变化如图 3-16 所示：在一个大的周期中，可以分成 6 个小时间段，每一段都由"一对"相线对负载进行供电。每个二极管有三分之一的时间导通（导通角为 120°）；一个周期中有 6 个小时间段，负载的电压也可以看成是周期性变化。

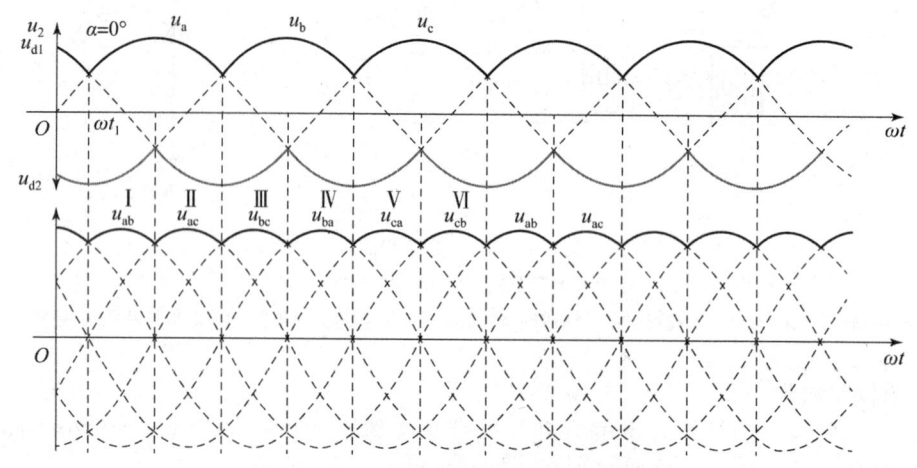

图 3-16 三相桥式全波整流的电压形态

(3) 输出电压。

在任一瞬时，负载上的电压为某两相电动势之和，所以交流发电机输出电压的平均值应为

$$U = 1.35 \times U_L = 2.34 \times U_\Phi$$

二、中性点电压 U_N

只有在星形定子绕组中才会有中性点电压 U_N，一般早期常用于控制磁场继电器、充电指示灯继电器等。

(1) 现代车系一般是用来榨取发电机功率，在较高速状态下可以提升 10%~15% 的功率，中性点电压 U_N 等于端电压 U 的一半。

在 2 000 r/min 以上时，中性点电压可以取出供发电用，其原理如图 3 – 17 所示。

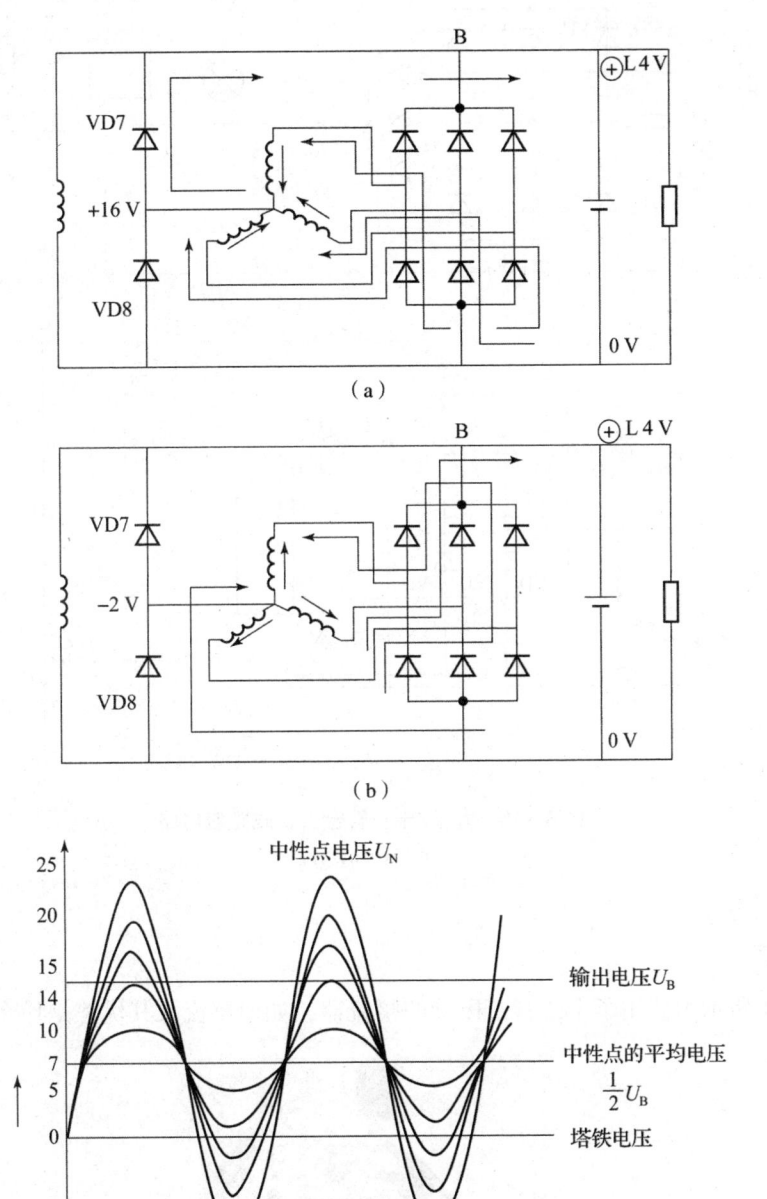

（a）

（b）

（c）

图 3 – 17　八管三相桥式整流电路

图 3 – 17（a）~图 3 – 17（c）中 N 点电压值是在发动机转速为 2 000 r/min 时的数值。

（2）其他类型。

除了上面介绍的六管整流器外，还有八管、九管、十一管整流器（见图 3 – 18），八管整流器主要是利用了中性点电压来提高功率；九管整流器主要是给励磁绕组提供自励电源及充电灯控制；十一管整流器是把八管整流器与九管整流器的各自优势结合起来的一种整流器。

(a)

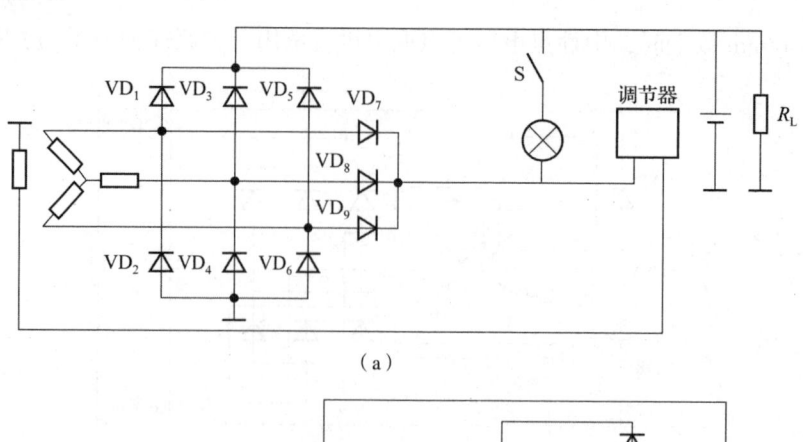

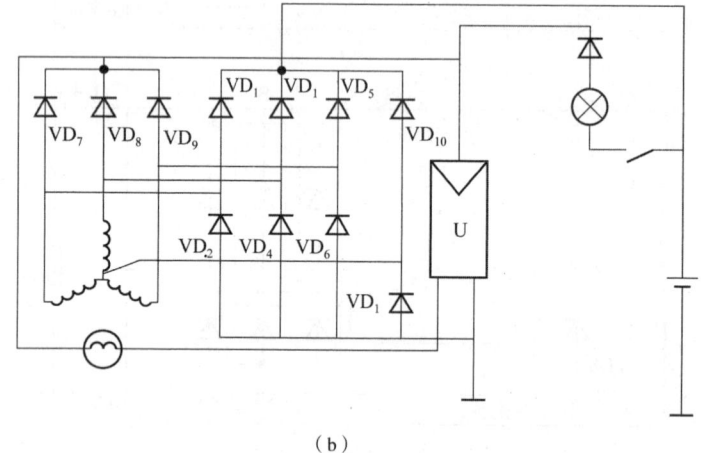

(b)

图 3-18　九管/十一管全波桥式整流电路
(a) 九管；(b) 十一管

任务拓展

图 3-19 所示为使用了十二管二极管的整流器，如何整流及其优势是什么？

图 3-19　十二管二极管整流器

知识提示

查阅新款汉兰达的发电机，其就使用了十二管二极管整流器。

任务评价与总结

评价与总结

_____
_____
_____
_____

任务 3　交流发电机的静态检测

任务描述

实施内容——完成交流发电机定子、转子、电刷组件、整流器桥板等的检测任务,同时需获取检测数据加以评估各自的性能好坏并给出修复结论。

> ❖ 任务目标
>
> 通过学习,具备解析交流发电机检测及其故障分析的能力。

任务准备

1. 课前知识储备:上网查阅一些交流发电机测试方面的相关资讯。
2. 扫码完成课前预习。

任务实施过程

一、任务厘清

根据知识的关联逻辑,把检测交流发电机定子、转子、电刷组件、整流器桥板的检测任务统一整合在一起完成,更具功能的完整性。

二、任务实施

任务工作表见表 3-6。

表 3-6　任务工作表

	测量项目项与标准	实测数据	结论
整流器桥板整体检测			

续表

	测量项目项与标准	实测数据	结论
交流发电机转子			
交流发电机定子			
电刷组件			

知识链接

一、交流发电机检测

1. 发电机转子检测

（1）用万用表测量励磁绕组的电阻，应符合标准。每个滑环与转子轴之间的阻值都应该是无穷大，如图 3-20 所示。

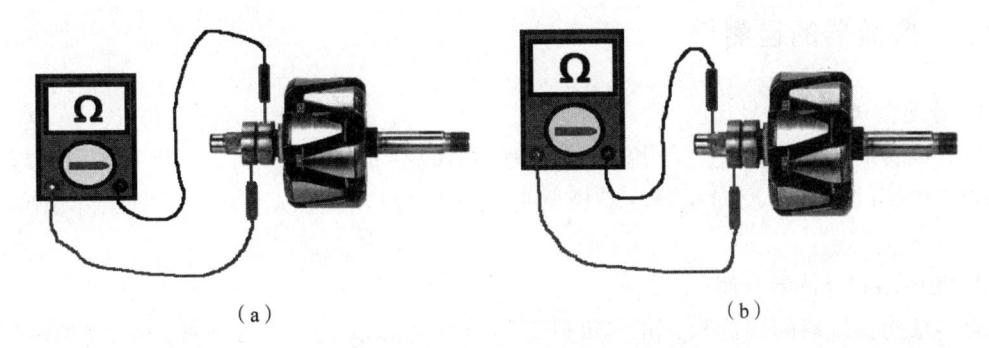

(a)   (b)

图 3-20 测量转子绕组的阻值与绝缘状态
(a) 励磁绕组阻值测量；(b) 绝缘性能检测

（2）转子轴和滑环检修。转子轴的弯曲会造成转子与定子之间间隙过小而摩擦或碰撞，如发现发电机运转时阻力过大或有异响，应检查转子轴是否有弯曲。滑环应表面光滑，无烧蚀，厚度应大于 1.5 mm。

（3）轴承的检修。若发现发电机运转时有异响，则应仔细检查是否是因轴承的损坏而造成。

2. 定子的检测

（1）定子绕组阻值、断路和短路的检测如图 3－21 所示。

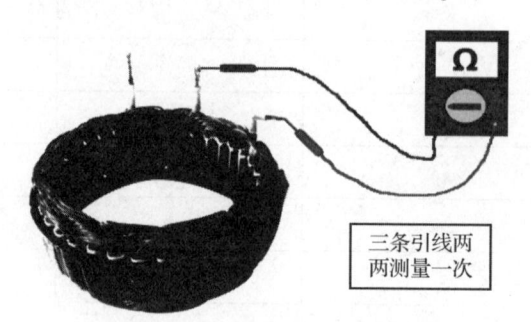

图 3－21　定子绕组的测量

如图 3－21 所示，三条引线两两测量一次，每次测量的数值应该一致，并符合要求，如出现无穷大则为断路；如出现某相阻值过小或为零，则为短路。

（2）定子绕组的绝缘检测如图 3－22 所示。

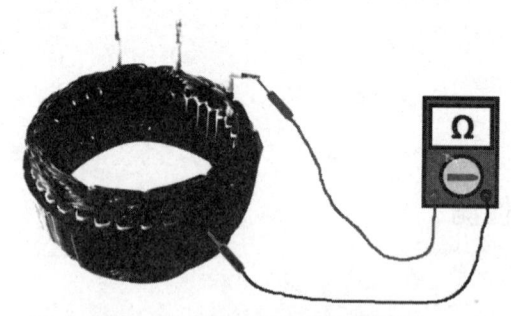

图 3－22　定子绕组的绝缘检测

二、整流器的检测

1. 普通整流器的检测

将二极管的引线与其他连接分离，并将万用表的两个表笔分别接到二极管的引线与壳体上，测二极管的正向与反向压降。二极管的正向压降应符合标准值，反向压降值应为无穷大。

2. 整体结构整流器检测

整体结构整流器的整流板，正、负硅二极管全部焊装在一起，不可分解，如图 3－23 所示。

检测正极管时，将指针万用表的红表笔接 B，黑表笔依次接 P1、P2、P3，均应导通；交换两表笔后再测，均应为无穷大，否则有正二极管损坏，需更换整流器总成。

同理，检测负极管时将指针万用表的黑表笔接 E，红表笔依次接 P1、P2、P3，均应导通；交换两表笔后再测，均应为无穷大，否则有负二极管损坏，需更换整流器总成。

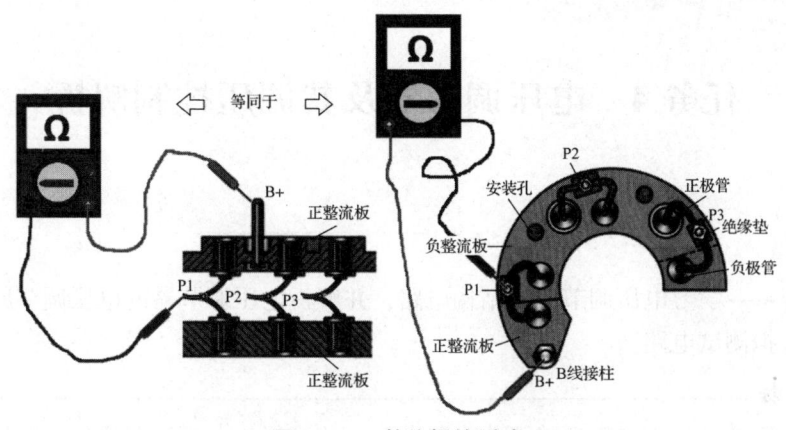

图 3-23　整流板的测试

三、电刷组件的检测

电刷和电刷架应无破损或裂纹，电刷在电刷架中应活动自如，不得出现卡滞现象。电刷露出电刷架部分的长度叫电刷长度，电刷长度不应超出磨损极限（原长的1/2），否则应更换。

电刷弹簧压力应符合标准，一般为 2~3 N，将电刷压入电刷架使之露出部分约 2 mm，弹簧压力过小应更换。电刷表面不得有油污，电刷与滑环接触面积应达到 75% 以上，否则应进行修磨。

当电刷需要修磨时，为了确保其工作面与滑环的接触面积，可将 500 号砂纸裁成与两滑环宽度相等的长条形，按发电机旋转方向将其缠绕在两滑环表面上，并用细铁丝在两端紧固，再将发电机装复。

然后按发电机旋转方向转动发电机皮带轮，这样可使电刷均匀磨合。

最后拆下电刷总成，用尖嘴钳取出铁丝与砂纸，用压缩空气吹净发电机内部的电刷粉尘，再将电刷总成装到发电机上即可。

任务拓展

完成交流发电机八管整流器的检测。

任务评价与总结

评价与总结

任务 4　电压调节器及其调压控制解析

任务描述

实施内容——学习电压调节器的结构电路,并解析电压调节器的电压调节原理及搭建电压调节器的模拟测试电路。

❖ 任务目标

通过学习,能知晓电压调节器的内部电路,并能解析电压调节器的调节原理,可以独立搭建模拟测试电路。

任务准备

1. 课前知识储备：上网查阅一些电压调节器方面的相关资讯。
2. 扫码完成课前预习。

任务实施过程

一、任务厘清

根据知识的关联逻辑,把"学习电压调节器的结构电路""解析调节器的电压调节原理"及"搭建电压调节器的模拟测试电路"整合在一起完成,更具功能的系统性。

二、任务实施

任务工作表见表 3-7。

表 3-7　任务工作表

电压调节器的作用	
电压调节器的类型	
电压调节器的数理关系	

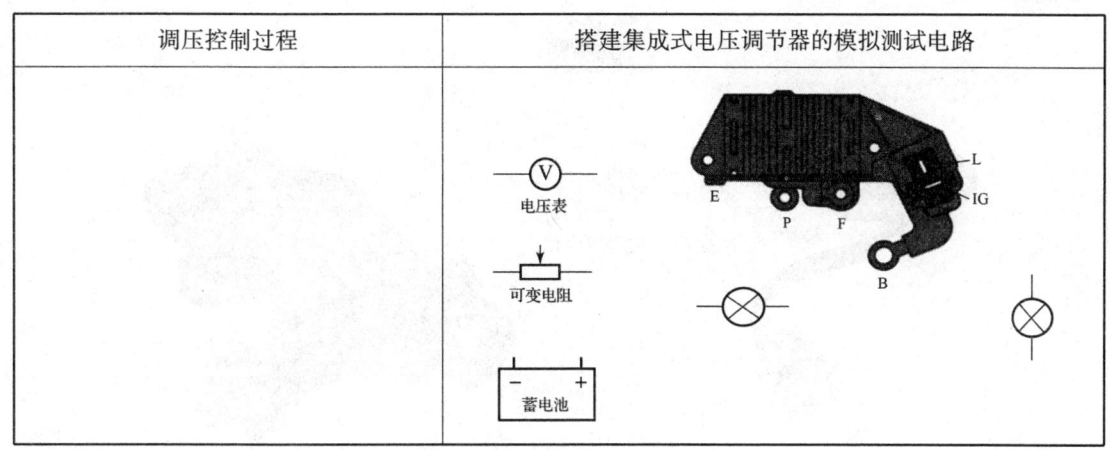

续表

调压控制过程	搭建集成式电压调节器的模拟测试电路

知识链接

一、电压调节器的作用

发动机转速变化会引发输出电压的变化,在发动机高速运转时,输出电压极易超过电气设备的极限值,导致设备烧坏。

一般轿车发电机的输出电压会控制在 14.5 ~ 14.8 V。

电压调节器是当超过限制电压时,发电机通过对转子线圈的励磁电流进行调节,控制减小磁通量或直接切断,从而使发电机的电压保持基本稳定,以满足汽车用电设备要求的装置。

二、电压调节器的类型

按其安装的位置来分,可以分为外置式电压调节器与内置式电压调节器,如图 3-24 所示。

三、电压调节器调节原理

发电机各电枢绕组电动势与发电机的转速和磁极的磁通关系。忽略发电机内阻,其端电压与电动势的关系为

$$U \approx E_\Phi = C \times n \times \Phi$$

工作时发电机转速随发动机转速变化,很不稳定且变化范围很大,若对输出电压不加以调节控制,容易烧毁其他的用电设备。因此,必须有一个能自动调节控制其电压输出的装置。转速是由发动机决定的,要实现对 U 的控制,只能通过控制 Φ 值的大小来实现,电压调节器就是利用这个原理来实现对电压的控制的。

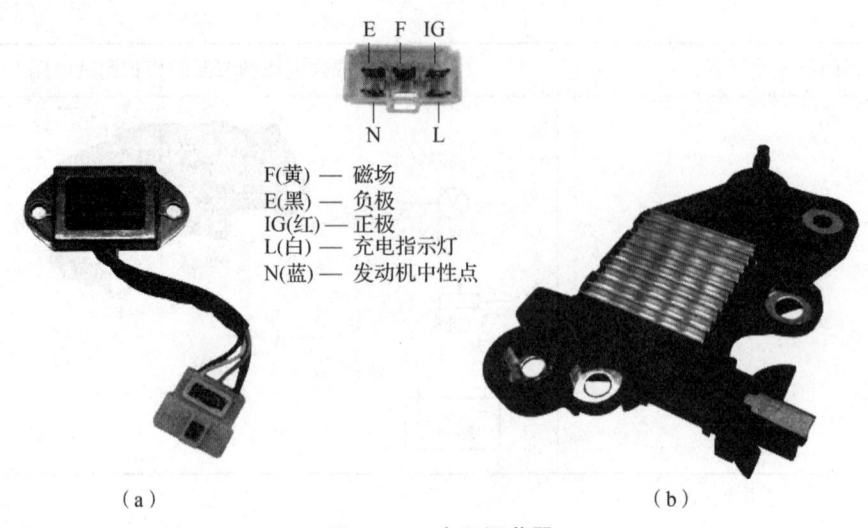

F(黄) — 磁场
E(黑) — 负极
IG(红) — 正极
L(白) — 充电指示灯
N(蓝) — 发动机中性点

（a）　　　　　　　　　　　　　　　（b）

图 3-24　电压调节器
(a) 外置式；(b) 内置式

四、电压调节器的控制过程

电压调节器（电子式）是利用晶体管的开关特性，通过改变晶体管饱和导通和截止的相对时间来调节发电机的励磁电流的，电压调节器的基本电路如图 3-25 所示。

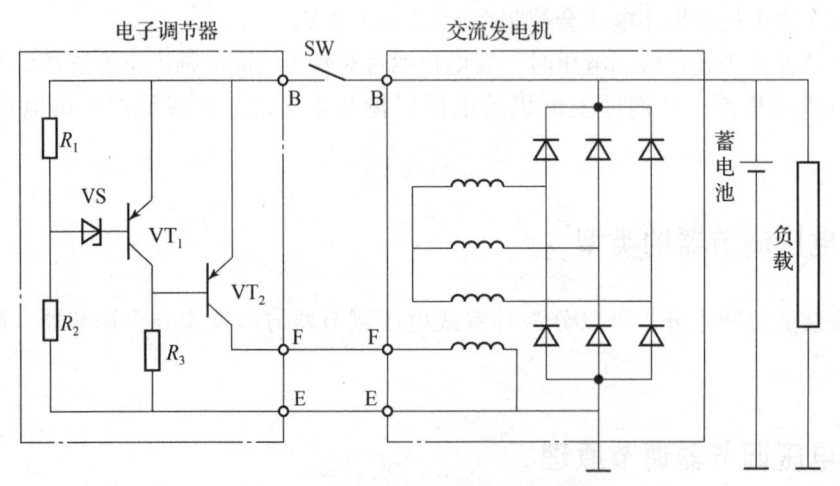

图 3-25　电压调节器基本电路示意图

（1）通过 R_1、R_2 组成分压器，将成一定比例的部分电压加于稳压管 VS，使 VS 由发电机的电压控制其导通或截止；VT_1 为小功率晶体管，起放大作用，VT_1 的导通或截止由 VS 控制；大功率晶体管 VT_2 用于控制励磁电流，VT_2 饱和导通时发电机磁场绕组励磁回路通路，VT_2 截止时励磁回路则断路。

（2）输出电压达到调节电压之前，R_1 的分压低于 VS 的导通电压，VS 不导通，VT_1 也不导通；VT_1 截止时，VT_2 的基极电位很低，使 VT_2 有足够高的正向偏压而饱和导通，发电机励磁回路通路。

当发电机的电压上升至设定的调节电压时，R_1 的分压使 VS 导通，VT_1 同时饱和导通；VT_1 饱和导通后，VT_2 失去正向偏压而截止，发电机励磁回路断路。

发电机无励磁电流时，其电动势及端电压迅速下降，当降到 R_1 上的分压不足以维持 VS 导通时，VS 又截止，VT_1 也截止，又使 VT_2 导通，发电机励磁回路又通路。如此反复，使发电机的电压维持在设定的调节电压值。

五、电压调节器（集成电路式）

TJ7100U 轿车发电机用的电压调节器共有 6 个接线柱，其中 B 输出、F 磁场、P 相线、E 搭铁 4 个接线柱用螺钉直接与发电机相连，接线插座内的 IG 接电火电源，L 接线柱接充电指示灯，如图 3-26 所示。

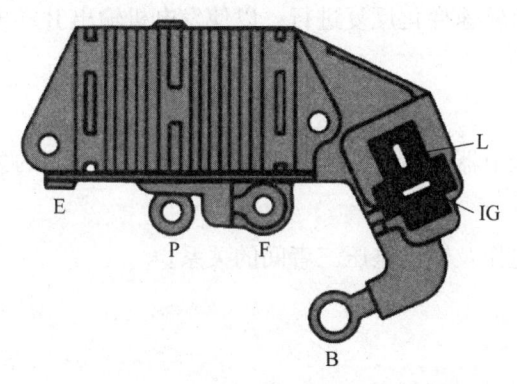

图 3-26　TJ7100U 轿车集成电路调节器

集成电路式电压调节器控制电路的调压控制过程如图 3-27 所示。

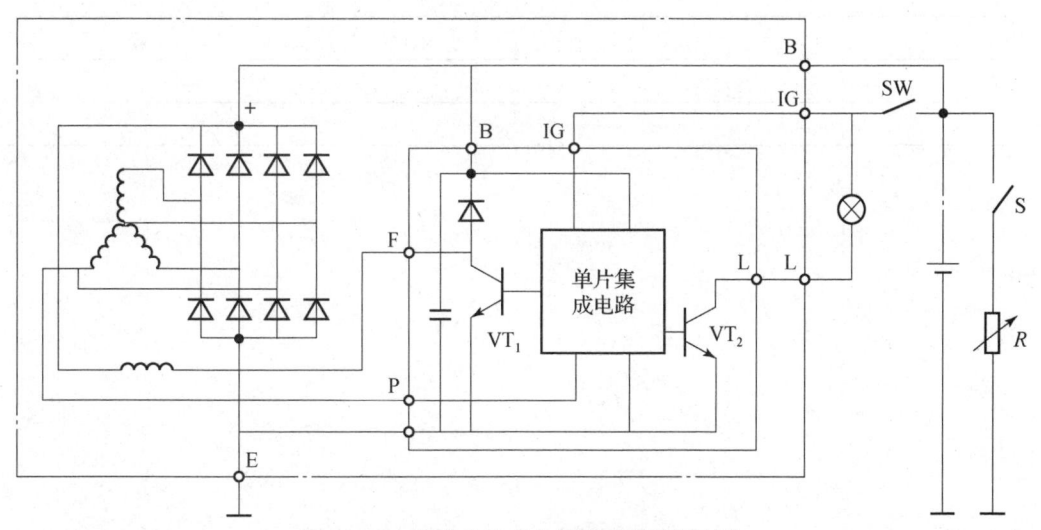

图 3-27　集成电路式电压调节器控制电路

1）他励发电

励磁电流由蓄电池提供，接通点火开关，发电机未转动时，蓄电池电压加到 IG 端和 E 端，IC 检测出这个电压使三极管 VT2 导通，于是励磁电路接通。

此刻 P 端电压为零，IC 检测出该电压，使三极管 VT$_1$ 也导通，充电指示灯点亮，蓄电池放电为发电机提供励磁电流。

2）自励发电

发电机转速升高，P 端接近 6 V 电压，该信号使集成电路控制 VT$_2$ 截止，于是充电指示灯熄灭，指示发电机开始向蓄电池充电，并向用电设备供电，同时给自己提供励磁电流，充电指示灯熄灭。

3）稳定电压

当发电机电压升高至 14.4 V 时，P 端电压升高 $U_{max}/2$，使三极管 VT$_1$ 截止，切断励磁电流，使发电机电压下降。

当发电机电压下降到低于调压值时，P 端电压低，三极管 VT$_2$ 导通，励磁电路又接通，发电机电压又升高。

此过程随汽车发动机转速变化反复进行，以使发电机输出 B 端电压稳定在调节电压值。

任务拓展

对集成电路式电压调节器 P 端子的电压值与输出电压量之间的关系进行描述。

知识提示

要思考相电压与线电压及输出电压三者间的关系！

任务评价与总结

评价与总结

_____
_____
_____
_____

任务 5　交流发电机特性曲线在测试上的应用

任务描述

实施内容——学习发电机输出特性；通过测试实验，获取关键性参数值，并对发电机的性能作较深深度的评估。

> **任务目标**
>
> 通过学习，能掌握特性曲线的几个关键性参数（蓄电池电压"转速值"、空载转速、满载转速、额定电流与峰值电流）

任务准备

1. 课前知识储备：上网查阅一些发电机输出特性方面的相关资讯。
2. 扫码完成课前预习。

任务实施过程

一、任务厘清

根据知识的关联逻辑，把"学习发电机输出特性"及"通过测试实验，获取关键性参数值，并对发电机的性能作出评估"，这些内容整合在一起完成，更具完整性。

二、任务实施

任务工作表见表 3-8。

表 3-8　任务工作表

指标项名称	定义内容
空载转速	
蓄电池电压"转速值"	
满载转速	

续表

"空载转速值大于标定空载转速"说明	"空载转速达标，但满载转速过高"说明

知识链接

一、发电机输出特性

1. 空载特性

空载特性是指发电机不对外输出电流（$I=0$）时，发电机端电压 U 与发电机转速 n 之间的关系，如图 3-28 所示。

从发电机空载特性曲线的上升速率和达到蓄电池电压的"转速值"高低，可判断发电机的性能是否良好。

2. 外特性

外特性是指发电机转速一定时，发电机端电压 U 与输出电流 I 之间的关系，如图 3-29 所示。

图 3-28　交流发电机空载特性　　　　图 3-29　交流发电机外特性

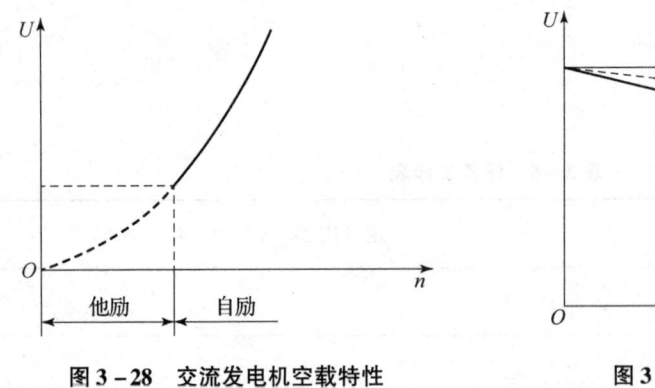

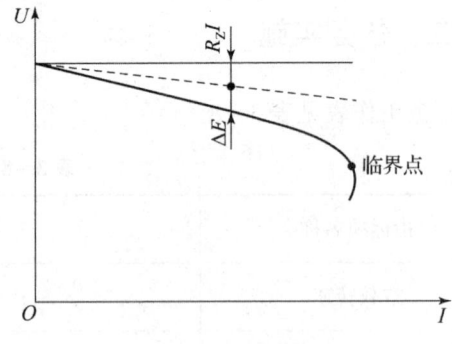

发电机在某一稳定转速下的 R_z 为一定值，如果 E 是稳定的，则发电机的端电压 U 将随输出电流增大而直线下降。

但实际上当发电机有输出电流后，其 E 也会下降 ΔE，ΔE 随其输出电流增大而增大。

交流发电机的端电压与电动势及输出电流的关系为

$$U = E - R_Z I$$

式中：E——交流发电机等效电动势；

R_Z——发电机等效内阻，包括发电机电枢绕组的阻抗和整流二极管的正向导通电阻；

I——发电机的输出电流。

3. 输出特性

输出特性是指保持发电机端电压 U_e 不变时，发电机输出电流 I 与发电机转速 n 之间的关系，如图 3-30 所示。发电机的空载转速 n_1 是指 $I=0$、$U=U_e$（额定电压）时的发电机转速；发电机的满载转速 n_2 是指 $U=U_e$、$I=I_e$（额定电流）时的发电机转速。

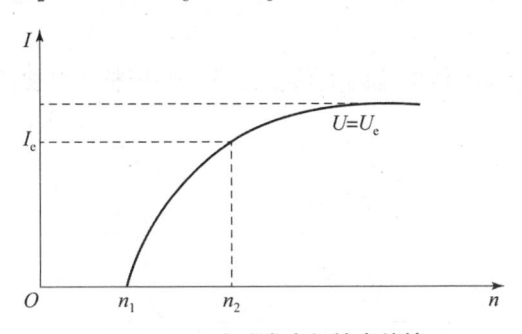

图 3-30 交流发电机输出特性

n_1—发电机的空载转速；n_2—发电机的满载转速

二、发电机特性的几个关键数据的应用

1. 蓄电池的电压"转速值"

发电机的电压"转速值"指的是在无电流输出的情况，发电机输出电压达到蓄电池电压时的转速值。

这是一个不考虑发电机内阻时，发电机电动势的提升能力，是用于评估线圈绕组电感能力的一个重要参数。

2. 空载转速 n_1 与满载转速 n_2

n_1 和 n_2 是判断发电机性能良好与否的重要参数，被测发电机实际测得的 n_1 和 n_2 如果低于规定值，则说明该发电机的性能良好。国产交流发电机常见型号及其主要性能指标见表 3-9。

表 3-9 国产交流发电机常见型号及其主要性能指标

发电机型号	额定功率/W	额定电压/V	额定电流/A	空载转速/(r·min^{-1})	满载转速/(r·min^{-1})
JF13X	350	14	25	1 000	2 500
JF152	500	14	36	1 000	2 500
JF25	500	28	18	1 000	2 500
JFZ1813Z	1 200	14	90	1 050	6 000

3. 额定电流与峰值电流

当发电机转速达一定值后,发电机的输出电流就不再随转速的增加而上升(具有自动限流作用),其输出的最大电流 I_{max} 是额定电流 I_e 的 1.5 倍。

(1) 定子绕组的感抗作用。当发电机的转速很高时,电动势的交变频率很高,电枢绕组的感抗作用大,增大了发电机的内压降。

(2) 当发电机的输出电流增大时,定子绕组的反应增强,使发电机的电动势下降。这种自动限流作用使得发电机具有自我保护能力。

任务拓展

根据发电机额定电流与峰值电流的关系,在设计使用整流二极管时该如何考量?

任务评价与总结

评价与总结

模块四　起动机设备

序号	模块名称	能力点	知识点
1	模块四 起动机设备	∗能够分析应用起动机的主要参数； ∗能够测试它的主要参数； ∗能够搭建起动机空载试验电路； ∗能够独立完成起动机的测试	∗起动机的编号规则； ∗起动机的结构原理； ∗起动机的特性曲线
课程思政点：节能技术在汽车起动上的应用（比如：减速起动机的大量使用）			
任务1	任务2		任务3
识别起动机的编号与结构	解析起动机原理及完成静态测试		起动机空载试验

汽车起动设备的作用是将蓄电池的电能转化为机械能，并推动发动机旋转。在汽车起动的整个过程中，其扮演着重要的角色。

一、汽车起动设备的作用

起动设备提供给发动机足够的外力，使之由静止状态过渡到能自行运转的过程，称为发动机的起动。

二、起动机的常用类型

1. 根据磁场的产生方式分

1）励磁式起动机

励磁式起动机的磁极磁场由磁极绕组通入电流产生，目前，汽车上的励磁式起动机还占有多数。

2）永磁式起动机

起动机的磁极使用永久磁铁制成，相比于励磁式起动机，磁极无励磁绕组结构，且尺寸相对较小。

2. 根据传动机构的特点不同分

1）普通式起动机

直流起动机与驱动小齿轮之间通过单向离合器连接，可将运动直接传递出去，如图4-1（a）所示。其传动机构比较简单，但起动机的工作电流较大。

2）减速起动机

在起动机与驱动齿轮之间除有单向离合器外,还增设了一组减速齿轮装置,比如采用多级齿轮和行星轮系齿轮机构,如图4-1（b）所示。

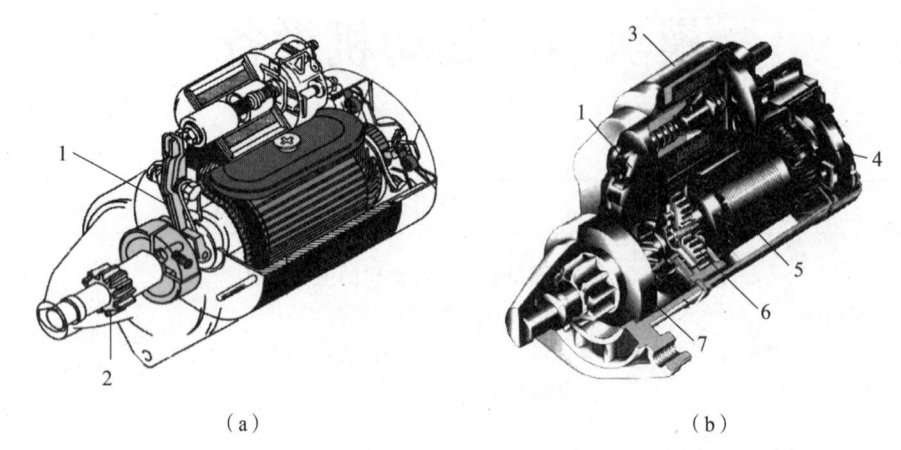

图4-1 起动机

(a) 无减速机构起动机；(b) 带减速机构起动机

1—拨叉；2—驱动齿轮；3—电磁开关组件；4—电刷；5—电枢；6—减速行星齿轮装置；7—单向离合器

减速起动机具有结构尺寸小、重量轻、起动可靠等优点。其最大的优点是可以对电动机减速增扭,使得可控制电流大幅下降,起到了更好的保护作用,在轿车上有着广泛的应用。

任务1　识别起动机的编号与结构

任务描述

实施内容——完成对串励式减速起动机的认知。

> **❖ 任务目标**
> 通过学习,能对国家标准起动机标签内的技术指标进行解析；能了解和掌握减速型起动机的结构组成。

任务准备

1. 课前知识储备：上网查阅不同技术类型的起动机。
2. 扫码完成任务的课前预习。

一、任务厘清

把起动机认知任务拆分成两个细分任务,分别是"QDJ125"起动机的编号及"串励式"减速起动机由哪些主要结构组成。

二、任务实施

任务 1.1 "QDJ125"起动机的编号

任务工作表见表 4-1。

表 4-1 任务工作表

代号	描述内容	应用参考
Q		
D		
J		
1		
2		
5		

知识链接

根据 QC/T 73—1993《汽车电气设备产品型号编制方法》规定,国产起动机的型号表示如图 4-2 所示。

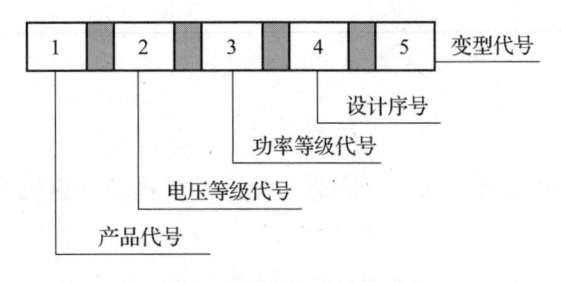

图 4-2 国产起动机的型号

1. 产品代号

产品代号由汉语拼音字母表示,QD—起动机;QDJ—减速起动机;QDY—永磁起动机。

2. 电压等级代号

电压等级代号由阿拉伯数字表示，1—12 V；2—24 V。

3. 功率等级代号

功率等级代号由阿拉伯数字表示，其含义见表4-2。

表4-2 起动机功率等级

功率等级代号	1	2	3	4	5	6	7	8	9
功率/kW	<1	1~2	2~3	3~4	4~5	5~6	6~7	7~8	>8

4. 设计序号

12 V 起动机的生产设计序号一般使用阿拉伯数字表示，24 V 起动机常用英文字母表示，以便于区分。

5. 变型代号

在主要电参数与结构不变的情况下，当其他参数发生变化时，为了区分，常用大写字母表示变型代号。

任务1.2 串励式减速起动机由哪些主要结构组成

任务工作表见表4-3。

表4-3 任务工作表

项目	三大组成部分	各大部分的主要部件	辅助器件组成
减速式起动机			

知识链接

汽车起动机由串励式直流电动机、传动（保护）机构和操纵机构三大部分组成，如图4-3所示。

一、串励式直流电动机构造组成

串励式直流电动机由电枢、磁极、换向器、电刷与刷架及其他附件组成，如图4-4所示。

模块四　起动机设备

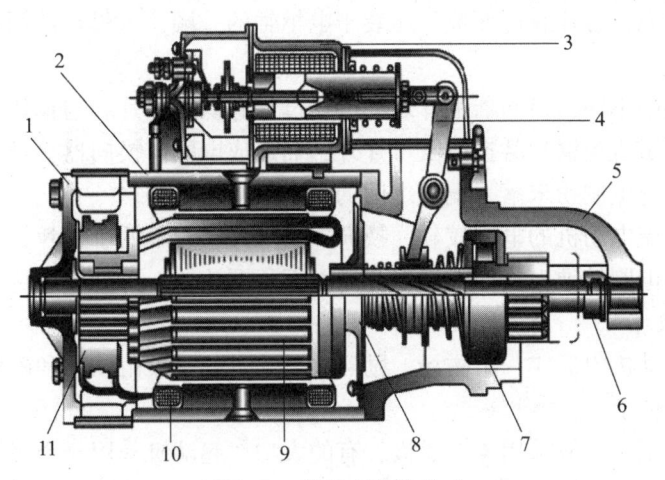

图4-3　起动机结构总成

1—前端盖；2—外壳；3—电磁开关；4—拨叉；5—后端盖；6—限位螺母；
7—离合器；8—中间支撑板；9—电枢；10—磁场绕组；11—电刷

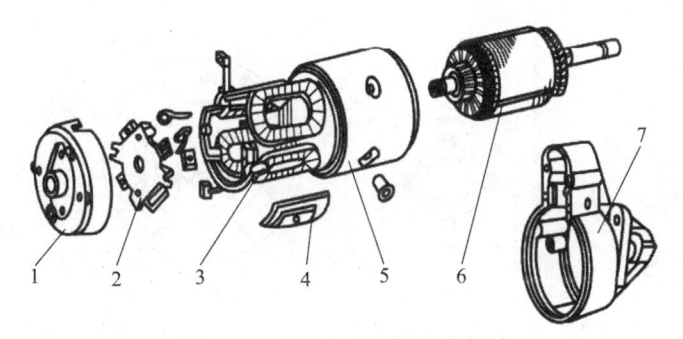

图4-4　直流电动机的组成部件

1—前端盖；2—电刷与刷架；3—磁极绕组；4—磁极铁芯；5—电动机壳体；6—电枢总成；7—后端盖

1. 电枢总成

电枢总成的作用是通入电流后，在磁极磁场的作用下产生一个方向不变的电磁转矩。电枢总成由电枢轴、铁芯、电枢绕组及换向器等组成，如图4-5所示。

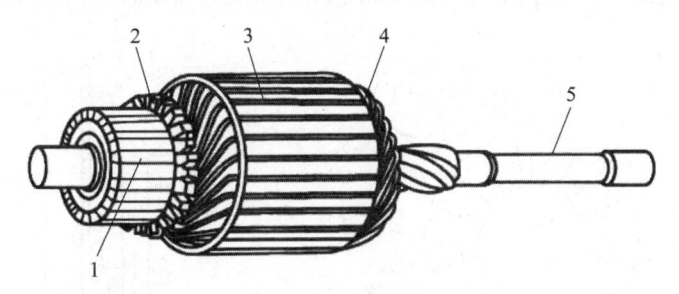

图4-5　电枢总成

1—换向器铜片；2—云母片；3—电枢铁芯；4—电枢绕组；5—电枢轴

电枢铁芯由多片内外圆均带槽、表面绝缘的硅钢片叠成，通过内圆花键槽固定在电枢轴上，外圆槽内绕有电枢绕组；电枢绕组一般用较粗的扁铜线绕制，各绕组的端子与换向器铜片焊接，使各电枢绕组形成串联。

| 079 |

换向器由铜片和云母片叠压而成,压装于电枢轴的一端,云母片使铜片间、铜片与轴之间均绝缘。

根据电刷材质的不同,换向器铜片之间的云母片有低于铜片和与铜片平齐两种。云母片低于铜片主要是为了避免铜片磨损后云母片外凸而造成电刷与换向器接触不良;云母片与铜片平齐则主要是防止电刷粉末落入铜片之间的槽中而造成短路。

国产起动机直流电动机的电刷较软,换向器云母片一般不低于铜片,但许多进口汽车起动机的直流电动机电刷较硬,换向器云母片通常低于铜片。

2. 定子(磁极)

磁极用于在电动机内形成一个磁场,励磁式电动机的磁极由铁芯和磁极绕组构成,用螺钉固定在电动机壳体上。

为增大电磁转矩,一般采用4个磁极,有的大功率起动机采用6个磁极。

磁极绕组一般使用的是粗扁铜线,通过四磁场绕组串联和磁场绕组两两串联后再并联的方式连接,如图4-6所示。

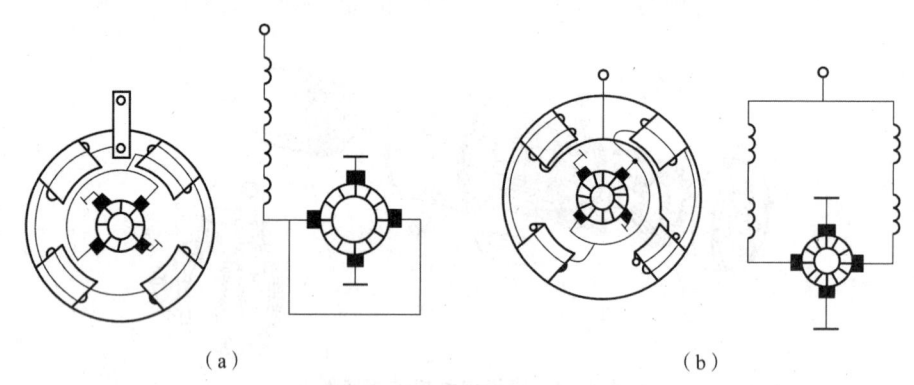

图4-6 磁极绕组的连接

(a)四磁场绕组串联;(b)磁场绕组两两串联后再并联

3. 电刷与刷架

电刷一般都是用铜粉和石墨压制而成,石墨中加入铜粉是为了减小电阻和增加耐磨性。电刷架多为柜式,电刷架上的盘形弹簧用于将电刷紧紧地压在换向器铜片上,如图4-7所示。

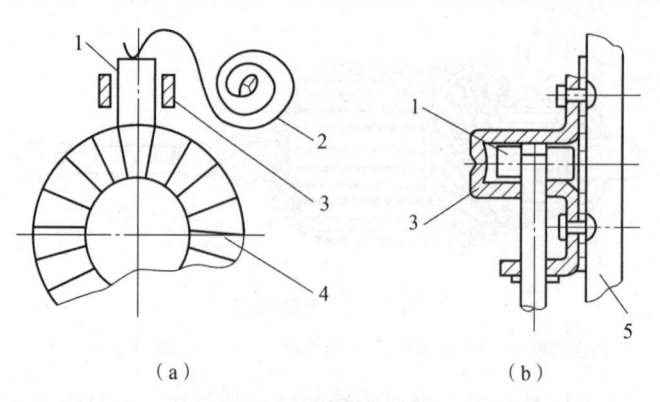

图4-7 刷与刷架

(a)结构图;(b)俯视图

1—电刷;2—盘形弹簧;3—柜式电刷架;4—换向器;5—起动机前端盖

在两对电刷中,其中一对电刷架与机壳直接相通而构成了内部搭铁,叫搭铁电刷;而另一对叫绝缘电刷,是连接磁极绕组的。

二、传动机构

普通起动机传动机构是由单向离合器、螺旋花键、小齿轮等主要部件组成的,减速起动机则还增加了一组减速齿轮装置。

1. 单向离合器

1) 单向离合器的作用

单向离合器的作用是起动时将电动机的电磁转矩传递给发动机飞轮,而在发动机起动后就立即打滑,以防止发动机飞轮带动电动机高速旋转而造成电动机电枢飞散事故。

2) 起动机单向离合器的类型

起动机单向离合器的类型有滚柱式、摩擦片式、扭簧式、棘轮式等几种形式。目前,轿车上一般都采用滚柱式单向离合器。

3) 滚柱式单向离合器

滚柱式单向离合器结构简单、紧凑,在中小功率的起动机上被广泛采用,但在传递较大转矩时,滚柱容易变形而卡死。因此,滚柱式单向离合器不适用于较大功率的起动机。滚柱式单向离合器的工作原理如图4-8所示。

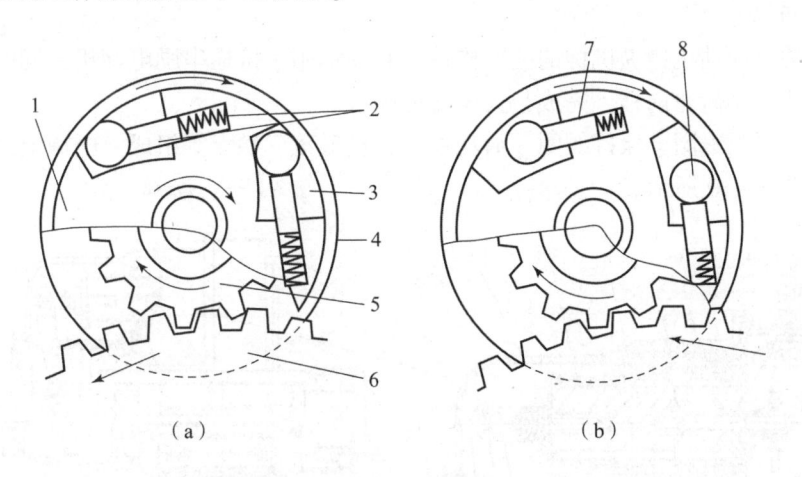

图4-8 滚柱式单向离合器工作原理

(a) 起动时传递电磁转矩; (b) 起动后打滑

1—十字块; 2—弹簧及推杆; 3—楔形槽; 4—外壳; 5—驱动齿轮; 6—飞轮; 7—推杆; 8—滚柱

2. 减速装置

1) 减速装置的作用

起动机增设了减速机构后,可采用小型、高速、低转矩的电动机,电动机电流也可减小。减速起动机在电枢和驱动齿轮之间设有减速机构,速比一般为2~4。

因此,减速起动机的体积小、重量轻而便于安装;起动性能提高,减小了蓄电池的负担。

2) 减速装置的类型

减速装置有圆柱齿轮式（外啮合）和行星齿轮式（内啮合）。

行星齿轮式减速装置的行星齿轮传动具有结构紧凑、传动比大、效率高的特点，使整机尺寸减小，且行星齿轮式减速起动机其他轴向位置上的装置与普通起动机基本相同，因此，这些配件是可以通用的，在轿车上大量被使用。

3. 小齿轮

一般采用直齿轮啮合副，最大的特点是小齿轮的前段轮齿设计成了较大斜角状（倒角），如图4-9所示，这有利于小齿轮移动进入与大齿轮的啮合，减少齿轮端面直接撞击损伤。若倒角过度磨损，则会导致起动机接合困难。

图4-9 起动机小齿轮

三、操纵机构

1. 操纵机构构成

操作机构由电磁开关、推杆、活动铁芯、回位弹簧、间隙调节螺钉、拨叉、销轴、滑套等组成。

2. 电磁开关

电磁开关是起动机操纵机构的关键构件，它的作用是接通串励电动机，同时，通过推杆推动拨叉，撬动小齿轮前移，完成与大齿轮的啮合。

它主要由吸引线圈、保持线圈、活动铁芯、接触盘、触点等组成，电源电路典型的电磁开关结构如图4-10所示。

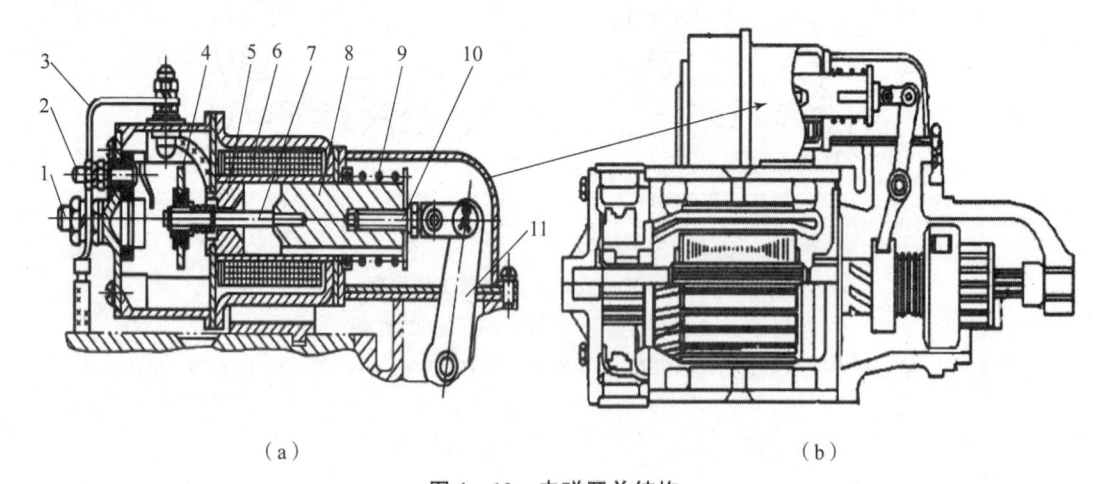

图4-10 电磁开关结构

(a) 内部结构；(b) 操纵机构全局图

1—主接线柱；2—附加电阻短路接线柱；3—导电片；4—接触盘；5—磁轭；
6—吸引线圈及保持线圈；7—接触盘推杆；8—活动铁芯；9—回位弹簧；10—调节螺钉；11—拨叉

任务拓展

1. 描述 QD27E 型号起动机所表达的主要内容。
2. 对比外啮合减速装置与内啮合减速装置的各自特点。

任务评价与总结

评价与总结

任务 2　解析起动机原理及完成静态测试

任务描述

实施内容——掌握起动机三个起动阶段的原理认知及借助检测设备完成对电磁开关、串励式电动机的测试。

> ◈ 任务目标
>
> 通过学习，能完整解析起动机起动的三个阶段；能借助检测设备测试电磁开关、串励电动机！

任务准备

1. 课前知识储备：上网查阅起动机起动控制方面的相关资讯。
2. 扫码完成任务的课前预习。

任务实施过程

一、任务厘清

把任务拆分成三个细分任务，分别是：阐述起动机起动的三个工作阶段；测试电磁开关；测试串励式电动机。

二、任务实施

任务 4.2.1　阐述起动机起动的三个工作阶段

任务工作表见表 4-4。

表 4-4　任务工作表

起动阶段	各阶段完成的工作内容	特点

> 知识链接

一、起动机控制装置

起动机控制装置的核心器件是电磁开关，它有两个作用：一个是接通直流串励式电动机的供给电源；另一个是驱动拨叉机构，推动小齿轮与飞轮齿圈完成啮合或分离，并传递（或切断）电磁转矩。

起动机的工作过程有三个阶段，分别是：接通阶段、起动（完全投合）阶段、分离退出阶段。

二、起动机的工作控制过程

（1）钥匙进入 ST 位置，电磁开关准备接合阶段。

电磁开关接线柱接通电源（接通起动开关）时，吸引线圈和保持线圈同时通电，两线圈产生的磁力使活动铁芯克服回位弹簧弹力而左移，带动拨叉和接触盘动作，将驱动齿轮拨向飞轮齿圈，当驱动齿轮与发动机飞轮啮合时，驱动接触盘接通电动机电源，如图 4-11 所示。

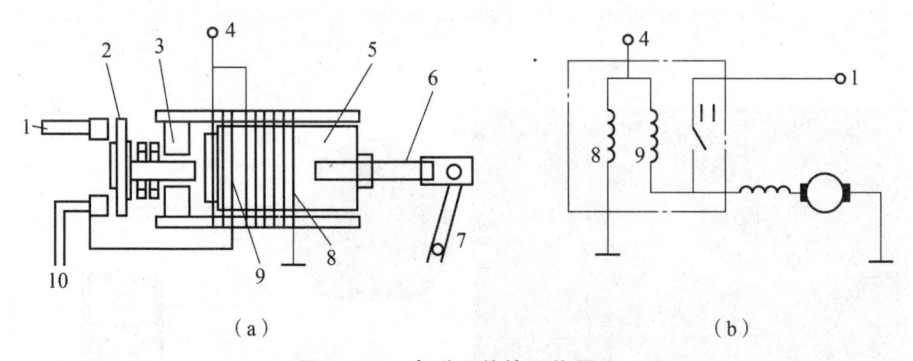

图 4-11　电磁开关的工作原理

（a）结构简图；（b）起动机内部等效电路（电路原理）图

1—电源接线柱；2—接触盘；3—磁轭；4—电磁开关接线柱；5—活动铁芯；6—拉杆；
7—拨叉；8—保持线圈；9—吸引线圈；10—接电动机；11—电磁开关触点

（2）钥匙处于 ST 位置，电磁开关完全接合阶段。

电动机通电工作时，吸引线圈已被接触盘短路，但保持线圈仍然通电工作，所产生的磁力使铁芯保持在移动的位置。

（3）钥匙退出 ST 位置，电磁开关准备分离阶段。

断开起动开关瞬间，接触盘还未回位，电源通过接触盘使电磁开关两线圈仍然通电，但此时吸引线圈是反向电流，所产生的磁力与保持线圈的磁力互相抵消，活动铁芯便在回位弹簧弹力的作用下退回，使驱动齿轮和接触盘退回原处，电动机断电，起动机停止工作。

任务 4.2.2　测试电磁开关

任务工作表见表 4-5。

表4-5 任务工作表

项目	标准	测试数据	结果
吸引线圈阻值			
保持线圈阻值			
开关闭合阻值			
推杆移动量与位置			

知识链接

一、电磁开关动作测试

如图4-12所示,用手抓住电磁开关,拇指用力间歇性地按压推杆,直接按到底(速度略快些),此时应能听到铜片比较脆、比较干净的撞击声,如若出现较沉重的声音,则说明开关接触片表面有烧蚀,会导致压降或接触不良。

同时,可以用直尺量取推杆移动量并评估其灵活性。用手使劲按压住铁芯到底,如图4-12所示,使用万用表测量出"C"端子与"30"端子间的电阻值,不能大于1.5 Ω,否则更换。

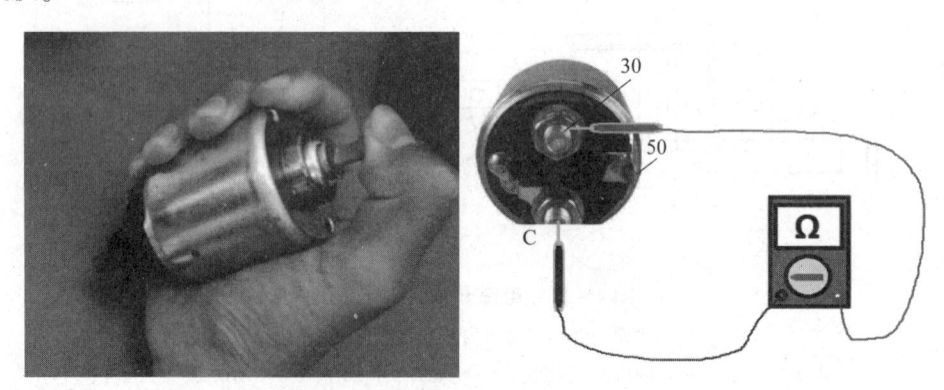

图4-12 电磁开关动作测试方式

二、电磁开关线圈测试

1. 保持线圈故障

1) 故障表现

当起动机的保持线圈出现断路、短路或搭铁不良的现象时,会听到起动机驱动齿轮周期性敲击飞轮的"哒、哒"声。

2) 故障原因

在起动时,活动铁芯被吸引线圈吸过来,使主接触盘与两个主接线柱接触,导致吸引线圈短路停止工作，活动铁芯仅在保持线圈的作用下保持不动，但由于保持线圈故障，故活动铁芯在复位弹簧的作用下退回，使主接触盘与两个主接线柱分开，分开的同时吸引线圈恢复正常通电，将活动铁芯又吸引到使主接触盘与两个主接线柱接触的位置，接触瞬间，吸引线圈又会断电，使主接触盘分离，如此反复，便会出现"哒、哒"声。

3）测试方法

如图4-13所示，将万用表的正（红）表笔搭接在"50"端子上，负（黑）表笔搭接在电磁开关的壳体上，测出其电阻值，正常为1~2 Ω。如若不通，则更换。

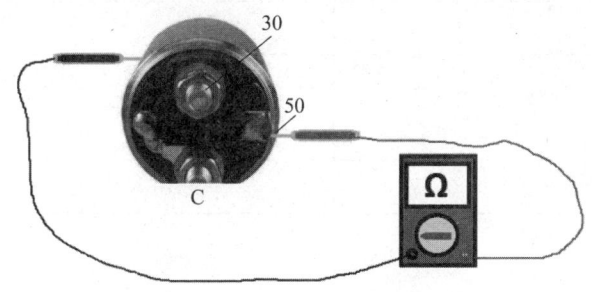

图4-13　保持线圈测量

2. 吸引线圈故障

1）故障现象

若吸引线圈出现故障，则在起动时，只在保持线圈的作用下是不能将活动铁芯吸过来的。在起动时，如果是带有起动继电器的起动电路，则只听到起动继电器触点的吸合声，而起动机没有动作。当然这种故障是以排除蓄电池故障为前提的。

2）测试方法

如图4-14所示，将万用表的正（红）表笔搭接在"50"端子上，负（黑）表笔搭接在电磁开关的"C"端子上，测出其电阻值，正常为1~2 Ω。如若不通，则更换。

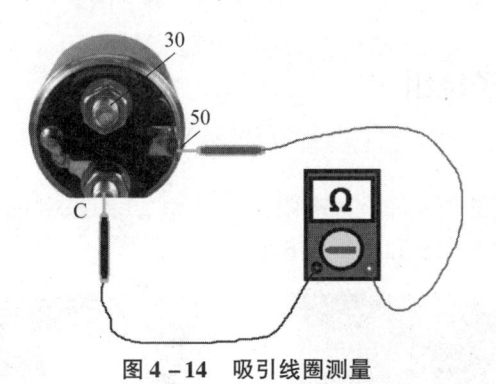

图4-14　吸引线圈测量

任务4.2.3　测试串励式电动机

任务工作表见表4-6。

表4-6　任务工作表

项目	标准	测试数据	结果
磁极绕组阻值			

续表

项目	标准	测试数据	结果
磁极绕组绝缘性能			
电枢绕组阻值			
电枢绕组绝缘性能			
绝缘电刷的绝缘性能			
电刷的磨损量			
压紧弹簧弹簧力			
换向器表面干净度			
其他机械参数			

知识链接

一、测试电枢绕组

1. 检查换向器是否断路

使用欧姆表测量电枢绕组动机电枢总成整流子片间的电阻，若不符合标准，则更换标准电阻（小于 1 Ω）。

2. 检查电枢绕组是否对搭铁短路

使用欧姆表测量换向器和电枢线圈的电阻，若不符合标准，则更换起动机电枢总成。

二、检查测试定子绕组

1. 检测绝缘性

测量出它的绝缘性能是否良好，标准阻值为"∞"，如果出现电阻值，则表示定子已经漏电，应更换定子，如图 4 - 15 和图 4 - 16 所示。

图 4 - 15　电枢绕组绝缘测量　　　　　图 4 - 16　定子绕组绝缘测量

2. 测量定子绕组阻值

测试定子绕组阻值的方法如图 4-17 所示，将万用表的正（红）表笔搭接在"C"端子上，负（黑）表笔搭接在定子绕组的"电刷"端上（分两次单独测试），测出其电阻值，正常阻值很小，在 1 Ω 以下，且两次测量值应该接近相等，否则更换。

亦可进行动态模拟测试，测试方法如图 4-18 所示，按图 4-18 所示接线方法，将蓄电池的正（红）探针搭接在"C"端子上，负（黑）探针搭接在定子绕组的"电刷"端上（分两次单独加电），务必连接灯泡，分别给两组绕组加载电源，使其工作产生磁场，用螺丝刀靠近磁极，会产生吸引力，标准是：四个磁极产生的吸引力都须接近一致，否则更换；测试加电时间不宜超过 5 s。

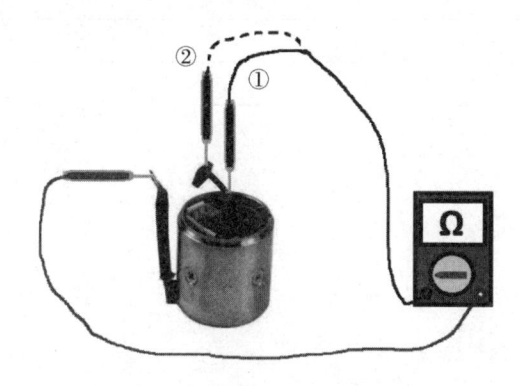

图 4-17 测量定子绕组的绕组阻值　　图 4-18 动态测试定子绕组

三、检测电刷架

如图 4-19 所示，在电刷支架正极侧与负极侧进行绝缘性测试，万用表的正（红）表笔搭接在"绝缘电刷架"上，负（黑）表笔搭接在电磁开关的"搭铁电刷架"上，其阻值至少在 10 kΩ 以上，若不符合则更换，如果表面有脏东西则进行清理，若支架有弯曲则更换。

图 4-19 "绝缘电刷架"绝缘性能检测

任务拓展

调整起动机拨叉的移动量及前后移动的位置。

知识提示

1. 考虑小齿轮与飞轮轮齿的啮合位置。
2. 修复电枢换向器的云母槽深度。

任务评价与总结

评价与总结

_____
_____
_____
_____

任务 3　起动机空载试验

任务描述

实施内容——掌握起动机输出特性在起动机测试上的应用,并搭建起动机的试验电路。

❖ 任务目标

通过学习,掌握起动机控制电路的控制原理;能利用起动机的输出特性,分析起动机的起动性能;能根据起动机控制电路搭建起动机的空载试验电路!

任务准备

1. 课前知识储备:上网查阅起动机的控制电路及起动机空载起动试验的测试过程与分析。
2. 扫码完成任务的课前预习。

任务实施过程

一、任务厘清

把起动机空载试验任务拆分成两个细分任务,分别是"起动机输出特性分析"及"起动机空载试验测试"。

二、任务实施

任务 4.3.1　起动机输出特性分析

任务工作表见表 4-7。

表 4-7　任务工作表

项目	描述
额定功率与峰值功率的关系	
空载电流大小对性能的影响	
根据 $I_空$ 与 P_e,计算出制动电流	

知识链接

一、起动机的输出（功率）特性

（1）起动机功率 P 的大小可由下式确定：

$$P = \frac{M_s \times n_s}{9\,550}$$

式中：M_s——起动机的输出转矩（N·m）；
　　　n_s——起动机的转速（r/min）；
　　　P——起动机的功率（kW）。

（2）起动机的特性曲线，如图 4-20 所示。

起动机在全制动（$n_s = 0$）和空载（$M_s = 0$）时，其功率均为 0，而在 I_s 接近全制动电流一半时，其输出功率最大。

起动机工作时间短暂，允许在最大的功率状态下工作，因此，起动机起动时的输出功率一般也就是电动机的最大功率或接近于最大功率，故也是额定功率等于峰值功率的原因。

空载电流值 I_N 在扭矩开始输出的瞬间，其电流为几十安培，用于克服起动机本身的起动惯量、摩擦力矩等阻力力矩。

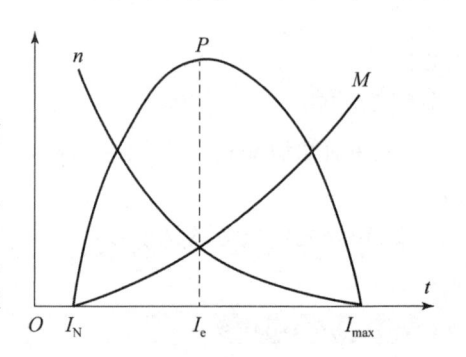

图 4-20　起动机特性曲线

任务 4.3.2　起动机空载试验测试

任务工作表见表 4-8。

表 4-8　任务工作表

搭建起动机空载试验电路	获取数据	
	额定电压	
	额定功率	
	额定电流	
	实测数据	
	空载电流	
	计算数据	
	制动电流	
	峰值功率	

一、起动机控制电路

起动机控制电路原理如图4-21所示，由于电磁开关通电电流较大（可达35~45 A），故电路中增设了控制继电器。

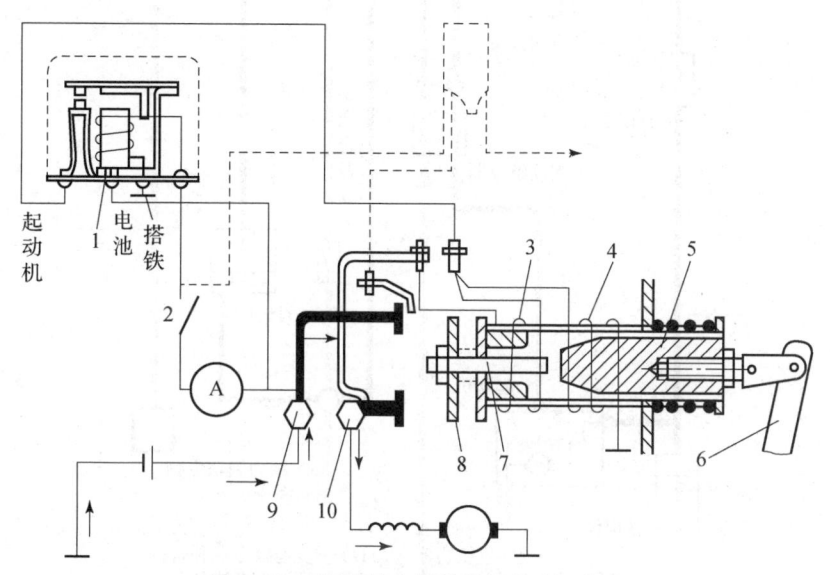

图4-21 起动继电器控制的起动机电路

1—起动继电器；2—点火开关；3—吸引线圈；4—保持线圈；5—活动铁芯；6—拨叉；
7—接触盘推杆；8—接触盘；9—电动机接线柱；10—蓄电池接线柱

二、传统控制起动机电路

起动时，点火开关拨至起动挡，起动继电器线圈通电，其电流通路：蓄电池正极→电动机接线柱9→电流表→点火开关（起动触点）→起动继电器线圈→搭铁→蓄电池负极。起动继电器线圈通电产生电磁力将触点吸合，接通起动机电磁开关电路，起动机便开始工作。

由于点火开关的起动触点只是控制流经起动继电器线圈的较小的电流，故开关触点不容易烧蚀，延长了点火开关的使用寿命。

三、带起动安全保护的控制电路

现代车辆的起动机控制电路都具有防入挡起动安全保护功能，其作用是：在发动机起动过程中，防止起动发动机运转时变速器处于非空挡位置导致车辆移动，造成不必要的安全隐患。

其电路原理如图4-22所示。现代车辆都加入了离合器开关或空挡（位置）开关，在起动过程中手动变速器车辆（自动变速器车辆）需要踩下离合器踏板（挂入P挡或N挡）才能接通起动继电器励磁绕组的电源,这种设计的好处是防止起动发动机时,由于变速器处于行驶挡或倒挡,导致车辆撞上前、后的障碍物。

所以现代车辆都已加持了类似的保护控制,只有满足以上条件,控制电路才会允许起动机正常起动。

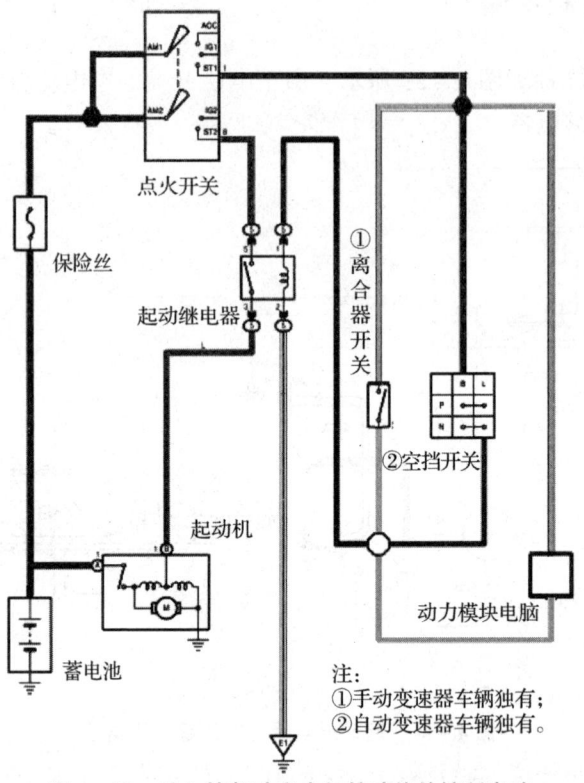

图 4-22　防入挡起动安全保护功能的控制电路

任务拓展

寻找到一台只使用"动力模块"直接控制起动(不采用空挡开关或离合器开关)的车辆(见图 4-22)。

知识提示

从那些带电子挡杆的车辆中去寻找。

任务评价与总结

评价与总结

模块五　数字点火设备

序号	模块名称	能力点	知识点
1	模块五 数字点火设备	*能够分割点火系统的高/低压部分； *能够测试数字点火电路中重要节点的电参数； *能够独立完成点火波形的测试分析	*点火的基本要求； *数字点火的结构组成； *高压电产生的原理； *数字点火的类型
课程思政点：我国大城市的废气排放标准与新点火技术			
任务1	任务2		任务3
数字点火系统的认知	点火线圈结构及高电压释放原理解析		火花塞结构及电火花解析
任务4			
信息传感器与控制电路解析			

微电脑控制的点火系统，又称为数字点火系统，现代车系的发动机点火主要采用的是微电脑控制技术。

利用微电脑强大、快捷的计算能力和控制功能，能随时检测发动机的转速、爆燃信号、负荷的变化、水温以及自动变速箱的工作状况等众多的相关信息，随时根据需要提供合适的点火提前角、点火能量，以达到最优化的控制目的。

一、数字点火

数字点火是指在点火控制器的控制下，点火线圈的高压电按照一定的点火顺序直接加到火花塞上的直接点火方式。

数字点火设备：车速、曲轴位置、发动机转速、温度、爆燃等传感器；控制电脑（ECU）和点火模块、点火线圈、分电器及火花塞等。

二、类型

1. 早期的数字点火分类
（1）分电盘式数字点火系统。

（2）无分电盘式数字点火系统。

目前，几乎都是采用无分电盘式数字点火系统，而分电盘式已被淘汰。

2. 根据其点火方式的不同分类

（1）独立点火系统。

（2）同时点火（分组点火）系统。

任务1　数字点火系统的认知

任务描述

实施内容——完成对点火系统结构的识别；弄懂汽油发动机正常点火的基本技术要求。

任务目标

通过学习，能识别出点火系统的结构组件和类型；能掌握电火花点火的基本技术要求！

任务准备

1. 课前知识储备：上网查阅数字点火技术系统方面的相关资讯。
2. 扫码完成课前预习。

任务实施过程

一、任务厘清

根据知识的关联逻辑，把任务有序分成两个子任务完成：电火花点火的基本技术要求；识别点火系统的结构。

二、任务实施

任务 5.1.1　电火花点火的基本技术要求

任务工作表见表 5-1。

表 5-1 任务工作表

技术要求	基本标准与要求	影响的因素

知识链接

为确保发动机稳定可靠地工作，对电火花点火有以下三个基本技术要求。

一、足够高的次级电压

其工作原理是，通过击穿电极之间气体发生电离，从而产生电弧放电而形成电火花。要使电极之间具有很高压力的气体电离而产生电火花，就必须有足够高的电压，只有这样才能使火花塞电极产生跳火，其所需的电压称为击穿电压 U_j。

压缩比为 10~11 的发动机的击穿电压一般为 5 000~7 000 V 以上，而点火线圈一般能提供 40 kV 左右的次级电压，供给火花塞击穿使用。

（1）气缸内混合气压力高、温度低时，气体密度相对较大，气体电离所需的电场力就大，所需的击穿电压也就高。

发动机在不同工况下其压缩终了的混合气压力和温度是不同的，因此，当发动机的转速和负荷改变时，火花塞的击穿电压也随之改变。

（2）火花塞电极的温度和极性。

①当火花塞电极的温度超过混合气温度时，击穿电压可降低 30%~50%。这是因为在电极温度高时，包围在电极周围的气体密度相对较小。

②由于火花塞中心电极的温度相对较高，因此，火花塞的中心电极为负时，火花塞电极的击穿电压可降低 20% 左右。

（3）火花塞的间隙和形状。

①间隙增大，所需的电压就得增大。

②当火花塞电极较细或电极表面有沟棱时，在同样的电压下其电场的最强处要大于较粗、表面平的电极，因此，所需的击穿电压可降低。

此外，火花塞电极上积油、积炭时，其击穿电压会相应升高。

点火线圈所能产生的最大电压称为最高次级电压 U_{max}。

要使发动机在任何工况、状态下火花塞都能可靠跳火，就必须满足 $U_{max} > U_j$，为此，通常要求点火系统所能产生的最高次级电压 U_{max} 在 20 kV 以上。

二、足够的点火能量

火花塞跳火后为确保可燃混合气迅速燃烧，还必须有足够的点火能量。

（1）能量不足时，会使发动机起动困难、点燃率下降、动力性下降、油耗和排污增加，并可能导致发动机不能起动。

（2）正常点火工作时，由于混合气压缩终了的温度接近其自燃温度，故仅需要 1~5 mJ 的火花能量。

但在混合气过浓或是过稀，发动机起动、急速或节气门急剧打开时，则需要较高的火花能量，并且随着现代发动机对经济性和排气净化要求的提高，都迫切需要提高火花能量。

为了保证可靠点火，高能电子点火系统一般应具有 80~100 mJ 的火花能量，且起动时应产生高于 100 mJ 的火花能量。

通过观察火花塞产生的电火花（见图 5-1），也可以对电火花的能量做简单判断。正常的电火花有急促的"啪啪"声，且火花的颜色呈现出"白中带蓝"。

图 5-1 观察火花

三、精准的点火时刻

通常应使发动机气缸内燃烧产生的最高压力出现在压缩终了上止点后 15°~17°的位置上，此时功率转化效率最好，燃烧功率达到最大。

考虑到火焰燃烧速度消耗的时间，就必须找到合适的点火时刻，它一般出现在压缩终了前的某个时刻。

把某缸处在压缩行程时，火花塞开始跳火时刻的活塞位置到上止点（压缩终了）曲轴的转角范围值称为点火提前角。

（1）点火提前角过大，压缩行程活塞上行的阻力增大，导致发动机功率下降、油耗增加，且发动机容易产生爆燃。

（2）点火提前角过小，混合气燃烧产生的最高压力和温度下降，也会导致功率下降、油耗增加，且容易引起发动机过热、排气管放炮等故障。

在不同转速和负荷下，点火提前角是变化的，系统应能根据工况的变化情况及时调整点火时刻，以确保混合气燃烧及时、完全。

任务 5.1.2 识别点火系统的结构

任务工作表见表 5-2。

表 5-2　任务工作表

点火系统关键组件	各个组件的作用

知识链接

如图 5-2 所示，数字点火系统主要是由蓄电池、点火线圈、点火器、火花塞、凸轮、曲轴位置传感器、ECU 和点火开关等组成的。

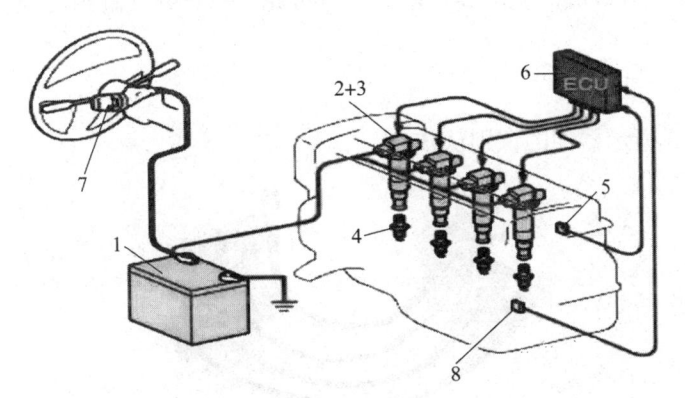

图 5-2　独立式数字点火系统
1—蓄电池；2—点火线圈；3—点火器；4—火花塞；5—凸轮；
6—ECU；7—点火开关；8—曲轴位置传感器

一、信息传感器

信息传感器用于感知和探测发动机的各种运行参数，为 ECU 提供点火控制所需的信号。

信息传感器可以细分为主流信号传感器与修正量传感器。主流信号传感器，一般只指曲轴位置传感器、凸轮轴位置传感器和爆燃传感器三个信息量的传感器；修正量传感器就有很多了，比如水温传感器、大气压传感器、进气温度传感器、氧传感器、节气门位置传感器等。

二、控制单元 ECU

控制单元 ECU 是点火系统的控制中枢，其作用是处理大量的点火相关信息，并提供最佳的点火命令/信号，送给点火模块（点火器）。

三、点火器（也有的称为点火模块）

根据指令，点火器可用于控制点火线圈初级电路的导通和截止，完成充磁与能量释放控制。

四、点火线圈

点火线圈的作用是储存点火所需的能量，并将电源提供的低压电转变为足以在电极间产生击穿火花的次级高压电。

五、火花塞

火花塞是利用点火线圈产生的高压电产生电火花，以点燃气缸内的混合气。

任务拓展

完成对图 5-3 所示器件的识别认知。

图 5-3　分缸线

知识提示

先观察在发动机点火系统上，此器件两端连接的是什么器件，其他问题也就迎刃而解了。

任务评价与总结

评价与总结

_____
_____
_____
_____

任务 2　点火线圈结构及高电压释放原理解析

任务描述

实施内容——完成对点火线圈结构与类型的识别；弄懂点火系统高电压的产生机理与应用。

◆ 任务目标

通过学习，能识别出点火线圈的结构与类型；能掌握点火系统高电压的产生机理与应用！

任务准备

1. 课前知识储备：上网查阅点火线圈的一些相关资讯。
2. 扫码完成课前预习。

任务实施过程

一、任务厘清

根据知识的关联逻辑，把任务有序分成两个子任务完成：一个是识别点火线圈的结构与类型；另外一个是解析点火系统高电压的产生机理与应用。

二、任务实施

任务 2.1　识别点火线圈的结构与类型

任务工作表见表 5-3。

表 5-3　任务工作表

点火线圈的类型		结构特点
开磁路类型		
闭磁路类型	"口"字形	
	"日"字形	

知识链接

一、点火线圈（又称高压包）

1. 作用

点火线圈的作用是将电源的低电压转变为高电压，促使火花塞电极产生点燃混合气的电火花，其是点火系统中最核心的构件之一。

2. 类型

按磁回路的结构形式不同，可分为开磁路点火线圈和闭磁路点火线圈两种。

不同磁回路的点火线圈如图5-4所示。

图5-4 不同磁回路的点火线圈

(a) 开磁路；(b) "日"字形闭磁路；(c) "口"字形闭磁路

二、点火线圈结构

（1）点火线圈其实就是一个变压器，它利用线圈的互感电动势来生成次级高压电，现在用于汽车点火上的闭磁路线圈电压可以达到40 kV以上。

（2）开磁路线圈的结构特点如图5-5所示。

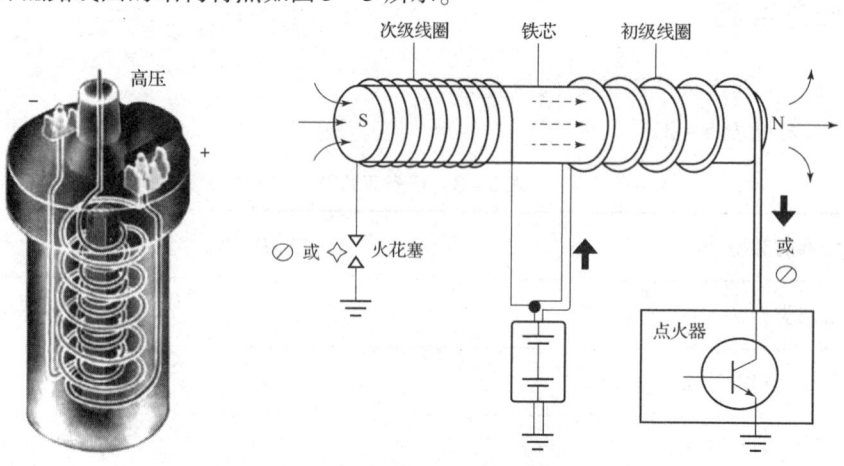

图5-5 开磁路点火线圈的结构特点

初级线圈和次级线圈都缠绕在铁芯上。

次级绕组用直径为 $\phi 0.06 \sim \phi 0.10$ mm 的漆包线在绝缘纸管上绕 11 000～23 000 匝；初级绕组用直径为 $\phi 0.5 \sim \phi 1.0$ mm 的漆包线绕 240～370 匝，构成一个升压变压器。

初级线圈一端连接在点火器上，次级线圈一端连接在火花塞上，两个线圈的另一端则共同连接在电源线上。

（3）闭磁路线圈结构。

闭磁路点火线圈也称干式点火线圈，通常采用"日"（或"口"）字形铁芯的闭磁路点火线圈，如图 5-6 所示。

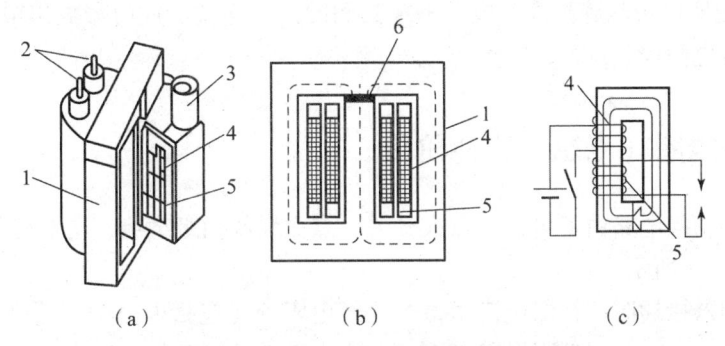

图 5-6 闭磁路点火线圈内部结构

（a）闭磁路点火线圈；(b)"日"字形点火线圈；(c)"口"字形点火线圈

1—"日"字（"口"字）形铁芯；2—低压接线柱；3—高压接线柱；4—初级绕组；5—次级绕组；6—空气隙

这种点火线圈的磁路均由磁导率极高的铁芯构成，因而漏磁少，点火线圈的能量转换效率高。

因此，目前国内外生产的小轿车都已普遍采用闭磁路点火线圈。

任务 5.2.2 解析点火系统高电压的产生机理与应用

任务工作表见表 5-4。

表 5-4 任务工作表

点火线圈次级高电压产生机理（用数学方式表达）	
"高电压"应用在电火花上的完整过程	
能量转换与释放阶段	各阶段的特点

> **知识链接**

点火系统能量的充/放电过程可分为以下三个阶段：

（1）接通初级线圈的电流进行充能，初级电流增长至饱和状态，这一段段称为充能（充磁）阶段。

（2）切断初级线圈的充电电流，同时在次级绕组会产生一个很高的次级高压电，这一阶段称为高压产生阶段。

（3）给火花塞电极间施加高压电并击穿其间隙产生电离，此时释放出电火花进行放电，这一阶段称为放电阶段。

一、点火线圈（电感）充能阶段

点火系统的初级电路由蓄电池、点火开关、点火线圈初级绕组、功率控制器等组成，其等效电路如图 5-7 所示。

当功率控制器接通时，初级电流由蓄电池经电阻 R（包括电路中所器件的阻值），流过点火线圈初级绕组 N1，并在其周围产生磁场，由电工学可知充电电流 i_1 的变化（见图 5-8），其数值大小如下：

$$i_1 = \frac{U_B}{R}(1 - e^{-\frac{R}{L}t})$$

式中：U_B——蓄电池端电压；
　　　R——初级电路的总电阻；
　　　L——初级绕组的电感；
　　　t——初级电流持续的时间，即触点闭合时间。

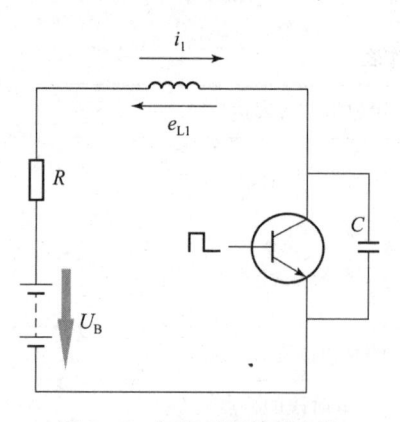

图 5-7　初级绕组等效电路　　　　图 5-8　初级绕组充电电流

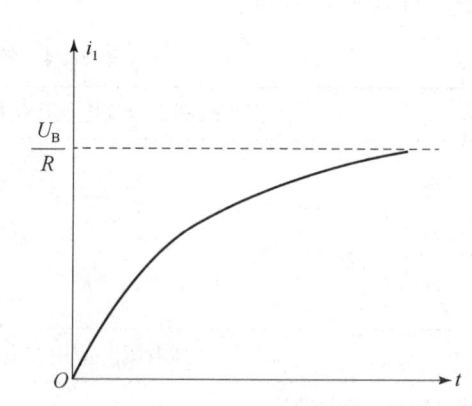

初级电流的充电时间大约为 20 ms，基本逼近极限值（饱和电流），其与充电时间常数 τ 有关。如图 5-9 所示，随着初级电流的增长，其自身产生自感电动势 e_{L1}，同时也在次级绕组上产生一个互感电动势 e_{L2}，由电工学可得到：

$$e_{L1} = -U_B e^{-\frac{R}{L}t}$$

$$e_{12} = -\frac{N_2}{N_1}U_B e^{-\frac{R}{L}t}$$

根据前面理论可知，由于 i_1 变化较缓，所以初级线圈的自感电动势一般在 20 V 左右，次感电动势为 1.5~2.0 kV。

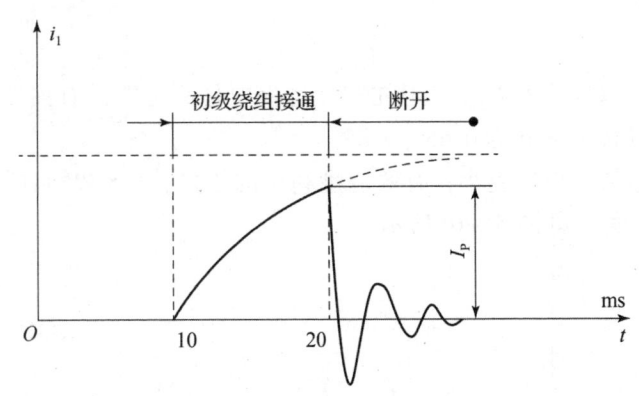

图 5-9　初级绕组充电/断电电流变化状态

二、次感高电压产生阶段

当初级线圈充电到饱和状态后，接收到断开信号，功率控制器将切断初级电流，通常把此时的电流称为断开电流 I_D，其大小为

$$I_D = \frac{U_B}{R}(1 - e^{-\frac{R}{L}t})$$

此时，初级绕组储存的能量为

$$W_D = \frac{1}{2} \cdot I_D^2 \cdot L$$

由于初级电流瞬间断开，迅速降低到零，电压变化瞬间递增，故会在初级绕组上产生一个 200~300 V 的自感电动势，同时在次级绕组上产生一个 20 kV 以上的互感电动势。

这一过程中，初级绕组由 L/R/C 组成一个振荡回路进行衰减振荡，次级绕组也会产生相应的变化。如果此电压无法击穿火花塞间隙，那么它就会以振荡的形式衰减能量；如果电压升至可以击穿间隙，则此电压称为击穿电压。

初级绕组产生的自感电动势会向初级线圈的分布电容 C_1 充电，充到最大电压 $U_{1\max}$ 时，电容 C_1 中储存的能量为

$$W_{C1} = \frac{1}{2} \cdot U_{1\max}^2 \cdot C_1$$

次级绕组中的高压导线与发动机的机体间、绕组导线的匝间、火花塞的中心电极、旁电极间等形成分布电容 C_2，次级感应电动势向 C_2 充电，直至其电压达到 $U_{2\max}$，其储存的能量为

$$W_{C2} = \frac{1}{2} \cdot U_{2\max}^2 \cdot C_2$$

（1）根据能量守恒定律，忽略其他损失，则 N1 储存的能量会全部转变为 C_1/C_2 的电场

能,即

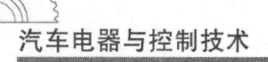

$$\frac{1}{2} \cdot I_D^2 \cdot L = \frac{1}{2} \cdot U_{1max}^2 \cdot C_1 + \frac{1}{2} \cdot U_{2max}^2 \cdot C_2$$

(2)互感线圈间,不考虑其磁路损失,则有:

$$\frac{U_{1max}}{U_{2max}} = \frac{N_1}{N_2}$$

综上两结论,可以计算出 U_{2max}。但在实际过程中是不可能没有损失的,要计入磁路损失和热损失,一般其转换率 η 为 0.75~0.85。

次级电压上升越快,损失越小,有效能量利用的越多,1.5 kV 自感上升至 20 kV 以上的时间通常为几十微妙,如图 5-10 所示。

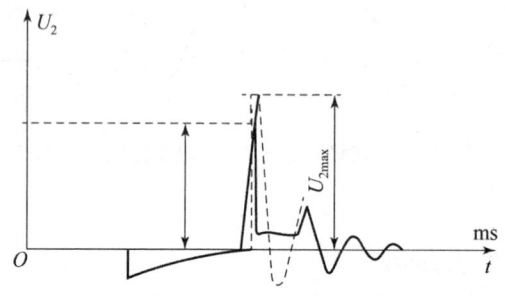

图 5-10 次级线圈电压击穿间隙/不能击穿间隙的电压变化状态

三、释放电火花的放电阶段

(1)在火花塞间隙被击穿电离的瞬间(这个瞬间时间很短,大概在 1~3 μs),电流很大,可能达到几十安培,这一过程是分布电容在释放电能。

(2)间隙电离后阻力减小,剩余能量通过电离通道缓慢放电,形成电感放电(火花尾),时间一般较长(在几个毫秒),时间越长对点火越有利,其电压一般在 600~1 000 V,电流在几十毫安,如图 5-11 所示。

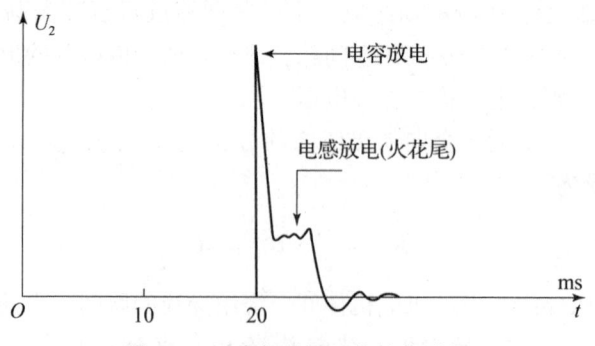

图 5-11 次级线圈两个放电过程

任务拓展

完成对点火线圈高电压的引火试验。

知识提示

将导线一端搭接在线圈高压输出端，另一端作接近搭铁引电用（保证间隙在 5 mm 左右）。

任务评价与总结

评价与总结

_____
_____
_____
_____

任务3　火花塞结构及电火花解析

任务描述

实施内容——完成对火花塞结构与类型的识别；弄懂电火花的形成与影响因素。

❖ **任务目标**
通过学习，能识别出火花塞的结构与类型；能掌握电火花的形成与影响因素！

任务准备

1. 课前知识储备：上网查阅火花塞的一些相关资讯。
2. 扫码完成课前预习。

任务实施过程

一、任务厘清

根据知识的关联逻辑，把"识别火花塞的结构与类型"及"电火花的形成与影响因素"两部分的任务内容有机整合一起，统一完成。

二、任务实施

任务工作表见表5-5。

表5-5　任务工作表

火花塞构造		
火花塞的类型	结构特点	应用场景
"冷"型		
"中"型		
"热"型		

一、作用

火花塞的作用是将高压引入气缸燃烧室,并产生电火花,点燃混合气。

二、构造

火花塞主要由中心电极、旁电极、钢壳和瓷绝缘玻璃等组成,如图 5-12 所示。火花塞的钢质壳体内部固定有高氧化铝陶瓷绝缘体,绝缘体的中心孔装有金属杆和中心电极,金属杆和中心电极之间用导体玻璃密封。铜制内垫圈起密封和导热作用,壳体的下端是弯曲的旁电极,火花塞通过壳体上的螺纹装在气缸盖上。

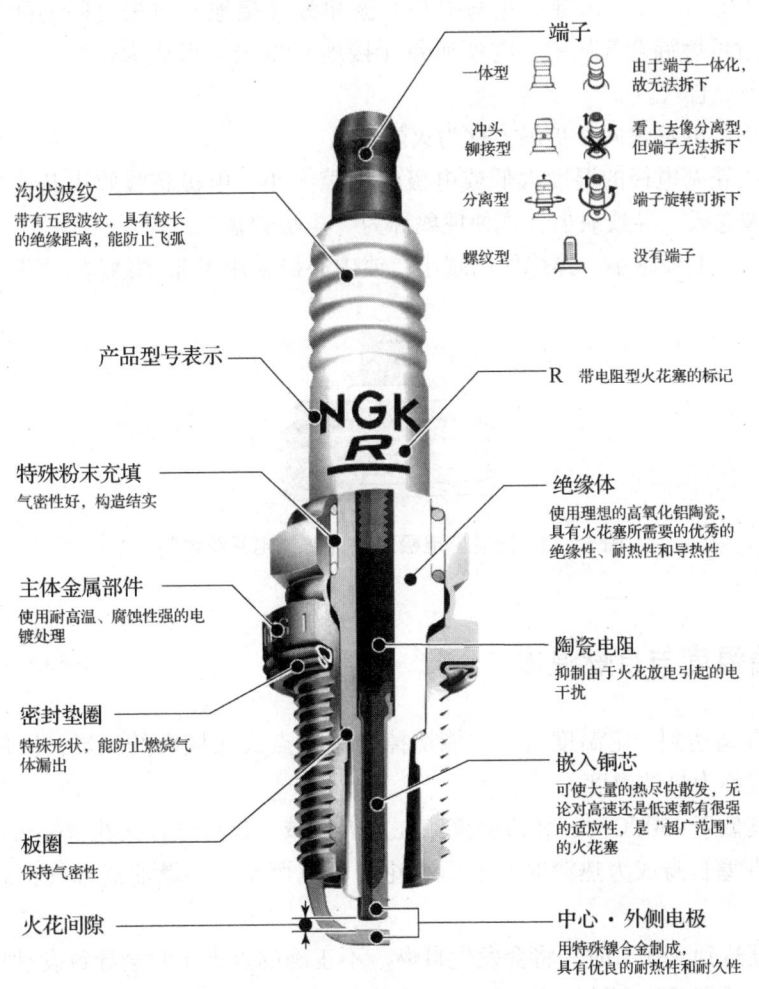

端子
- 一体型：由于端子一体化,故无法拆下
- 冲头铆接型：看上去像分离型,但端子无法拆下
- 分离型：端子旋转可拆下
- 螺纹型：没有端子

沟状波纹
带有五段波纹,具有较长的绝缘距离,能防止飞弧

产品型号表示

R 带电阻型火花塞的标记

特殊粉末充填
气密性好,构造结实

绝缘体
使用理想的高氧化铝陶瓷,具有火花塞所需要的优秀的绝缘性、耐热性和导热性

主体金属部件
使用耐高温、腐蚀性强的电镀处理

陶瓷电阻
抑制由于火花放电引起的电干扰

密封垫圈
特殊形状,能防止燃烧气体漏出

嵌入铜芯
可使大量的热尽快散发,无论对高速还是低速都有很强的适应性,是"超广范围"的火花塞

板圈
保持气密性

火花间隙

中心·外侧电极
用特殊镍合金制成,具有优良的耐热性和耐久性

图 5-12 电阻型火花塞构造

三、电极间隙

闭磁路点火线圈的点火系统，其火花塞电极间隙一般为 1.0~1.2 mm。

（1）间隙过大，所需的击穿电压就高，火花塞跳火的可靠性就差，特别是在发动机高转速时易发生断火现象。

（2）间隙过小，火花塞电极放电时的火焰小，火花与周围混合气的接触面积小，传给混合气的有效热能相对较少，而电极吸热相对较多。

火花塞电极间隙小，跳火相对容易，但电极的热传导损失增加，有效的点火能量相对减少了，这会使火花塞点燃混合气的可靠性降低。

四、电火花形成原理

次级绕组产生高电压，击穿火花塞中心电极和旁（接地）电极之间的间隙来产生电弧（电火花），穿过可燃混合气从中心电极到旁（接地）电极，形成火焰中心，从而点燃气缸内已压缩的可燃混合气。

（1）火焰中心的热量向外扩展，称为火焰传播。

（2）如果火花塞电极的温度太低或电极的间隙太小，电极将吸收火花产生的热量，火焰中心将容易被熄灭，导致缺火，这种现象称为"电极猝熄"。

解决的方法：电极越小，猝熄作用越小；或中心极采用 V 形槽结构，如图 5-13 所示。

图 5-13　火花塞电极形状（防"电极猝熄"）

五、自洁温度与自燃温度

（1）当火花塞达到一定温度后，它能烧掉聚集在点火区域内的积炭，以保持点火区域的清洁，此温度称为自洁温度。

当电极温度低于 450 ℃时，积炭会聚集在点火区域，这将导致火花塞缺火。

（2）当火花塞自身成为热源时，不用火花即可点燃空气—燃油混合气，此时的温度称为自燃温度。

当电极温度达到 950 ℃时，将会发生自燃。不正确的点火正时会导致发动机功率严重下降，同时电极或活塞可能会被熔化。

六、火花塞的类型

（1）火花塞绝缘体的温度取决于它的受热情况和散热条件，所以可根据火花塞的热特性进行分类，如图 5-14 所示。

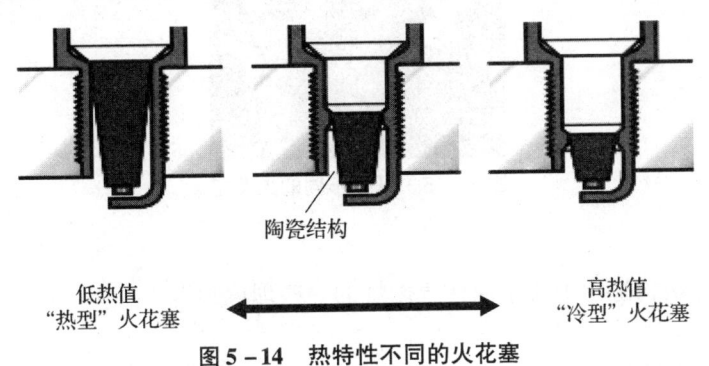

低热值 "热型"火花塞 ←——→ 高热值 "冷型"火花塞

陶瓷结构

图 5-14 热特性不同的火花塞

火花塞的绝缘体裙部长，受热面积就大，吸热容易，而传热距离相对较长，散热困难。因此，绝缘体裙部长的火花塞其裙部温度容易升高，此类火花塞称为"热型"火花塞。

火花塞绝缘体裙部短，其受热面积小，吸热少，而其传热距离相对较短，散热容易。因此，绝缘体裙部短的火花塞，其裙部温度不易升高，此种火花塞称为"冷型"火花塞。

介于"热型"和"冷型"之间的火花塞称为"中型"火花塞。

"热型"火花塞适用于压缩比小、转速低、功率小的发动机，因为这类发动机的燃烧室温度较低。

"冷型"火花塞则适用于高压缩比、高转速、大功率的发动机。

我国火花塞热特性是以绝缘体裙部长度来标定的，并分别用热值（3~9 的自然数）表示，见表 5-6。

表 5-6 火花塞裙部长度与热值

裙部长度/mm	16.5	13.5	11.5	9.5	7.5	5.5	3.5
热值	3	4	5	6	7	8	9
热特性	热 ←——————————————————→ 冷							

（2）根据内置电阻不同，可分为普通型火花塞与电阻型火花塞。

（3）火花塞类型有很多，有的是按旁电极的数量分类，有的是按电极材料分类，有的则是按底座形状分类。

任务拓展

完成对单爪/双爪/多爪火花塞性能特点的比较，如图 5-15 所示。

图 5-15　爪数不同的火花塞

知识提示

需要复习发动机构造学中关于混合气燃烧的一些理论知识。

任务评价与总结

评价与总结

_____
_____
_____
_____

任务 4　信息传感器与控制电路解析

任务描述

实施内容——识别三个关键信息传感器，即曲轴位置传感器、凸轮轴位置传感器、爆燃传感器；在电路中获取到 Ne、G1、G2、IGT、IGF、IGdA、IGdB 多个点火信息并做分析判断。

任务目标

通过学习，能识别曲轴位置传感器、凸轮轴位置传感器、爆燃传感器这三个主要点火信息的传感器；能测试控制电路，并能分析出获取的点火信息数据！

任务准备

1. 课前知识储备：上网查阅点火控制原理方面相关的一些知识。
2. 扫码完成课前预习。

任务实施过程

一、任务厘清

根据知识的关联逻辑，把任务有序分开成两个子任务，分别是：识别信息传感器（点火）构造特点与信号采集原理；测试与分析点火控制电路。

二、任务实施

任务 5.4.1　识别信息传感器（点火）构造特点与信号采集原理

任务工作表见表 5-7。

表 5-7　任务工作表

信息传感器	构造特点	采集原理与信号的形式
曲轴位置传感器		

续表

信息传感器	构造特点	采集原理与信号的形式
凸轮轴位置传感器		
爆燃传感器		

知识链接

控制系统为保证点火的三大技术要求，需要通过感知获取发动机工况、曲轴/凸轮轴位置等信息，用以分析、控制、触发点火器，实现点火线圈的及时通/断，使次级产生并释放高压电。

曲轴位置传感器，又称为角度细分传感器，如图 5-16 所示，主要用于精分曲轴转过的角度值，并判断其精确的转角位置，它是数字点火系统的关键信息量。

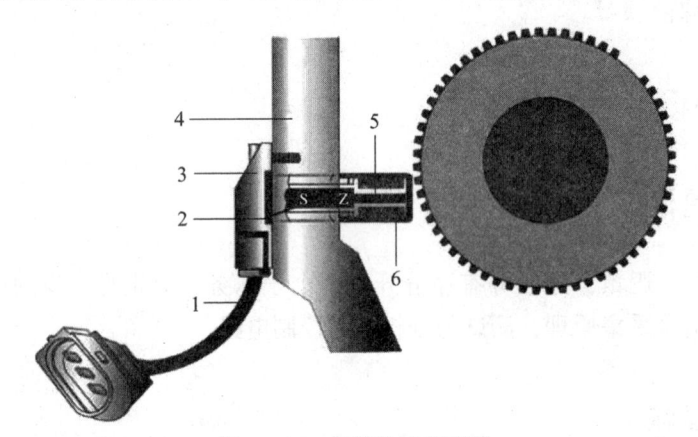

图 5-16 曲轴位置传感器
1—屏蔽电缆；2—永磁体；3—传感器外壳；4—安装支架；5—软磁铁芯；6—线圈

凸轮轴位置传感器与曲轴位置传感器很相似，它负责测量的是一缸或六缸（最后气缸）压缩上止点的位置信息，用于确定气缸的发火循环起始位置。它的结构、原理、类型与曲轴位置传感器基本一致，只是用到了不同的位置而已。

曲轴位置传感器与凸轮轴位置传感器常用的类型都有两种，即电磁感应（磁电）式和霍尔效应式。

一、电磁感应式位置传感器

1. 结构

如图 5-17 (a) 所示，电磁感应式位置传感器由永久磁铁、导磁铁芯及导磁板、感应线圈等组成定子总成，永久磁铁经导磁铁芯、空气隙和导磁转子构成磁路。

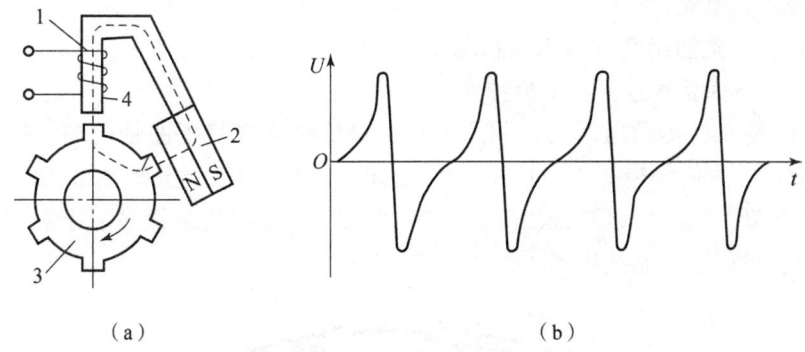

（a）　　　　　　　　　　（b）

图 5-17　电磁感应式位置传感器

1—感应线圈；2—导磁转子；3—永久磁铁；4—导磁铁芯

2. 感应原理

在曲轴转动时，电磁感应式传感器的导磁转子与铁芯之间的气隙发生变化，磁路的磁阻随之改变，使通过感应线圈的磁通量发生变化，产生与发动机曲轴位置相对应的交变感应电压信号，如图 5-17（b）所示。

电磁感应式位置传感器结构简单、工作可靠，使用较为广泛。

二、霍尔式点火信号传感器

1. 霍尔效应（Hall effect）

霍尔效应是指当固体导体（或者半导体）放置在一个磁场内，且有电流通过时，导体内的电荷载子受到洛伦兹力而偏向一边，继而产生电压（霍尔电压）的现象，如图 5-18 所示。

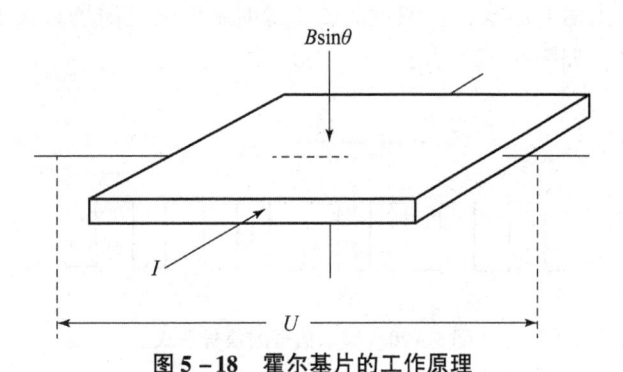

图 5-18　霍尔基片的工作原理

Hall 器件是一种采用半导体材料制成的磁电转换器件。如果在输入端通入控制电流，若有一磁场 B 穿过该器件感磁面，则在输出端将出现霍尔电压。

在实际应用中，霍尔电压 U 的大小与控制电流 I 和垂直分量磁通密度 B 的乘积成正比，即：

$$U = K_H \times I \times B \cdot \sin\theta$$

式中：U——霍尔电压；

K_H——霍尔系数；

I——施加的电流；

$B \cdot \sin\theta$——磁通密度（垂直于霍尔基片的磁通分量）。

2. 霍尔式曲轴位置传感器的结构特点

如图 5-19 所示，美国通用的霍尔式曲轴位置传感器安装于曲轴前端，外信号轮均布 18 个叶片和窗口，内信号轮有三个叶片（100、90、110）和三个窗口（20、30、10），可以精分曲轴位置角度，同时可以判别出 1-6、2-5、3-4 三组气缸活塞上止点位置，适用于同时点火系统，可以节约制造成本。

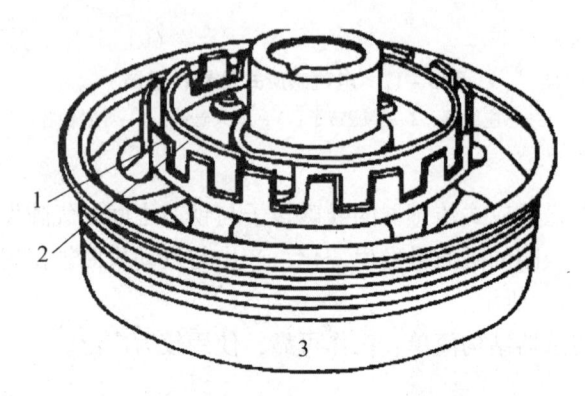

图 5-19 GM 公司霍尔式曲轴位置传感器

1—外信号轮；2—内信号轮；3—曲轴带轮

3. 感知原理

如图 5-19 所示，传感器的叶片进入气隙，磁场被旁路，霍尔电压为 0，输出高电平；叶片离开气隙，磁场穿过霍尔元件，产生霍尔电压，输出低电平。

发动机不停地运转，产生数字脉冲信号，信号的频率随发动机转速的增大而增大。

霍尔传感器的输出信号形式，在测量曲轴位置时采用的是磁场直接阻隔方式，所以它的信号形式是脉冲信号，如图 5-20 所示。

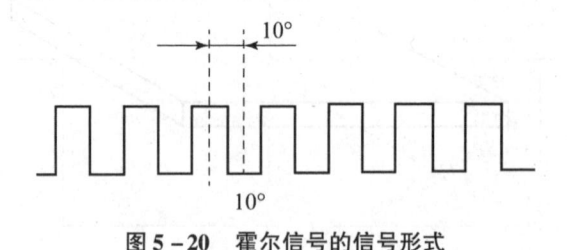

图 5-20 霍尔信号的信号形式

三、爆燃传感器

（1）点火控制系统上增设了爆燃传感器、带通滤波电路、信号放大电路、整形滤波电路、比较基准电压形成电路、积分电路和点火提前角控制电路等，以实现点火提前角的闭环控制。

爆燃信号经过处理后形成的积分信号用于判断爆燃强度,接近爆燃的信号经过处理后形成判断是否发生爆燃的基准电压 U_B。

(2) 压电式爆燃传感器。压电元件是传感器的主要部件,由压电材料组成,制作成垫圈形状,在其两侧用金属垫圈作电极,并用导线引到接线插座上;在惯性配重块、压电元件、传感器套筒三者之间均安装有绝缘垫圈,套筒中心制作有螺孔,传感器用螺栓安装在缸体上,调整螺栓的拧紧力矩便可调整传感器的输出电压,如图 5-21 所示。

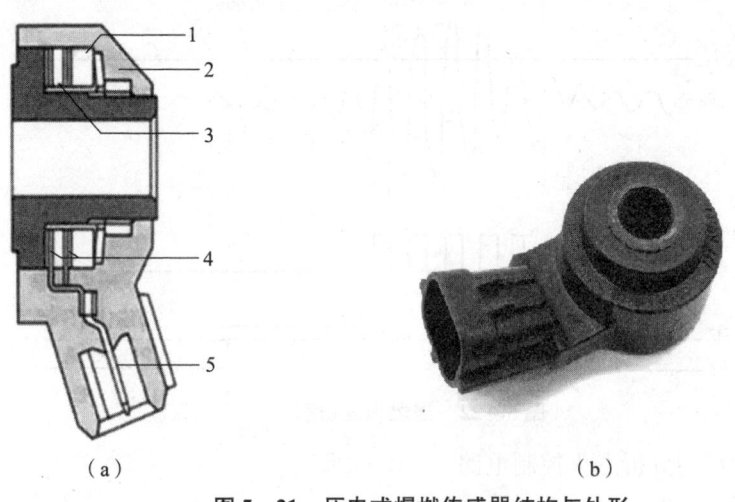

图 5-21 压电式爆燃传感器结构与外形
(a) 结构;(b) 外形
1—振动配重块;2—外壳;3—压电陶瓷晶体;4—接触引脚;5—插头引脚

压电式爆燃传感器出厂时已经调好,使用中不得随意调整,一般安装在缸体缸体侧面。有的采用一个或两个爆燃传感器,安装在发动机进气道一测缸体上 1、2 缸之间和 3、4 缸之间,分别用来检测 1、2 和 3、4 缸爆燃信号。

(3) 识别爆燃强度。

爆燃强度取决于爆燃传感器输出信号电压的振幅和持续时间。

首先利用基准电压值对爆燃传感器输出信号进行整形,得到整形波形;然后对整形波形进行积分,求得积分值 U_i,爆燃强度越大,则积分值 U_i 也越大。

当积分值 U_i 超过基准电压值 U_B 时,ECU 就立即判定发动机发生了爆燃,发动机爆燃控制系统的控制过程如图 5-22 所示。

①爆燃传感器的信号输入 ECU 后,ECU 便将积分值 U_i 与基准电压值 U_B 进行比较。当积分值 U_i 高于基准电压值 U_B 时 ECU 立即发出推迟点火时刻的指令,每次推迟 0.50°~10°曲轴转角,修正速度为 0.70/s 左右,直到爆燃消除。

②爆燃强度越大,则点火时间推迟得越多。当积分值 U_i 低于基准电压值 U_B 时,表明爆燃已经消除。

③紧接着 ECU 又开始递增一定量的提前角来控制点火,直到再次产生爆燃为止(找到最佳功率输出)。

不断重复上述①~③的过程。

从图 5-22 所示曲线中可以看出:

经 ECU 反馈控制的点火提前角曲线十分接近点火提前角的极限值,而远比分电器调节的提前角曲线的性能优越得多。

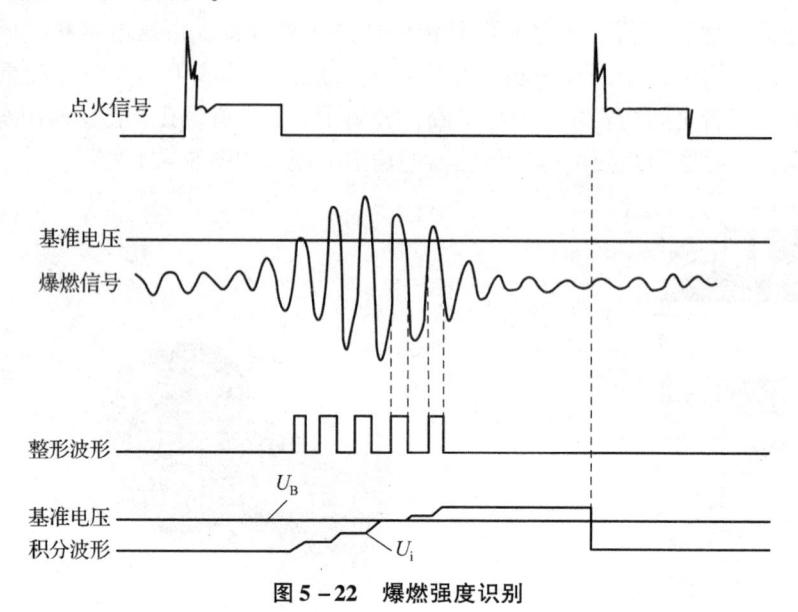

图 5-22 爆燃强度识别

任务 5.4.2 测试与分析点火控制电路

任务工作表见表 5-8。

表 5-8 任务工作表

信号名称	信号波形与参数	测试条件
IGT		
TGF		
IGdA		
IGdB		

知识链接

一、分组式点火电路控制

分组控制系统同组气缸的两个火花塞，工作时同时跳火，一个气缸的活塞处于排气上止点，另一个气缸的活塞处于压缩上止点。虽然两个气缸的火花塞同时跳火，但只有处于压缩行程气缸的火花塞跳火才是有效的。

二、控制电路结构

图 5-23 所示为皇冠车 DIS 分组式点火控制系统，它采用磁电式信号传感器（一个曲轴位置传感器 Ne 与两个凸轮轴位置传感器 G1/G2）作点火信号采集，通过微机控制点火模块，再由点火模块控制点火线圈完成点火控制，其最大的特点就是高压配电采用了同时分组配电。

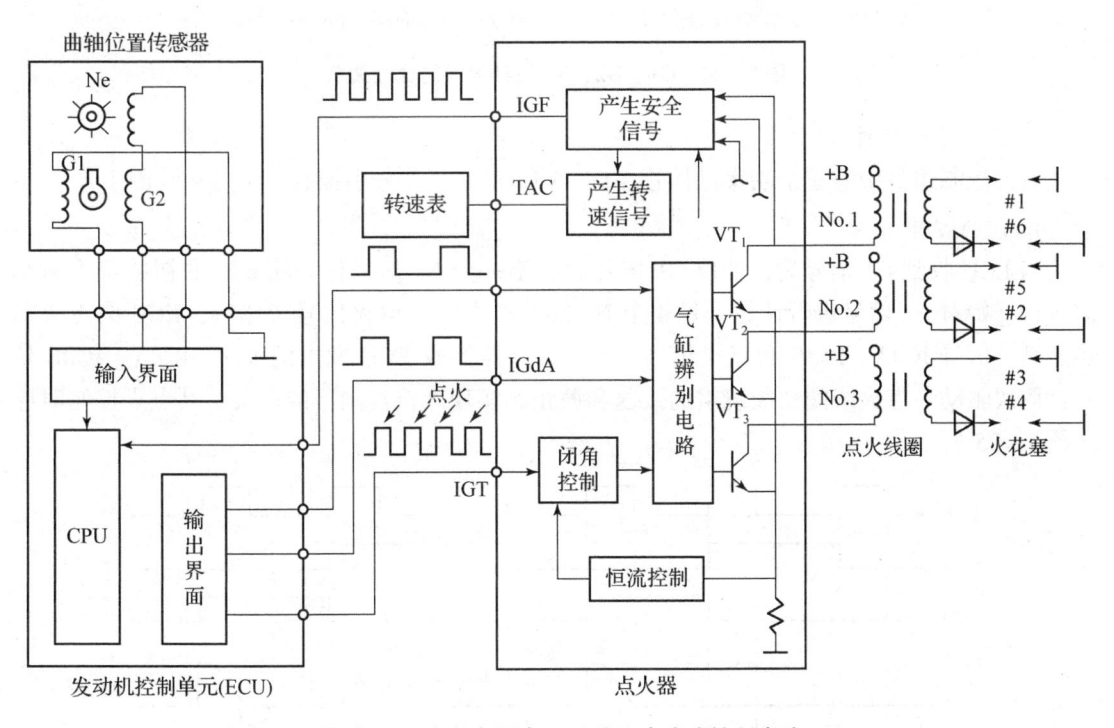

图 5-23 丰田皇冠车 DIS 分组点火式控制电路

1. G1、G2 作为判缸信号

G1、G2 分别表示第 6 缸和第 1 缸处于压缩上止点位置附近。Ne 信号用于检测曲轴转角具体位置，作为点火基准信号和发动机转速信号。传感器电源通常使用 ECU 给出的 5 V 稳压电源。

2. Ne 信号

信号转子共有 24 个齿，每个齿检测凸轮 15°转角，每 4 个 Ne 信号产生一个点火信号。G1、G2、Ne 三种信号的关系如图 5-24 所示。

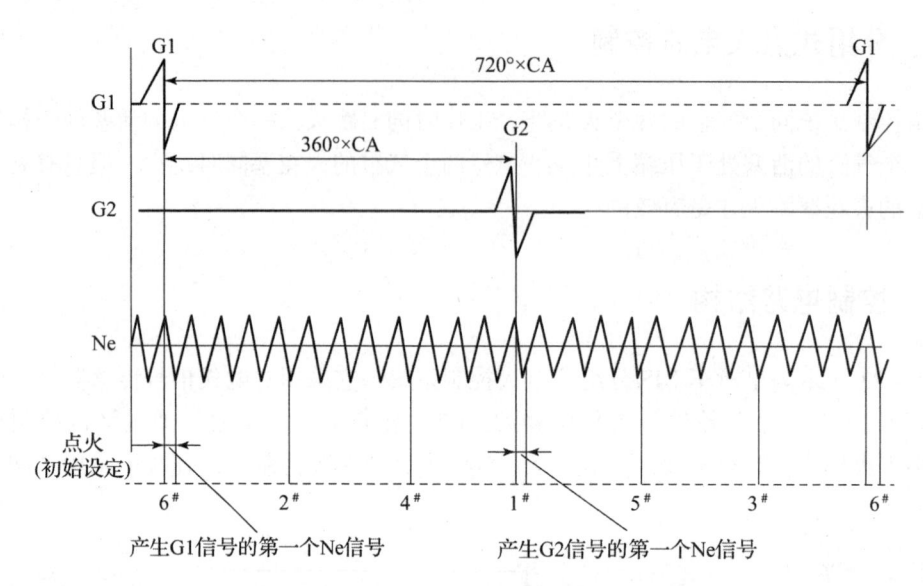

图 5-24 G1、G2、Ne 三种信号的位置关系

3. 点火控制组件

点火控制组件中有三个功率晶体管 VT_1、VT_2 和 VT_3，并分别控制一个点火线圈工作。

4. 控制时序

当 ECU 收到 G1 信号后，便以 G1 信号后的第一个 Ne 信号作为第 6 缸的初始点火时刻信号，开始对 Ne 信号进行计数，每 4 个 Ne 信号产生一个点火信号。然后，ECU 向点火器输出判缸信号 IGdA、IGdB 和点火信号 IGT。点火器接收 ECU 发出的 IGT、IGdA、IGdB 信号，依次驱动各点火线圈初级绕组的接通和截止，实现微机控制下的点火，其点火控制时序如图 5-25 所示。

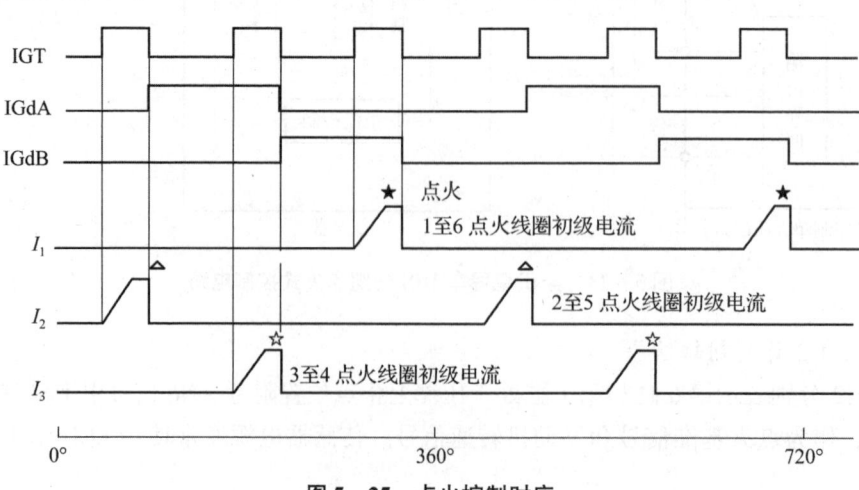

图 5-25 点火控制时序

三、控制过程

(1) 当点火器接收到 IGT、IGdA、IGdB 信号后,其内部的气缸判别电路首先判别出需要点火气缸的判缸方式,如表 5-9 所示。

表 5-9 判缸方式功能表

项目	IGdA 信号状态	IGdB 信号状态
1 至 6 缸点火	0	1
2 至 5 缸点火	0	0
3 至 4 缸点火	1	0

(2) 点火器通过内部的驱动电路控制相应点火线圈大功率晶体管的导通,使得初级绕组通电。

(3) 当点火信号 IGT 变成低电位时,初级绕组断电,次级绕组产生高压。

例如:当第一个 IGT 为高电位时,IGdA、IGdB 信号的电位均为 0,ECU 根据 5-9 中 IGdA、IGdB 信号的电位状态,使 (2、5) 组气缸点火的初级电路接通;而当第一个 IGT 变为低电位时,(2、5) 组气缸的初级电路被切断,(2、5) 组气缸点火线圈的次级绕组产生高压,点燃混合气。

四、高压二极管

利用二极管的反向截止功能,使得初级电流接通时次级线圈产生大约 1 000 V 的感应电动势,使其不能形成放电回路,从而有效防止误跳火。

五、独立点火的电路控制

1. 独立点火系统结构

独立点火系统主要由 ECU、曲轴位置传感器、点火基准信号传感器、冷却液温度传感器、空气流量传感器以及开关信号等信号感知器件,以及各缸独立点火线圈、点火器、ECU 等执行与控制器件组成,如图 5-26 所示。

2. ECU 功能

ECU 的功能包括判断点火气缸、计算与控制点火提前角和闭合角以及将点火信号分配到指定气缸。

3. 基本控制

发动机 ECU 能根据曲轴位置传感器、点火基准信号传感器、冷却液温度传感器、空气流量传感器以及开关信号等信息,并查询 ROM 中存储的数据,经计算处理后,向点火器适时地输出点火信号 IGT,再由点火器的功率管分别接通与切断各缸点火线圈的初级电路,在次级绕组产生高压点火。

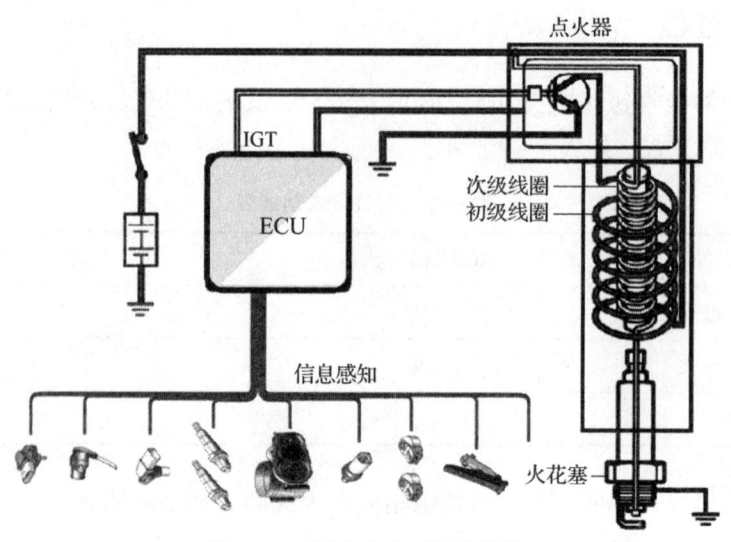

图 5-26　独立点火系统的结构

独立点火的最大优势：除了能更好地满足发动机的高速性能、多缸性能外，同时可以把发动机的判缸、时序等信号交给 ECU 去集成处理，速度更快、误差率更小、电路结构更加简单。

任务拓展

使用示波器测试独立点火系统。

知识提示

借鉴分组点火的资讯与原理，尝试测试、获取数据并分析。

任务评价与总结

评价与总结

_____
_____
_____
_____

模块六　灯光照明设备

序号	模块名称	能力点	知识点
1	模块六 灯光照明设备	*能够识别主流的几种前照灯技术； *能够独立阅读照明灯光控制电路； *能够解析 LED/HUD/卤素前照灯结构原理； *能够通过测试，区别出前照灯组合开关各线脚的功能； *能评估灯光产品的技术性能； *能使用各照明灯光的功能	*前照灯基本要求； *主要技术参数； *前照灯的控制电路； *其他照明灯光的组成与控制方式
课程思政点：社会和谐与灯光使用			
任务1 前照灯照明设备的认知	任务2 卤素灯与前照灯控制电路解析		任务3 氙气前照灯结构原理解析
任务4 LED 前照灯结构原理解析	任务5 其他照明设备解析		

灯光设备是汽车技术中一个非常重要的系统，它不仅仅是为了照明，还可提供众多的信号灯语，以更好地保护驾乘人员及行车环境生态的安全。一般有众多不同的灯光设备。

汽车灯光一般分为两大类：照明灯光与信号灯光。

1. 照明灯光

照明灯主要包括外部照明灯、内部照明灯，比如前照灯、前雾灯、牌照灯、仪表灯、顶灯、工作灯等。

2. 信号灯光

信号灯主要指外部信号灯，比如转向信号灯、危险报警灯、示宽灯、尾灯、制动灯、倒车灯、后雾灯等。

任务1　前照灯照明设备的认知

任务描述

实施内容——识别前照灯的编码、年份及卤素前照灯、氙气前照灯、LED 前照灯三种灯光的功能技术区别；掌握前照灯的照明技术要求。

> ❖ **任务目标**
>
> 通过学习，能识别前照灯的编码、年份及其不同类型的优/劣势；能掌握前照灯照明的技术要求！

任务准备

1. 课前知识储备：上网查阅灯光照明技术方面的相关资讯。
2. 扫码完成任务的课前预习。

任务实施过程

一、任务厘清

把"照明技术要求"与"灯光类型识别"整合成一个任务。

二、任务实施

任务工作表见表6-1。

表6-1 任务工作表

前照灯照明基本要求	
前照灯编码识别	
前照灯年份识别	
类型	优势	劣势
前照灯比较（卤素、氙气、LED）		

知识链接

一、汽车前照灯编码

汽车前照灯编码位置一般是在前照灯的左下角或者右下角处，如果车辆前照灯没有这组编码，则证明不是原厂产品，副厂前照灯和原厂前照灯在质量上有很大的差异。

汽车左、右两侧的前照灯编码是一致的，原厂的汽车前照灯质量会更好，很多车主都会检查自己车辆前照灯是否为原装前照灯。

二、汽车前照灯日期识别

（1）汽车前照灯生产日期在标签上是有相关标注的，如图6-1所示。

图6-1　前照灯标签生产日期

（2）在前照灯的后盖上也会有日期标识印记，如图6-2所示。

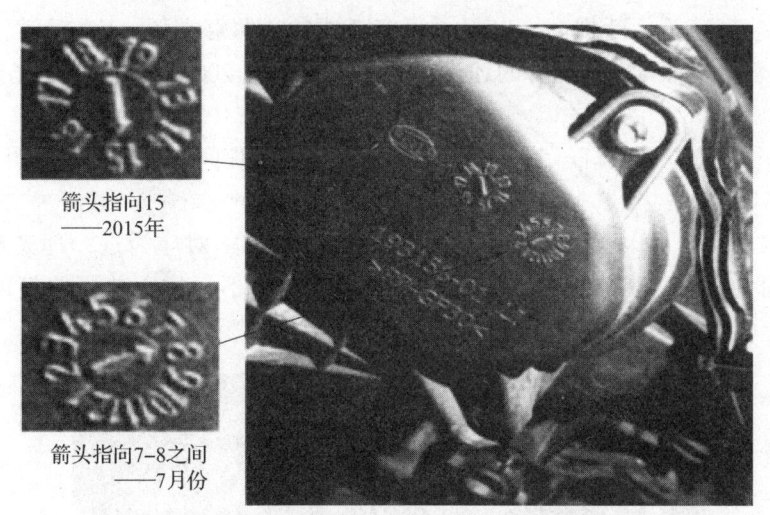

图6-2　前照灯后盖上的生产日期

三、常用灯泡型号

前照灯常用灯泡型号：一般通过灯泡的灯脚数目和底座辨别大灯型号，通常有H1/H3/H4/H7/H8/H9/H11/H13/9005（HB3）/9006（HB4）/9012（HIR2）等类型。

例：9012（HIR2）型前照灯，弯角双插头灯脚灯泡，黑色胶木灯座，应用于HIR2双光透镜组内，增大其美观度，是现今的一种发展趋势，如图6-3所示。

图 6-3　9012(HIR2)型前照灯

四、前照灯的照明技术要求

根据 GB 7258—2012 标准，前照灯应能保证为车前 100 m 以内的路面照明，应光照明亮、均匀，且不应对迎面来车的驾驶员造成炫目。

随着技术、车速等不断提高，出现了很多新式的前照灯类型，比如氙气前照灯、LED 矩阵前照灯、激光前照灯，前照灯的远光照明距离可达到 200~300 m，近光灯照明距离在 50 m 内。

前照灯又称前大灯或头灯，装于汽车头部两侧，用于夜间行车道路的照明，有两灯制和四灯制之分。

如图 6-4 所示，每辆车安装 2 或 4 只，装于外侧的一对应为近、远光双光束灯，装于内侧的一对应为远光单光束灯，且光照强度也要求不一样，单边单灯的光照强度在 15 000 cd 以上，双灯的光照强度在 12 000 cd 以上。

图 6-4　四灯制前照灯（左右各两个）

五、电气参数

卤素前照灯的光色为白中略带黄，远光灯灯泡功率为 55~60 W，近光灯灯泡功率为 50~55 W；氙气前照灯功率一般在 35 W 左右；LED 前照灯功率跟氙气前照灯差不多，近光灯功率在 35 W，远光灯功率一般在 40 W 左右。

六、氙气前照灯

（1）亮度是传统卤钨灯泡的三倍，对提升夜间及雾中驾驶视线清晰度有明显的效果。

（2）氙气前照灯工作时所需的电流仅为 3.5 A，电能转化为光能的效率也比卤钨灯泡提高 70% 以上。

（3）色温从 3 000 K 到 12 000 K，其中 6 000 K 的色温与太阳光相似，呈现蓝白色光，可以大幅提高道路标志和指示牌的亮度。

（4）使用寿命是卤钨灯泡的 10 倍。

七、LED 前照灯

LED 灯具有高亮度、长寿命、节能环保、体积小、性能更稳定等优点。

1. 更亮

与传统的汽车头灯相比，LED 汽车灯具有更高的发光效率和更高的照明效果，色温适中且不刺眼，照明光源更加健康。

2. 寿命长、节能环保

LED 汽车灯的使用寿命长也是大家关注的话题。普通卤素灯的使用寿命为 500 h，LED 灯的使用寿命可以达到 30 000 h，是普通卤素灯的 60 倍。而且 LED 车灯能更好地节省油耗，真正省油又省电。

3. 抗干扰性能稳定

LED 前照灯可以由低压直流电驱动，负载小，抗干扰安全性和稳定性高，对环境的要求低，适应性强。

4. 体积小

灯珠体积小，可以使用阵列式构造，达到像素级控制。

任务拓展

激光前照灯的识别认知。

知识提示

可以从宝马 i8 查阅资料，它使用了激光前照灯作远光灯。

任务评价与总结

评价与总结

任务 2　卤素灯与前照灯控制电路解析

任务描述

实施内容——完整掌握卤素前照灯（又叫卤钨大灯）的结构原理；完成阅读并解析前照灯控制电路的结构与功能实现；通过测试识别出灯光组合开关线脚端的判断。

◈ 任务目标

通过学习，能清楚掌握卤素前照灯的结构原理；能阅读并解析前照灯控制电路；能分析控制结构的不同控制应用！

任务准备

1. 课前知识储备：查阅卤素前照灯、前照灯控制电路方面的相关资讯。
2. 扫码完成任务的课前预习。

任务实施过程

一、任务厘清

根据知识的关联逻辑，把原任务拆分成三个细分任务：卤素前照灯的深度认知；阅读并解析前照灯控制电路；测试识别出组合开关的线脚功能判断。

二、任务实施

任务 6.2.1　卤素前照灯的深度认知

任务工作表见表 6-2。

表 6-2　任务工作表

灯泡结构与钨循环原理	
前照灯的组成	防炫目技术

> 知识链接

一、结构

前照灯的光学组件有灯泡、反射镜和配光镜三部分。

（1）灯泡。

灯泡是前照灯的光源，常见的前照灯灯泡有充气灯泡和卤钨灯泡，如图6-5所示。

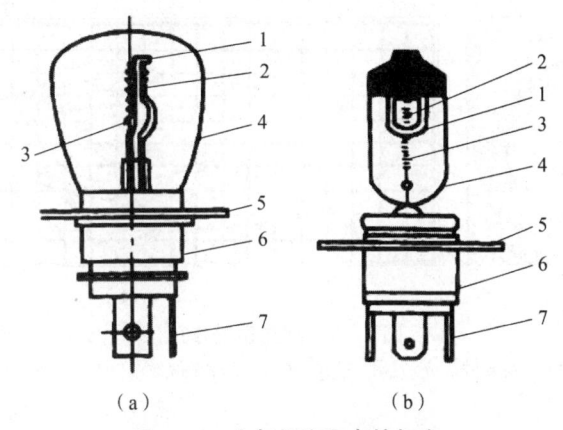

图6-5 充气灯泡和卤钨灯泡

（a）充气灯泡；（b）卤钨灯泡

1—配光屏；2—近光灯丝；3—远光灯丝；4—泡壳；5—定焦盘；6—灯头；7—插片

卤素灯泡简称卤素灯，又称为卤钨灯泡、石英灯泡，是白炽灯的一个技术延伸。卤钨灯泡的灯丝仍为钨丝，但充入的气体中掺有卤族元素——主要是"碘""溴"。

（2）反射镜。

反射镜如图6-6（a）所示，它的作用是使灯泡的光线聚合，并导向前方，如图6-6（b）所示，即把所有光线抛向$4\pi-\omega$的球面角方向，可将前照灯的光亮度增强至几百倍甚至上千倍。

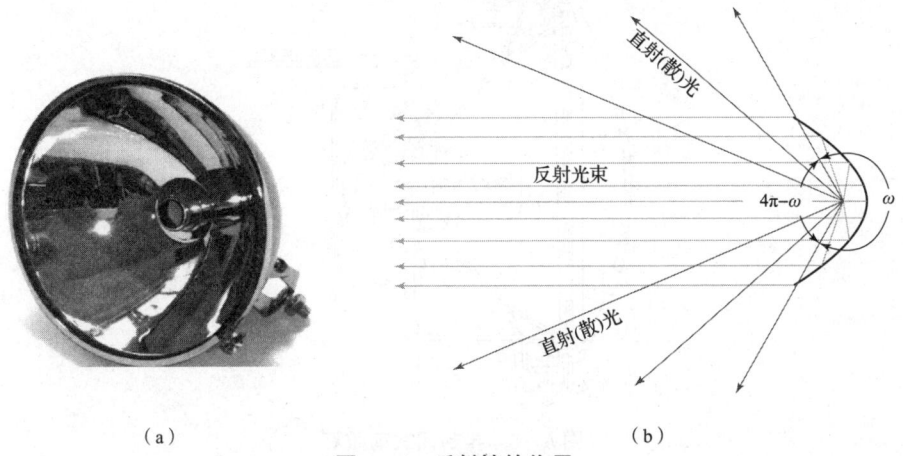

图6-6 反射镜的作用

无反射镜的灯泡,其光度只能照清周围 6 m 左右的距离,而配备反射镜后,其照距可增至 150 m 以上。反射镜有少量的散射光线,其中朝上的完全无用,朝下的散射光线则有助于近距离路面和路缘的照明。

(3) 配光镜。

配光镜也叫散光玻璃,如图 6-7 (a) 所示,由透明玻璃压制而成。配光镜的外表面平滑,内侧则是凸透镜和棱镜的组合体。

加散光玻璃的作用是将反射镜反射出的光束进行折射,以扩大光照的范围 [如图 6-7 (b) 所示],以使前照灯 100 m 以内的路面和路缘有均匀的照明。

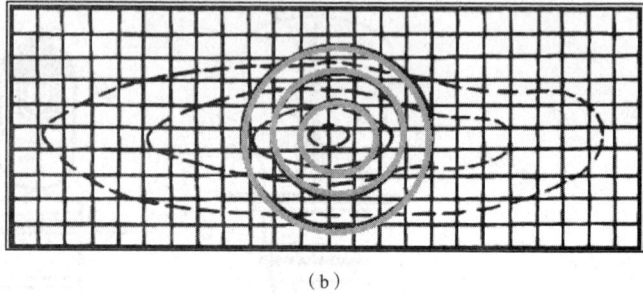

图 6-7 配光镜的作用
(a) 反射光束带散光玻璃前照灯;(b) 无散光玻璃前照灯光束分布曲线

二、分类

目前,前照灯的类型较多,主要有可拆式、半封闭式和全封闭式、投射式等几种。半封闭式与投射式两种被广泛使用,另外两种比较少见,趋于淘汰。

(1) 半封闭式前照灯的配光镜靠卷曲在反射镜边缘上的牙齿紧固在反射镜上,用橡胶圈密封,再用螺钉固定,如图 6-8 所示。灯泡从反射镜的后面装入,所以更换损坏的灯泡时不必拆开配光镜。

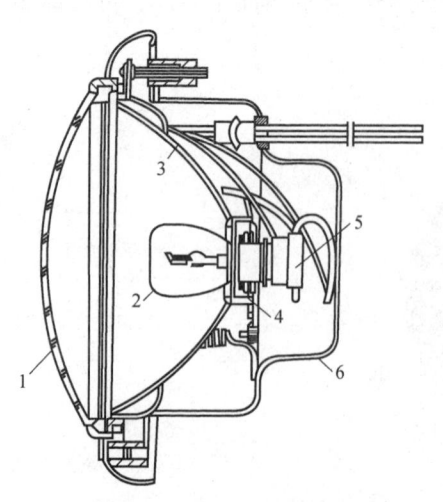

图 6-8 半封闭式前照灯
1—配光镜;2—灯泡;3—反射镜;4—插座;5—接线盒;6—灯壳

（2）投射式结构前照灯。

投射式前照灯的光学系统主要由灯泡、反射镜、遮光镜和凸型配光镜组成。

投射式前照灯具有两条射向上部的光线，经过反射镜投向第二焦点后，经过凸型配光镜聚焦投向远方。

第一个焦点为灯泡，第二个焦点在灯光中形成，如图 6-9 所示，经过凸型配光镜聚集光线投向远方。

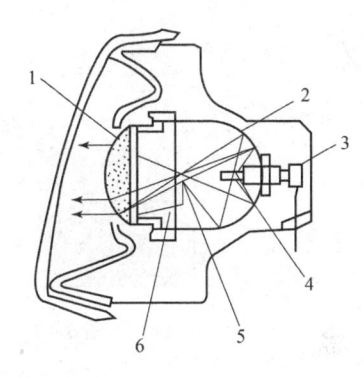

图 6-9 投射式结构前照灯
1—凸透镜；2—椭圆形反光镜；3—灯泡；4—第一焦点；5—第二焦点；6—灯罩

投射式结构前照灯的优点是焦点性能好，其光线投射途径如下：

①灯泡射向上部的光线经过反射镜投向第二焦点后，经过凸型配光镜聚焦投向远方。

②同时，灯泡射向下部的光线经过遮光镜反射，反射回反射镜再投向第二焦点，经过凸型配光镜聚焦投向远方。

三、防炫目技术措施

所谓炫目是指人眼睛被强光照射，由于视觉神经受刺激而失去对眼睛的控制，本能地闭上眼睛或看不清暗处物体的生理现象。

为防止炫目，在会车时则由驾驶人切换为近光灯，使前照灯光线水平向下照射，虽照射距离较近，但可避免光线直射对方驾驶人的眼睛。

1）防炫目技术——双丝灯泡

普通双丝灯泡中的远光灯丝位于反光镜旋转抛物面的焦点，并与光轴平行；近光灯丝位于焦点的上方，如图 6-10 所示。灯泡光线由反射镜反射后与光轴平行射向远方，可获得较远的照射距离和较小的散射光束。

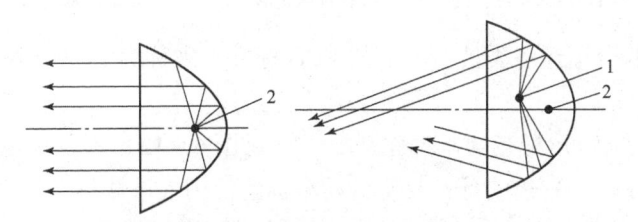

图 6-10 普通双丝灯泡工作情况
1—近光灯光束；2—远光灯光束

近光灯丝通电时，灯泡光线经反射镜反射的主光束倾向于路面，部分反射角度大幅增加，使其照向空中，因而对迎面来车驾驶人的炫目作用大为减弱。

2）防炫目技术——配光屏双丝灯泡

普通双丝灯泡有一部分光线偏上照射，降低了防炫目的效果。

将近光灯丝置于焦点前上方的位置，并在下方装一配光屏，如图6-11所示，挡住近光灯丝射向反射镜下半部的光线，即可消除向上的反射光线，使防炫目效果更好。

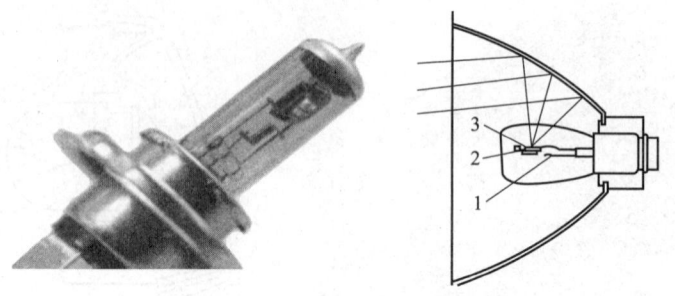

图6-11 具有配光屏的双丝灯泡
1—远光灯丝；2—配光屏；3—近光灯丝

3）防炫目技术——非对称型配光的双丝灯泡

为了使近光灯既有良好的防炫目效果，又有较远的照明距离，通常将配光屏单边倾斜15°，近光灯丝发出的光线经反射镜和配光镜后就得到了形似"L"形的非对称近光光形，如图6-12所示。

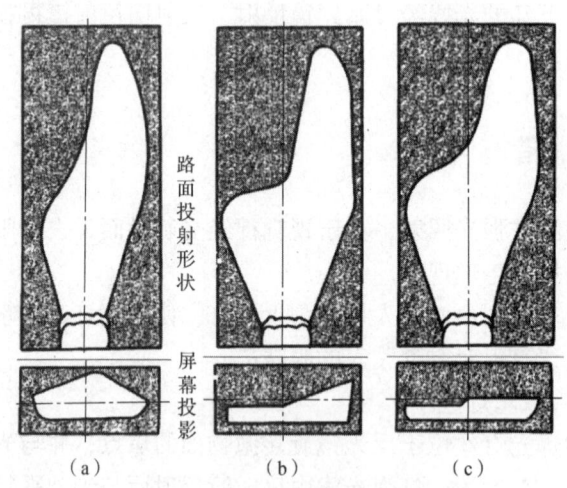

图6-12 近光灯的光形图
（a）对称光形；（b）"L"形非对称光形；（c）"Z"形非对称光形

这种配光符合联合国经济委员会制定的ECE标准，被称为ECE形配光，我国已采用这种配光形式。

另一种被称为"Z"形配光的非对称型配光（见图6-12）不仅可以避免迎面汽车驾驶人炫目，还可以防止车辆右边的行人及非机动车辆的使用人员炫目。

前照灯（近光）照射光线，照射垂直面光形的切线形状及明暗区的大小，采用的是"Z"形配光的非对称光形，它又可以细分为三大类，即欧标光形、美标光形和混标光形，如图 6-13 所示。通常下切线产生的路面照射距离为 20~30 m；欧标在 20 m 以上；美标会更远点，在 30 m 左右。

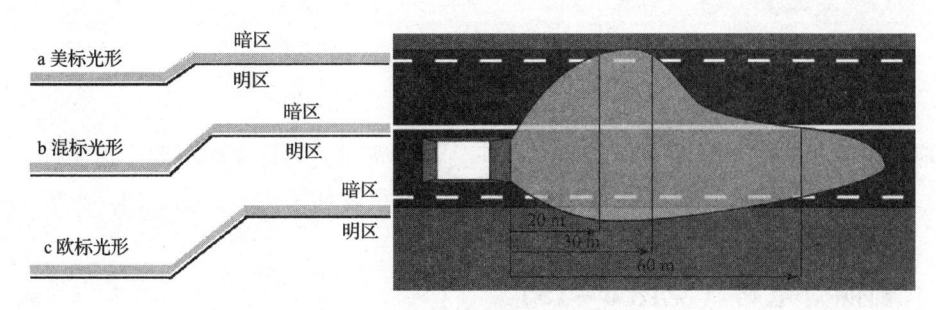

图 6-13 透镜配置照射光型

任务 6.2.2 阅读并解析如图 6-14 所示的前照灯控制电路。

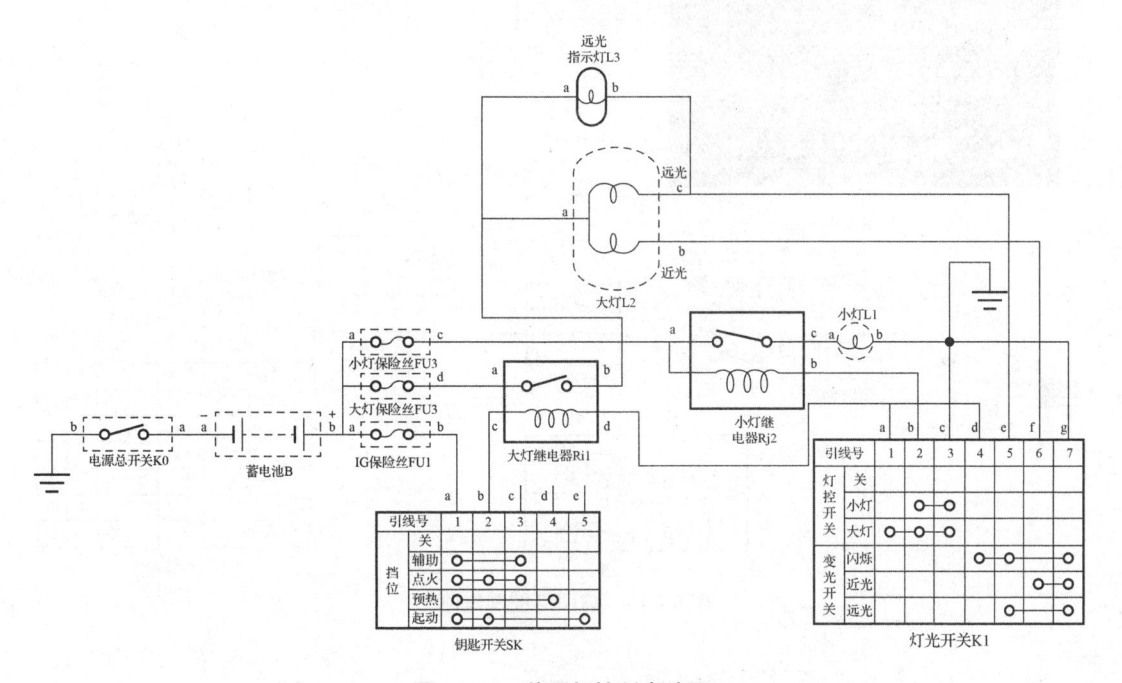

图 6-14 前照灯控制电路图

工作任务表见表 6-3。

表 6-3 任务工作表

描述前照灯控制系统的组成	
解释超车警示功能的配电特点	
控制系统使用几级控制	
前照灯控制使用几级控制	

知识链接

一、组成

前照灯电路一般是由电源、保险、灯控开关、变光开关、灯光继电器、前照灯总成等部件组成。现代车系当中大多数采用模块化控制，也就是增加了灯光控制模块。

二、前照灯电路（见图 6-15）

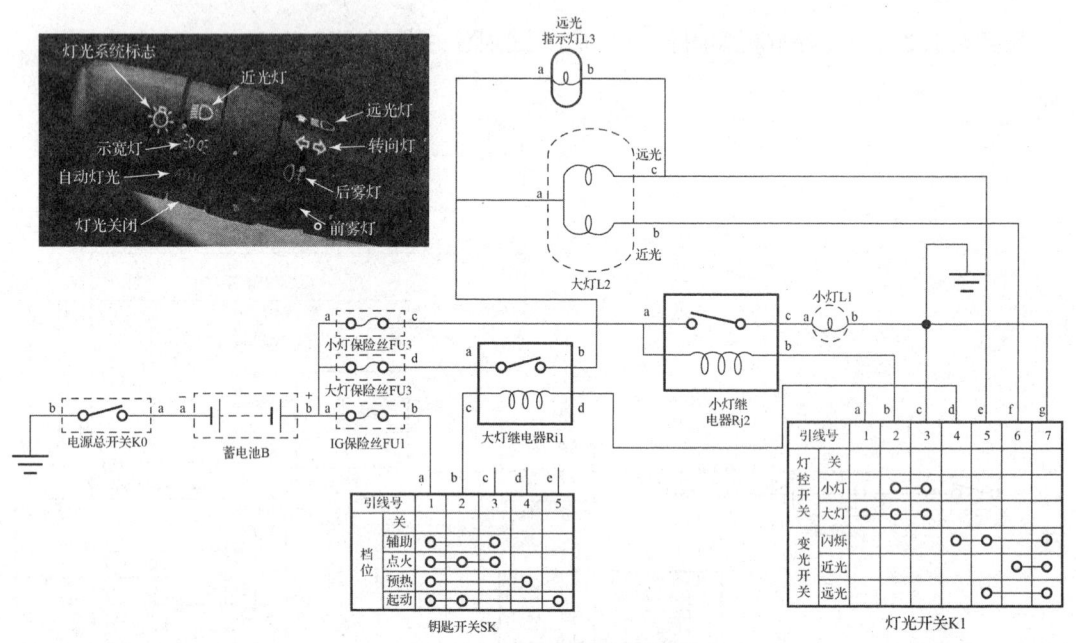

图 6-15 前照灯控制电路图

三、前照灯控制过程

1. 小灯开启阶段

当灯控开关转动到第一挡时，接通灯控开关的 2#—3# 端子后，接通控制小灯继电器，使小灯打开。需要注意的是：小灯是受点火开关控制的。

2. 大灯开启阶段

当灯控开关转动到第二挡时，直接把灯控开关的 1#—2#—3# 端子全部接通，变光开关此时不论是在近光还是远光位置，始终有个功能会被点亮，同时把小灯、大灯继电器接通，即在开启小灯的同时也开启了前大灯。

近光功能：当大灯开关处于中间位置时，进入近光功能挡位，变光开关的 6# 端子与 7# 端子接通，近光灯打开。

远光功能：当大灯开关推向前端位置时，进入远光功能挡位，变光开关的5#端子与7#端子接通，远光灯打开。

3. 超车警报功能

超车警报功能不受灯控开关控制，但受点火开关控制，此功能只有在行车时使用，所以其控制电源采用了 IG – ON 电源。

将变光开关向驾驶员身前扳动，变光开关的4#、5#端子与7#端子同时接通，接通了大灯继电器，同时接通了灯泡的接地回路，使远光灯丝电路接通，点亮远光灯，松手后开关自动弹回近光位置，远光灯熄灭，当我们以一定频率拨动超车警报开关时，远光就会按此频率亮灭。

四、模块化控制电路

（1）前照灯模块化电路，一般是由感知部分（灯光开关、信号传感器等）、信息处理与命令输出部分（ECU）、执行控制部分（继电器、灯泡、驱动电机）和通信网络等组成，如图6–16所示。

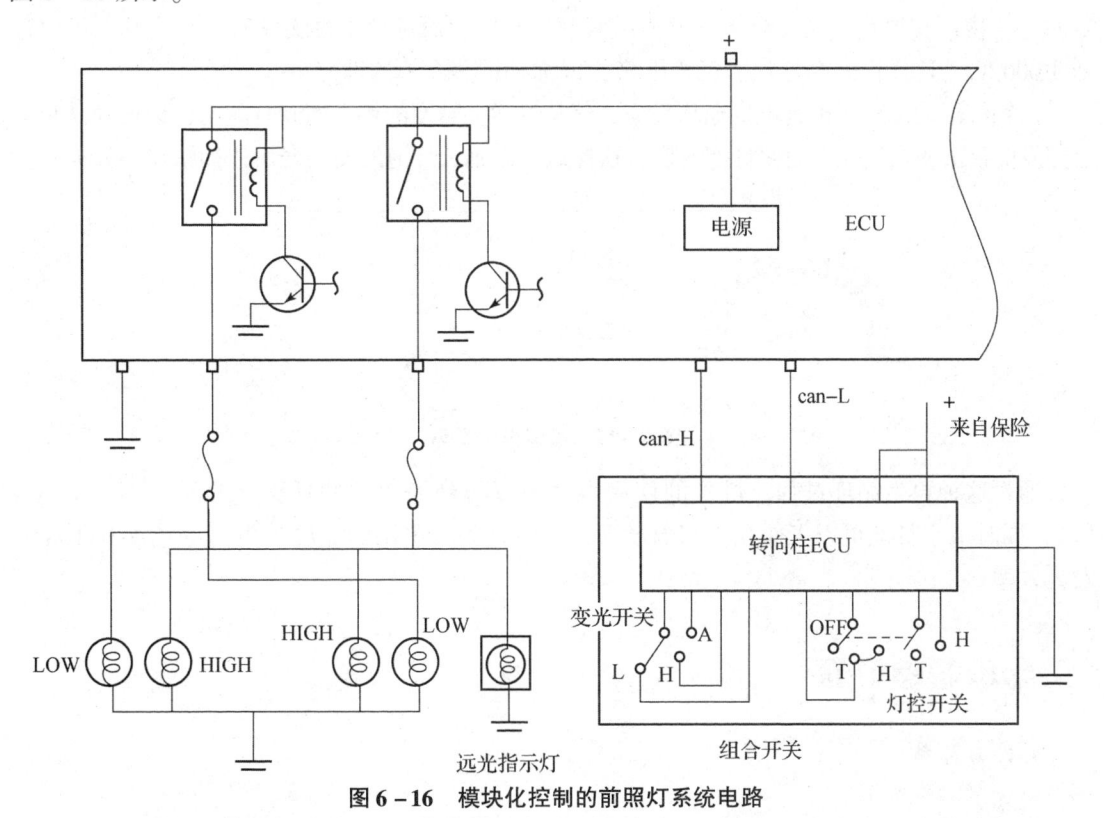

图6–16 模块化控制的前照灯系统电路

①感知部分：获取驾驶员的需求意愿。

②控制模块（ECU）：对外部、内部信息集成进行分析处理，并输出能满足车辆安全驾驶、使用的执行命令。

③执行控制部分：可实现前照灯的远近光功能、超车警报功能、随转功能及不同区域环境下的用光要求功能。

(2) 模块化控制的前照灯控制过程。

首先驾驶者把灯光开启需求的操纵信息传送至转向柱电脑（ECU），转向柱 ECU 会把信息编译，然后通过总线传送至车身控制电脑模块（ECU），车身控制电脑模块（ECU）对来自总线的信息进行翻译和识别处理后，再经其功率驱动控制电路，驱动其对应的继电器给相一致的设备供电并将其控制灯点亮。

任务拓展

卤钨前照灯灯泡内"钨"的再生循环原理。

知识提示

（1）钨元素的挥发过程。

当灯丝发热时，钨原子被蒸发后向玻璃管壁方向移动，当接近玻璃管壁时，钨蒸气被冷却到 250~800 ℃并和卤素原子结合在一起，形成卤化钨（碘化钨或溴化钨）。

（2）钨元素的沉积过程。

卤化钨向玻璃管中央继续移动，又重新回到被氧化的灯丝上，由于卤化钨是一种很不稳定的化合物，其遇热后又会重新分解成卤素蒸气和钨，而灯丝正常工作时的温度甚至可以达到 3 000 ℃，这样钨又在灯丝上沉积下来，以弥补被蒸发掉的部分。

卤钨灯泡内部形成卤钨再生循环反应，使从灯丝上蒸发的钨又回到灯丝上，以避免从灯丝上蒸发的钨沉积在泡壳上而使灯泡发黑，这样做可以延长灯泡的使用寿命，如图 6-17 所示。

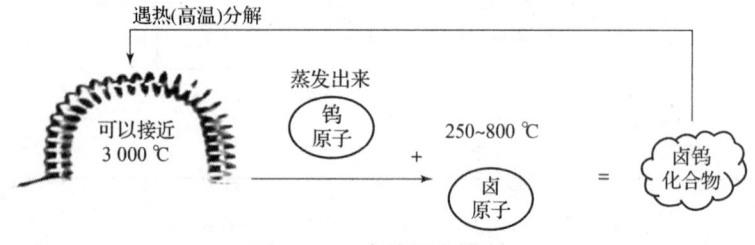

图 6-17 卤钨再生循环

通过这种再生循环过程，灯丝的使用寿命不仅得到了大大的延长（几乎是白炽灯的 4 倍），同时由于灯丝可以工作在更高温度下，从而得到了更高的亮度、更高的色温和更高的发光效率。

任务评价与总结

评价与总结

_____
_____
_____
_____

任务3　氙气前照灯结构原理解析

任务描述

实施内容——通过学习氙气前照灯，利用学习到的氙气前照灯的性能参数和电气参数知识，完成氙气前照灯的选用和识别；掌握氙气前照灯的结构原理。

> ❖ 任务目标
>
> 通过学习，能识别氙气前照灯的性能优劣和好坏；能清楚了解氙气前照灯的结构原理！

任务准备

1. 课前知识储备：上网查阅氙气前照灯方面的相关资讯。
2. 扫码完成任务的课前预习。

任务实施过程

一、任务厘清

把相近性的知识整合一起完成，更有利于知识间的有序融合。

二、任务实施

任务工作表见表6-4。

表6-4　任务工作表

描述氙气前照灯灯泡的结构	
氙气前照灯的主要性能参数	
基于安定器，描述氙气前照灯点亮控制过程	

> 知识链接

氙气前照灯属于 HID（High Intensity Discharge Lamp）气体放电灯，是近些年在汽车上出现的新型前照灯。

一、氙气灯泡

氙气灯泡主要由正/负电极、高压（5bar）气泡腔（高亮药丸）、UV 蓝管、绝缘底座与绝缘管、高压屏蔽线等组成，如图 6-18 所示。

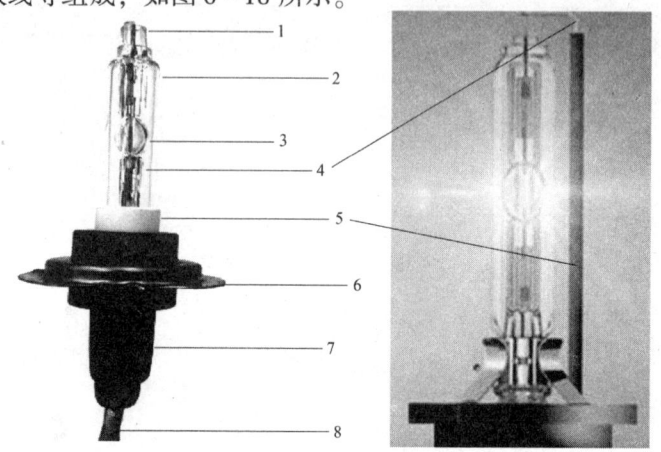

图 6-18 氙气灯泡结构

1—喇叭口式；2—UV 蓝管；3—高亮药丸；4—加粗电极；5—陶瓷底座；6—金属底盘；7—硅胶防水套；8—屏幕线

二、光源控制系统

1. 光源控制系统组成

光源控制系统主要由灯泡、电子镇流器（也称稳压器、安定器）及线组等辅件组成，如图 6-19 所示。

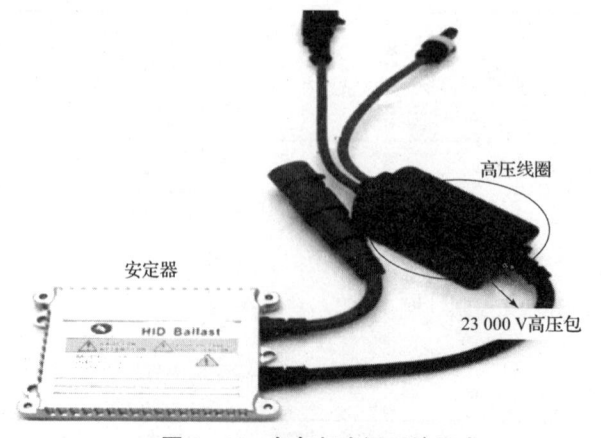

图 6-19 氙气灯光源系统组成

2. 发光原理

氙气灯泡，在石英泡壳内充有高压惰性气体（氙气），在涂有水银和碳素化合物的两电极上施加高压，使电极间的氙气电离，产生电弧放电发光。

高压电由电子镇流器（电子控制电路和功率放大电路）将蓄电池或发电机的直流电压进行升压及功率放大，以提供电极发光所需的电源电压。

3. 氙气前照灯的工作过程

（1）接通前照灯开关后，前照灯系统通电接入安定器，电子控制电路对直流电源输入的电流进行转换、控制、保护、升压和变频（交流式的需要变频）等处理。

（2）安定器产生一个瞬间 23 kV 左右的高压电（目前，车辆氙气灯产品一般都在10～30 kV 之间），使灯头电极之间的气体电离而产生电弧放电。

（3）电子镇流器输出 80～120 V 的直流工作电压（也有产品使用交流电压，交流工作电压会要求在 35 V 左右），以维持灯头电极的电弧放电，使灯头持续发光。

三、氙气灯参数

1. 氙气灯光源颜色（色温）（见表 6–5）

表 6–5 氙气灯光源颜色与色温的关系

色温/K	光色类型	色调
<3 000	温暖（带红的白色）	稳重、温暖
3 000～4 100	黄色偏白色	稍暖
4 100～5 000	白色偏黄色（汽车原厂前照灯）	中性
5 000～6 000	清凉型（带蓝的白色）	冷
>6 000	由白变白带蓝带紫……	冷
注：很多国家立法规定，汽车前照灯的色温不能超过 6 000 K		

2. 技术参数（见表 6–6）

表 6–6 某品牌型号氙气灯泡与安定器的技术参数

氙气灯泡技术参数		电子镇流器（安定器）技术参数	
技术指标	参数值	技术指标	参数值
灯管电压/V	85±17	工作电压/V	9～18
灯管功率/W	35±2	辅助功率/W	35 +/−3
色温/K	4 200	启动电压/V	23
光通量/lm	3 200	最大电流/A	7.0
寿命		工作温度/℃	−40～+105
再启动电压/kV	23	电磁兼容 EMI	S95/54/EC

续表

氙气灯技术参数		电子镇流器（安定器）技术参数	
技术指标	参数值	技术指标	参数值
灯头型号	H1/H3/H4/H7/H8/H9/ H11/H13 9004/9005/9006/9007	保护	反接，短路，防振、水、尘等
^	^	寿命	
^	^	快速启动	1 s 达到 25%，4 s 达到 80% 稳定光通量

四、安定器

安定器，又称高压包，是为灯泡提供启辉电压和工作电压的一种变压器。

1. HID 前照灯发光原理

HID 气体放电式头灯是用包裹在石英管内的高压气体替代传统的钨丝，提供更高色温、更聚集的照明。

其采用高压电流击穿管内气体使其电离，从而形成一束放电弧光，可在两电极之间持续放电发光。

2. 高压放电气体灯的工作过程

HID 属于一种非稳态的气体放电发光装置，其发光过程可以分为以下三个阶段：

（1）启辉阶段。

要击穿灯泡内气体间隙，首先要使其能产生气体放电的电离通道。

在灯泡电极加上足够高的电压，电压一般在 10 kV 以上，在与石英管内壁接近发光电极丝处由于气体与电子碰撞而被加热，灯内的氙气迅速电离并产生辉光放电，形成电离通道（脉冲气体灯在很强的轴向电场触发高压脉冲作用下，气体被击穿，形成辉光放电，产生放电通道）。

如图 6-20 所示，当 VT_2 截止时，U_1 通过 R_2 向电容 C_2 充电储存能量；当 VT_2 导通时，变压器 T 的初级线圈与电容 C_2 产生电感谐振放电（可以接近上千伏，同时在 T 副端甚至可以升至上万伏），依靠产生的高压脉冲即形成很强的轴向磁场。

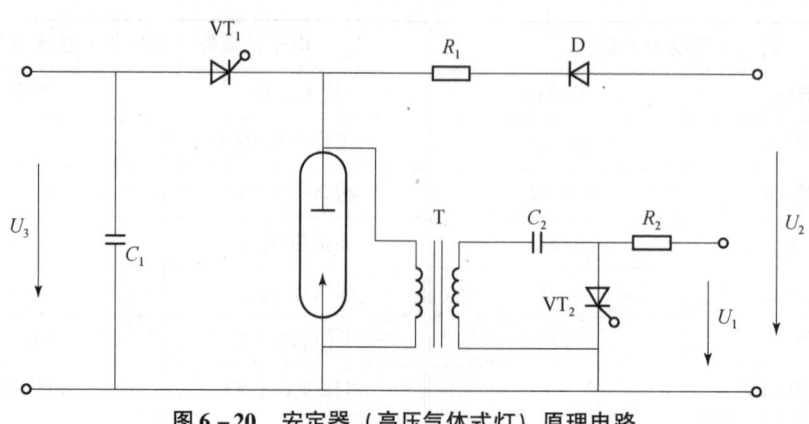

图 6-20 安定器（高压气体式灯）原理电路

（2）预燃阶段。

当系统输入的能量足够时，灯泡电极加热到具有一定的热发射能量，灯管中的气体则由辉光放电过渡到弧光放电，把这一阶段称为预燃。此时，高压气体灯可以看成是一个电阻。

如图 6-20 所示，U_2、D、R_1 组成能量电路，也就是所谓的预燃电路。

（3）高压放电阶段。

如图 6-20 所示，高压放电电路由 U_3、C_1、VT1 组成，即高压脉冲放电回路，以维系灯泡内的电离通道电场。

同时预燃电路也会给脉冲放电式高压气体灯提供一个维持其一直工作的工作电流，电流大小一般在 100 mA 左右。

任务拓展

阐述：原厂车辆氙气前照灯选用 4 300～4 500 K，而不是接近日光色温的 6 000 K 色温值。

知识提示

考虑不同行车环境与灯光的主要作用，结合起来才能完整地解决这个任务。

任务评价与总结

评价与总结

_____
_____
_____
_____

任务4　LED 前照灯结构原理解析

任务描述

实施内容——通过学习 LED 阵列前照灯，完成 LED 前照灯产品的主要参数解析；完整阐述 LED 矩阵前照灯的结构原理。

任务目标

通过学习，能利用 LED 主要参数去评估相关产品；能掌握 LED 前照灯的结构原理！

任务准备

1. 课前知识储备：上网查阅 LED 前照灯方面的相关资讯。
2. 扫码完成任务的课前预习。

任务实施过程

一、任务厘清

把相近性知识整合在一起完成，更有利于知识间的有序融合。

二、任务实施

任务工作表见表 6-7。

表 6-7　任务工作表

LED 前照灯的主要性能参数	
解析像素级控制的 LED 前照灯	

知识链接

一、LED 矩阵结构

LED 由 LED 灯珠组、反射照杯/DMD 数字微反射镜、透镜（不是所有的车灯都使用，有些是没有使用透镜）、LED 功率控制模块和冷却系统（或散热片）等组成，如图 6-21 所示。

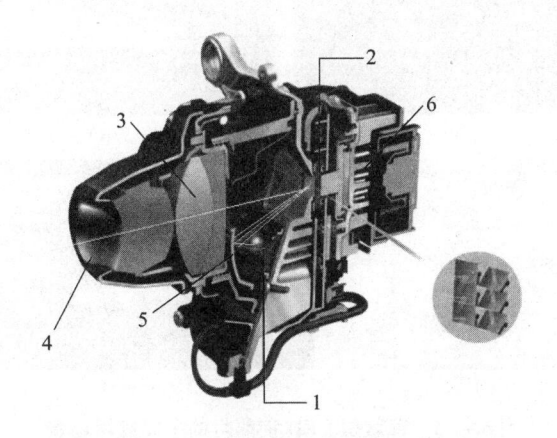

图 6-21 LED 矩阵前照灯总成
1—LED 光源；2—功率芯片与微反射镜；3，4—透镜；5—反射照杯；6—散热片

二、类型

根据灯组与灯珠的控制方式不同，可以分为以下两种：

1. 灯珠统一控制

LED 灯珠进行分组安装，严格区分近光灯珠组、远光灯珠组，每组都按统一控制。

2. 灯珠独立控制

LED 矩阵内的所有 LED 灯珠均可以实现单个或多个、多组同时控制。如智慧式 LED 矩阵前照灯，灯光可以做到随意、自由地实现所需要的 AFS 灯光照型要求，为行车在不同环境区域的安全照明提供了最佳的选择，如图 6-22 所示。

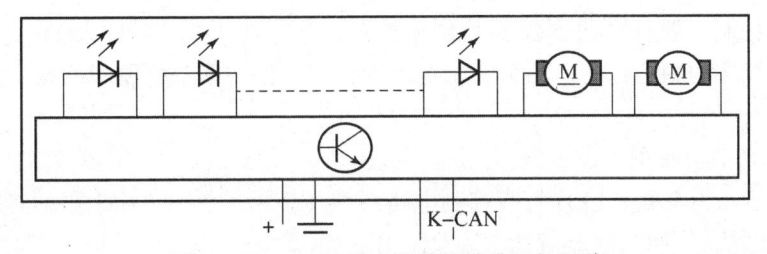

图 6-22 BMW 带电子装置的前照灯矩阵

三、应用场景

LED 矩阵前照灯的应用场景有很多,与矩阵前照灯的技术有很大关系,比如:智慧型 LED 矩阵,像奔驰新一代 S 级汽车中就配备了这种技术,它的每个 LED 灯珠能够分别点亮、熄灭或是调整亮度,可以实现很多特定的场景与功能,如图 6-23 所示。

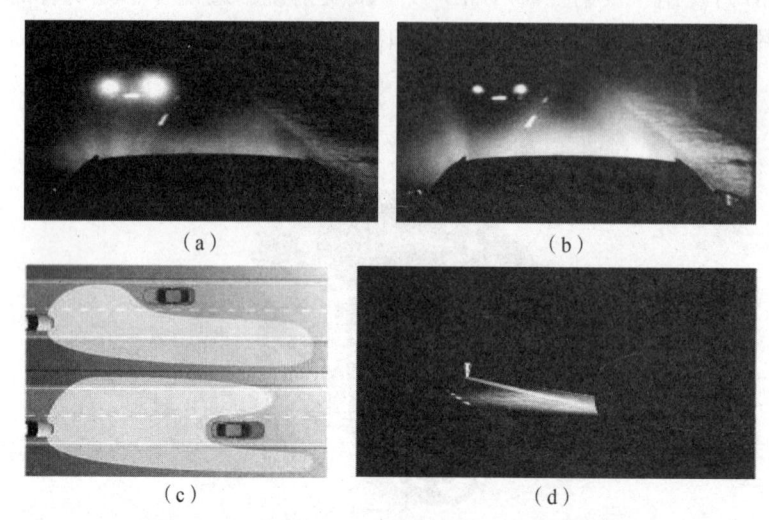

图 6-23 智慧型 LED 前照灯的主要应用场景
(a) 常规远光灯;(b) 带防炫目功能的像素灯;(c) 绕开前方车辆轮廓;(d) 快速闪烁

1. 防对向车辆炫目

智慧型 LED 前照灯可根据前雷达和立体摄像机的数据进行点亮、熄灭或者是调整亮度动作,自动调整照射范围,在保证自己视线的同时避免造成对方车辆炫目。

2. 绕开前方车辆轮廓

当遇到前方同方向行驶车辆时,可绕开前车轮廓,同时完全照亮前车左侧和右侧区域,因此夜间行车时可一直开启远光灯,大幅度提升行车安全性。

3. 遇行人快速闪烁

智能头灯可以识别出前方行人,用前照灯自动快速闪烁,以提醒行人避开危险。

四、LED 矩阵控制

LED 灯的控制一般有恒功率控制与恒流控制,在汽车上的 LED 一般常使用恒流控制,这是为了保证灯珠的颜色稳定,不会发生过大的变化。恒功率控制使用的较少,一般常用在家庭用灯中。

1. 灯珠串的驱动控制

图 6-24 所示为奔驰 E LED 灯带控制电路系列(使用了 NCV78663 驱动芯片,它采用降压—升压拓扑结构),驱动电流可达 2 A,使用 PWM 调光,以维持 LED 色温及平均电流受控,内置两个独立降压开关通道,可提供 60 V 驱动电压。

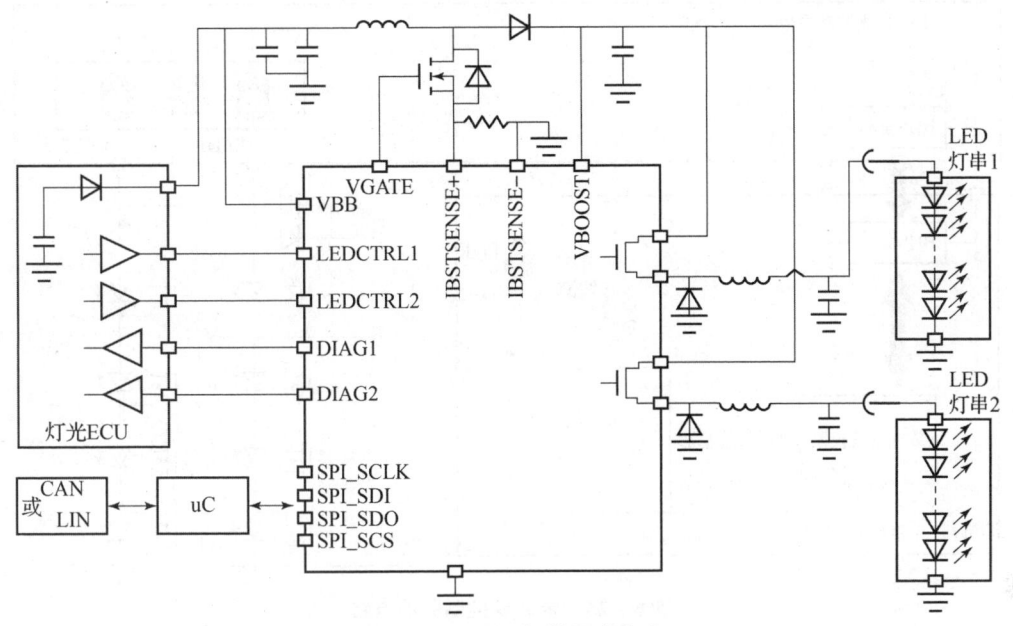

图 6-24 LED 灯带驱动电路

镇流器驱动电路主要由一路 Boost 和两路 Buck 组成。

Boost 控制器外接 N 沟道 MOSFET，将电池电压升压，最高可升至 60 V；Buck 电路内部集成 MOSFET，稳定每串 LED 电流（最高 1.2 A），每串 LED 都带有温度检测输入，芯片内部集成多项诊断及保护功能，可由 SPI 接口与外部 MCU 通信，或通过内部（OTP）一次性可编程 ROM 来定制系统，由于此芯片内部 OTP 被移除，所以要结合 MCU 进行工作。

当采用 PWM 调光时，为避免闪烁效应，汽车整车厂商通常要求调光频率应高于 500 Hz。

系统采用升降压拓扑，更易于稳定，而 Boost 电路相对不易稳定，系统带宽较低，响应较慢，所以用于前级提供升压。

Buck 电路容易稳定，带宽高，响应快，用于后级 LED 稳流，即使 LED 负载有较大的调变，系统也非常容易稳定。

2. 灯珠像素级驱动控制

灯珠矩阵一般有两种连接结构：并联结构与串联结构。

采用并联结构时，各 LED 在电气特性方面的差异对照明系统的性能有显著影响，造成能耗增加及散热问题；串联结构可以提供恒流源驱动，保证了颜色的稳定。

灯珠矩阵一般都是采用串联驱动结构＋像素控制器一起控制，像素控制器通过短路开关可以随意关闭任何一个 LED 灯珠，从而能够根据需要来改变光束光形，避免了并联拓扑结构所固有的能耗及热管理问题，如图 6-25 所示。

系统的高效能升压/降压器在此充当"电流"源，它与集成型像素控制器相辅相成。

由于 LED 是低压器件，故根据色彩及电流不同，其正向电压为 2～4.5 V；LED 还需要以恒定电流（较少使用恒功率驱动）驱动，以确保所要求的光强度和色彩。

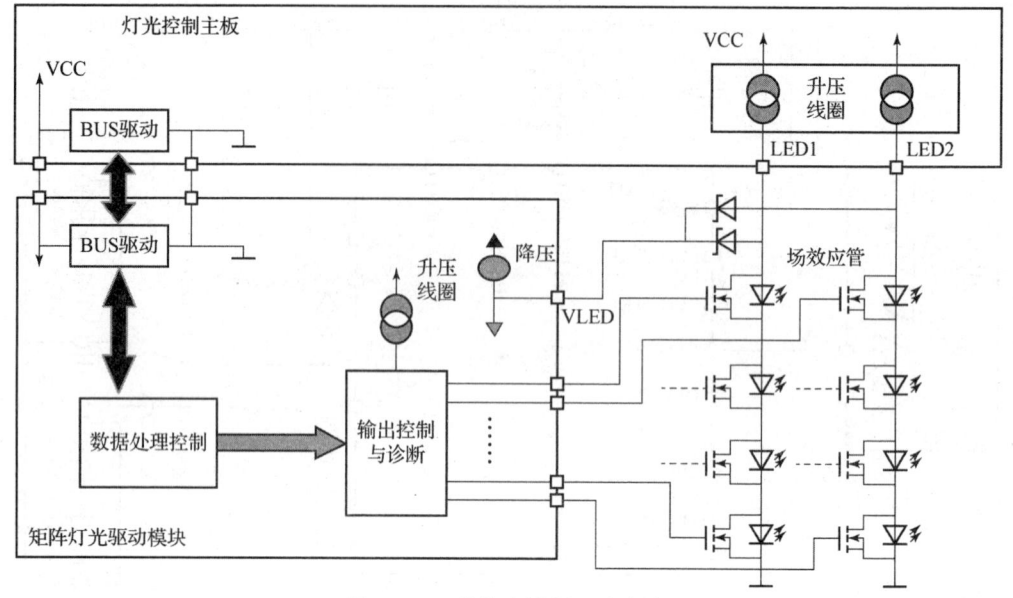

图 6-25 带像素控制驱动电路

任务拓展

如图 6-26 所示的奔驰 E 系列矩阵前照灯能实现几种场景？采用哪种控制架构？

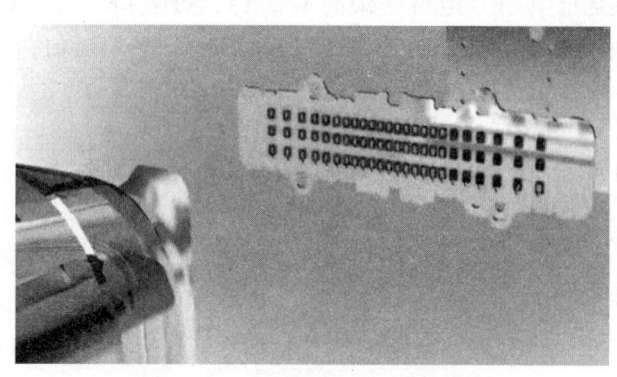

图 6-26 奔驰 E 系列矩阵前照灯

知识提示

借鉴灯珠的排列样式可以做一定推论和判断。

任务评价与总结

评价与总结

_____
_____
_____
_____

任务 5　其他照明设备解析

任务描述

实施内容——识读前雾灯与车内照明灯的控制电路图；准确区分前/后雾灯的使用方法。

◈ 任务目标

通过学习，能阅读其他照明灯光的控制电路；能使用其他照明灯光的各自功能！

任务准备

1. 课前知识储备：上网查阅其他照明灯光设备方面的相关技术资讯。
2. 扫码完成任务的课前预习。

任务实施过程

一、任务厘清

其他照明系统的控制很多是极其相似的，主要是这些相近性高的系统整合在一起实施，更有利于知识间的有序融合。

二、任务实施

任务工作表见表 6-8。

表 6-8　任务工作表

简述前雾灯和后雾灯在开启与控制间是否存在关联关系	
绘制出"车顶灯"控制电路简图	

知识链接

一、雾灯

汽车上的雾灯分为前雾灯与后雾灯。

1. 作用

前雾灯：用于在雨雾天气行车时照明道路和为迎面来车提供本车位置信号。

后雾灯：用于在雨雾天气行车时，为后面来车提供车辆位置信号。

2. 技术要求

前雾灯安装在前照灯附近，一般比前照灯的位置稍低，因为雾天能见度低、车速慢，且须防止给对方驾驶员造成炫目。

前雾灯光色通常为黄色，这是因为黄色光光波较长，具有良好的透雾性能，灯泡功率一般为 35 W。

二、雾灯控制系统

1. 雾灯开关

雾灯控制开关一般位于车内组合开关的左柄或仪表控制台上，可以分为三种，即按键式、旋挡式和旋钮式，如图 6-27 所示。

图 6-27 雾灯开关

前雾灯和后雾灯开启时，有一定的开启顺序：需先开启小灯，才能打开前后雾灯，这是功能实现的最低条件。雾灯设备是通过开关的机械开启位置顺序及电路的配电方式来限制的，以保证其开启条件的实现。

2. 雾灯控制

汽车雾灯控制电路如图 6-28 所示，前雾灯通过两级控制，后雾灯则通过三级控制。

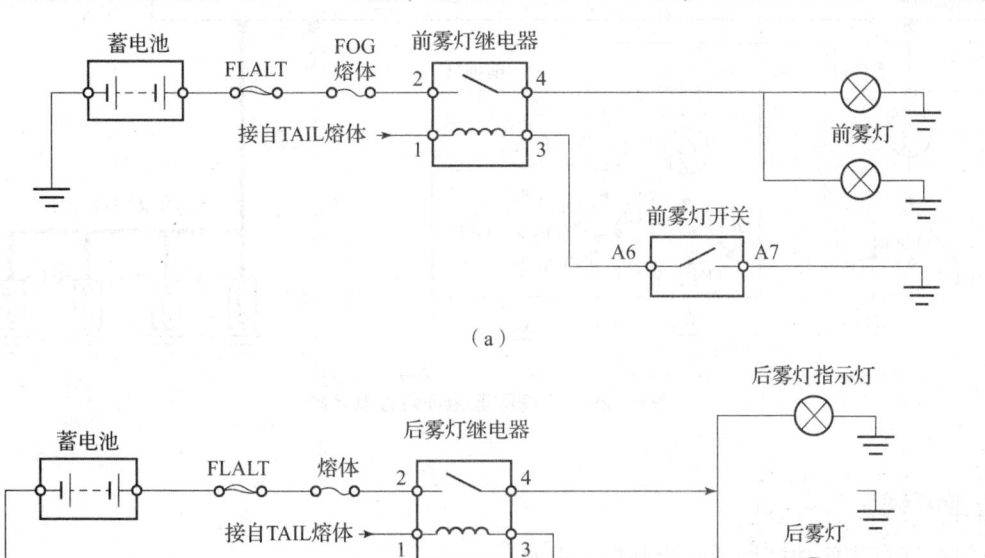

(a)

(b)

图 6-28 前/后雾灯电路图

雾灯控制系统一般由电源、雾灯灯泡、雾灯开关、继电器、保护装置等组成。

3. 雾灯的控制过程

(1) 雾灯开关处于第一位段：前雾灯开启。

如图 6-28 所示，当接通前雾灯开关时，来自 TAIL（尾灯又叫小灯）保险丝的电源经前雾灯继电器的励磁绕组，通过前雾灯开关搭铁，构成电流回路。与此同时，励磁绕组产生的电磁吸合力驱动前雾灯继电器开关组闭合，把来自 FOG 保险丝的电流送至前雾灯后搭铁，构成电流回路并点亮。

(2) 雾灯开关处于第二位段：后雾灯与前雾灯同时开启。

后雾灯开启的最大特点是在后雾灯继电器励磁绕组的后端串接了前雾灯开关，只有在前雾灯打开后才会给后雾灯继电器的励磁绕组提供接地通道。

三、车内灯光照明设备

图 6-29 所示为三菱欧蓝德的顶灯控制系统，门控开关信息是直接传送给车身电脑（模块），然后再通过电脑 ECU 控制其功率晶体管的导通或截止，从而实现其顶灯门控功能的。

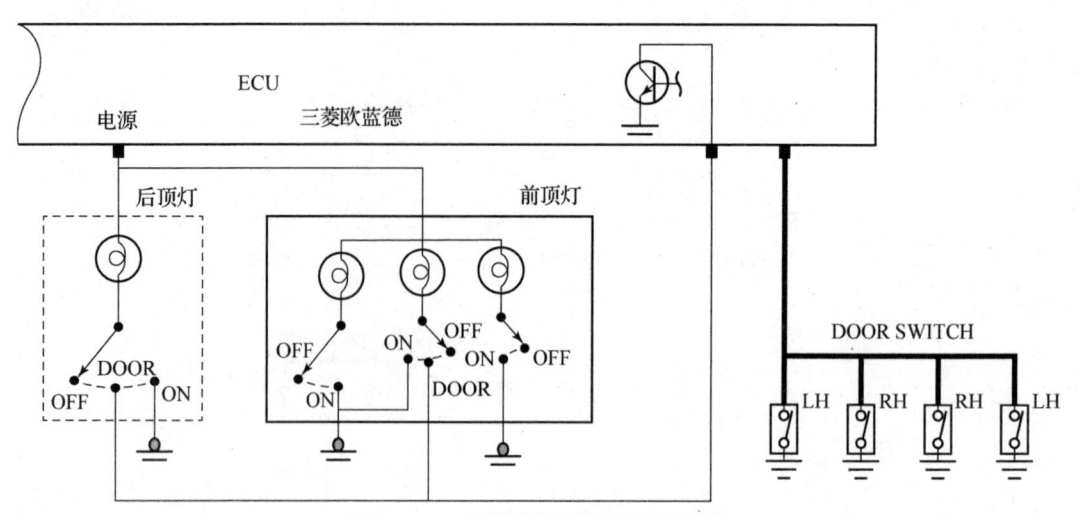

图6-29 三菱欧蓝德顶灯控制系统

任务拓展

门槛灯有哪些功能场景？绘制控制电路。

知识提示

借鉴、参考车内照明系统。

任务评价与总结

评价与总结

_____
_____
_____
_____

模块七　灯光信号设备

序号	模块名称	能力点	知识点
1	模块七 灯光信号设备	*能够完整阅读灯光信号设备的控制电路； *能够解析灯光信号设备的结构原理； *能够评估灯光产品的技术性能； *能够使用各灯光信号设备的功能	*灯光信号设备的技术要求； *主要技术参数； *灯光信号设备的组成与控制方式
课程思政点：灯语与行车安全			
任务1	任务2	任务3
转向/危险警报灯系统解析	制动灯不亮故障的解析及测试	倒车灯单边不亮故障的解析及测试

任务1　转向/危险警报灯系统解析

任务描述

实施内容——完整解读出转向/危险警报灯系统的组成与控制；评估转向/危险警报灯功能是否符合技术要求。

任务目标

通过学习，能独立阅读和分析转向/危险警报灯控制系统；能评估转向/危险警报灯是否达到技术要求！

任务准备

1. 课前知识储备：上网查阅灯光信号装置方面的相关资讯。
2. 扫码完成任务的课前预习。

任务实施过程

一、任务厘清

根据知识的关联逻辑,把"转向/危险警报灯系统的性能参数""闪光器的结构原理""转向/危险警报灯的控制电路"三部分的内容有机整合在一起完成。

二、任务实施

任务工作表见表 7-1。

表 7-1 任务工作表

转向灯的技术要求	
危险警报灯的使用场景	
闪光器的作用	
系统名称	
危险警报灯的控制电路（绘制电路图）	

知识链接

一、转向信号灯技术要求

(1) 由左侧或右侧转向灯的闪烁表示。为使转向信号醒目可靠,要求转向灯的颜色为黄色或橙色,其中橙色居多。

(2) 在灯轴线右偏5°至左偏5°的视角范围内,无论是白天还是黑夜,能见距离不小于35 m;在右偏30°至左偏30°的视角范围内,能见距离不小于10 m。

(3) 转向灯的闪光频率应符合国标中规定的 60~120 次/min,日本转向闪光灯规定为

（85±10）次/min，而且亮暗时间比（通电率）在3∶2为佳。

二、组成

转向/危险警报灯系统，一般是由电源、保险、点火开关、转向信号灯、转向指示灯、转向开关、危险警报灯开关和闪光器及其他附件组成的，如图7-1所示。

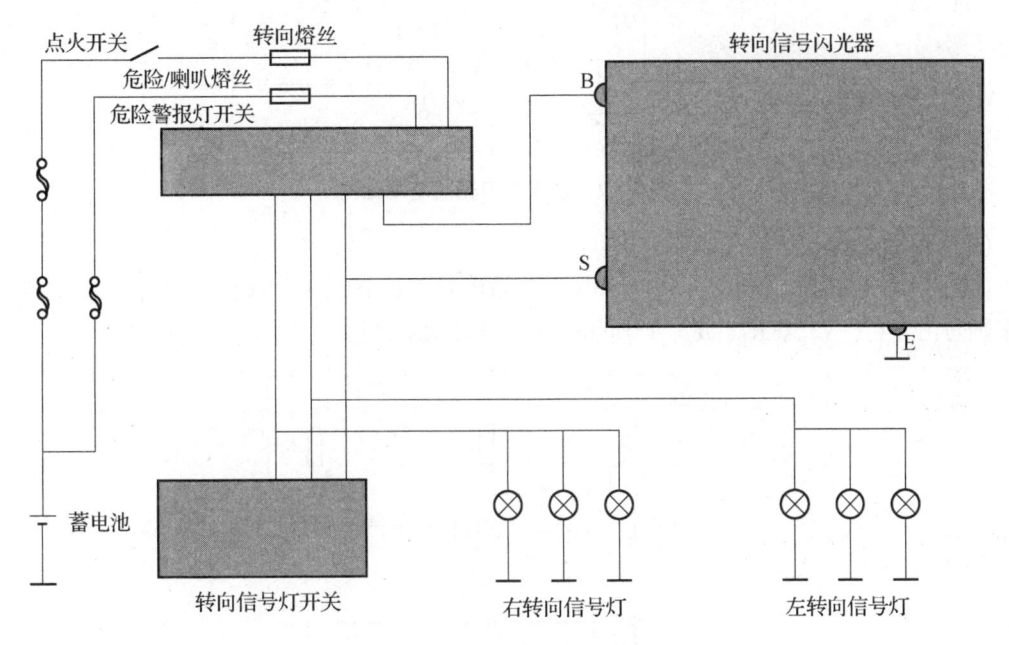

图7-1 转向/危险警报灯系统组成

三、闪光继电器

（1）闪光继电器曾经有过很多种类型，现在常用的闪光继电器一般为电子式或集成电路式闪光继电器，其中带触点式更佳。

（2）触点式电子闪光继电器的频闪原理。

如图7-2所示，当转向开关S转至一边开启转向时，电流经保险流至闪光器的"B"脚进入到"a"点，构成"a""c"两点并联电路，其U_{ac}形成了三极管VT的正向偏置电压，产生正向偏置电流，触发打开三极管VT，并向电容C开始充电，沿R_2经S至灯泡搭铁。

另外一条支路，大电流经"a"点，流过VT，流经继电器K后搭铁，开始工作，产生电磁吸力，闭合开关K，接通灯泡电路并点亮。

电容C慢慢充满电后，基极电流趋向VT截止，切断继电器K的电流，停止工作，断开开关，转向灯转入熄灭状态。

随着电容充电电路不断往复地充放电，使转向灯随其亮灭不停地转换，触点式地伴随着"滴答、滴答"声，恰好给驾驶员提供声音来甄别系统是否正常工作。

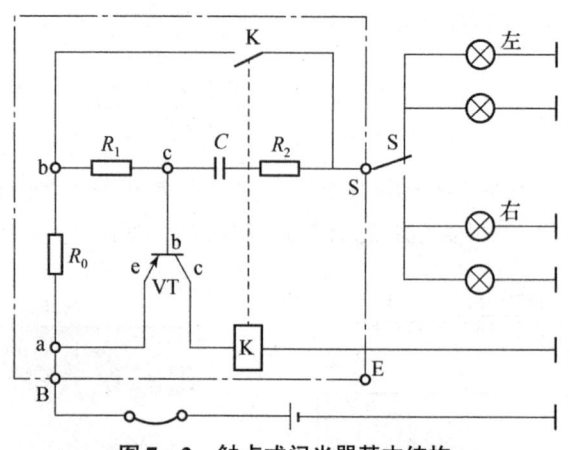

图 7-2 触点式闪光器基本结构

(3) 无触点式电子闪光器。

如图 7-3 虚线框内所示，转向灯电路由晶体管 VT_3 的导通和截止控制，VT_3 的导通和截止则是由 VT_1、VT_2、R_1、R_2、C 所组成的电子电路控制。

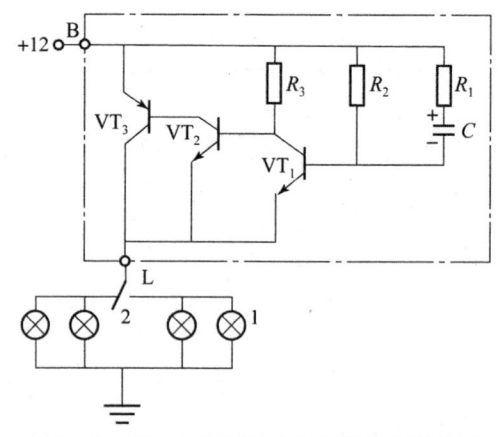

图 7-3 SG131 型无触点闪光器电路原理图

①闪光继电器的熄灭态。

接通转向灯开关，VT_1 因正向偏压而饱和导通，VT_2/VT_3 则截止。由于 VT_1 的集电极至发射极电流经 R_3 分压电阻，故转向灯灯泡因两端电压过低而熄灭。

当电源通过 R_1 对 C 充电快至饱和时，使得 VT_1 的基极电位下降，当低于其导通所需正向偏置电压时 VT_1 截止。

②闪光继电器的点亮态。

VT_1 截止后，VT_2 通过 R_3 得到正向偏置电压而导通，VT_3 也随之饱和导通，转向灯变亮。此时，C 经 R_1/R_2 放电，使 VT_1 仍保持截止，转向信号灯继续发亮。

随着 C 放电电流减小，VT_1 基极电位又逐渐升高，当高于其正向导通电压时，VT_1 又导通，VT_2/VT_3 又截止，转向信号灯又变暗。

③闪光继电器的循环态。

随着电容的充放电，VT_3 不断地导通、截止，如此循环，便会产生需要的频闪光源，供转向灯闪烁使用。

四、转向/危险警报灯光控制过程

1) 危险警报信号灯

危险警报灯信号要优于转向灯,在仪表台的上面有一个红色三角形按钮,即双闪开关,如图 7-4 (b) 所示,按下后即可开启双闪指示灯。

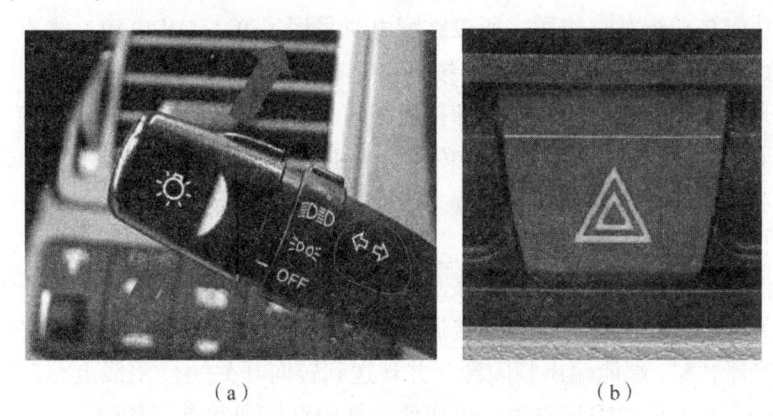

（a） （b）

图 7-4 转向灯开关与危险警报灯开关

2) 危险警报灯控制

当车辆发生意外情况后,按下仪表台上的 "△" 开关时,直接接通闪光器的 "B" 与电源,如图 7-5 所示,让闪光器进入工作,保证闪光器 "S" 端能输出频闪源;再次回到危险警报开关,由于危险警报开关在按下时就已经把左、右转向灯接通,所以频闪光源被送到了左、右转向灯,从而点亮双闪。

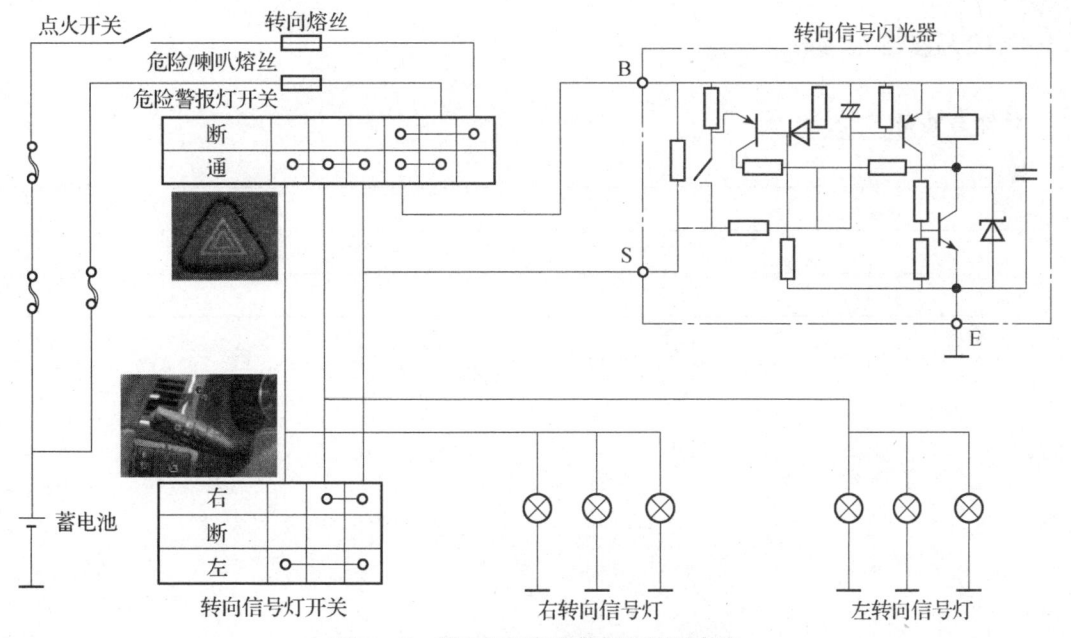

图 7-5 转向灯与危险警报灯控制电路

3）转向灯控制

转向灯是机动车辆在转向时提示周围车辆及行人注意避让的警示灯，开启转向灯时，灯会反复闪烁。

转向灯开关安装于转向盘左边，其操作方法可归结为上"右"下"左"，其中转向灯往上打（顺时针）表示向右转，往下打（逆时针）表示向左转。

（1）左转向。

车辆转向功能是在行车时使用，所以在配电时采用了 IG – ON 电源。当点火开关转到钥匙的"ON"位置时，按住转向开关往下按压（逆时针）即表示往左转。当此开关接通时，虽然危险警报开关处于关断位置，但它却接通了闪光器的"B"端与电源，使闪光器进入工作状态，以保证闪光器"S"端能输出频闪源，并被送到转向开关的公用线上，然后再通过转向开关接通左转向灯并送至频闪光电源，进而使左转向灯接通并点亮频闪。

（2）右转向。

在以上条件时，托住转向开关往上按压（顺时针）表示往右转。当此开关接通时，虽然危险警报开关处于关断位置，但它却接通了闪光器的"B"与电源，使闪光器进入工作状态，以保证闪光器"S"端能输出频闪源，并被送到转向开关的公用线上，然后再通过转向开关接通右转向灯并送至频闪光电源，进而使右转向灯接通并点亮频闪。

现在不少汽车都增加了"一触三闪"的快拨功能，驾驶员只要轻轻"点"一下拨杆，转向灯就会闪三下然后自动熄灭。

任务拓展

阐述：现在不少汽车都采用"一触三闪"快拨功能的优势。

任务评价与总结

评价与总结

_____
_____
_____
_____

任务 2　制动灯不亮故障的解析及测试

🚩 任务描述

实施内容——解决制动灯全不亮的故障,评估修复后的制动灯性能是否达标和满足技术要求。

> ◈ 任务目标
>
> 通过学习,具备修复制动灯系统故障的能力;能评估制动灯系统的性能技术是否符合标准要求!

🚩 任务准备

1. 课前知识储备:上网查阅制动灯装置方面的一些相关资讯。
2. 扫码完成任务的课前预习。

🚩 任务实施过程

一、任务厘清

把解决制动灯不亮的故障及后续的验收工作全部整合在一起,使任务更加完整有序。

二、任务实施

任务工作表见表 7-2。

表 7-2　任务工作表

检测设备			
序号	维修步骤	测试数据	评估

续表

检测设备			
序号	修复后验收步骤	验收数据	评估

知识链接

如图 7-6 所示，制动灯要求采用红色，两个制动灯的安装位置应与汽车纵轴线对称，并在同一高度。

图 7-6 制动信号灯

制动灯（红色灯光）应保证夜间在 100 m 以外能够看清，其光束角度在水平面内应为灯轴线左右各 45°，在铅垂面内应为灯轴线上下各 15°。

一、制动灯开关

制动灯开关主要有液压式、气压式、机械式、霍尔接近式四种，后两种在轿车上被广泛使用。

1）制动信号灯开关（机械式）

通常轿车都装用推杆式制动灯开关，制动时，制动踏板被踩下，在弹簧力的作用下动触点板被弹簧推向静触点，使开关触点闭合，接通制动信号灯电路；松开制动踏板时，推杆在踏板的回弹推压下克服回位弹簧弹簧力的作用复位，使触点断开，制动信号灯断电熄灭，如图 7-7 所示。

图 7-7 机械式制动灯开关

2) 霍尔接近式制动灯开关

霍尔式制动灯开关，又称非接触式开关，常见的有两种布置类型：一种是把霍尔式制动灯开关布置在制动主缸上，主缸活塞上装置一永久磁性环，作为信号触发用；另外一种是将霍尔式制动灯开关布置在制动踏板的转动销轴上。

二、制动灯电路

如图7-8所示，制动踏板被踩下后，制动开关由常开状态变成接通状态，使开关触点闭合，接通制动信号灯电路的电源，此时，左、右制动灯与高位制动灯获电接通点亮。

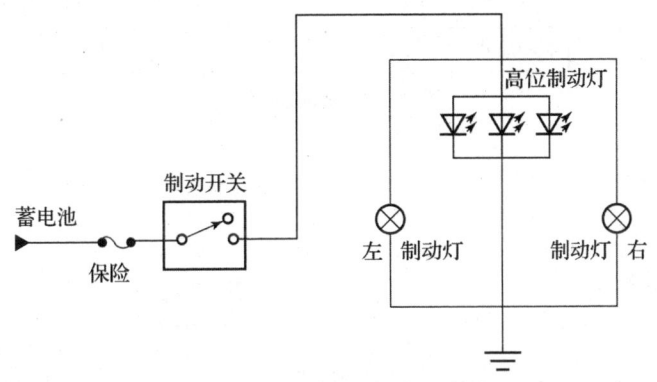

图7-8 常用制动灯控制电路

松开制动踏板后，制动开关由接通状态弹回到初始状态（断开），触点断开，制动信号灯电路电源被开关切断熄灭。

三、解决故障过程

（1）现象：制动灯全部不亮。
（2）故障解析说明。
根据电路控制原理，可以做初步的故障点推测：
①故障大概率出现在灯泡前部分的某个位置；
②小概率是灯泡全部烧毁或电源欠电。
（3）根据维修的基本原则，制定解决故障的测试流程图，测试流程图解如图7-9所示。
（4）图解电路主要节点的测试流程如图7-10所示。

任务拓展

解决别克威朗制动灯单边不亮的故障问题。

知识提示

别克威朗制动灯电路是使用模块化控制，如图7-11所示。

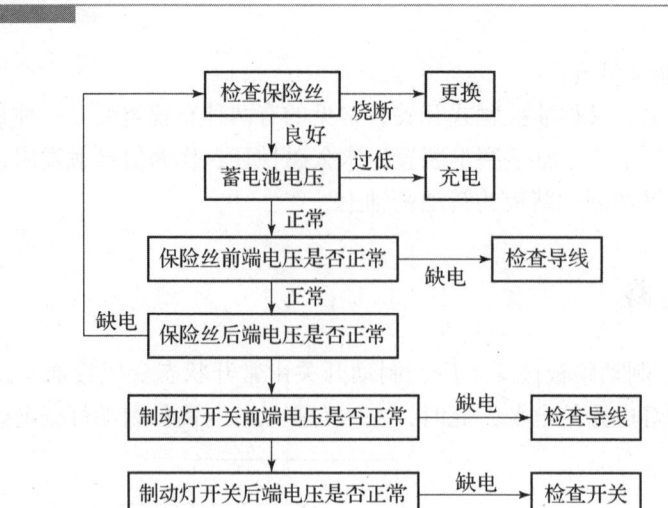

图 7-9 检测流程图

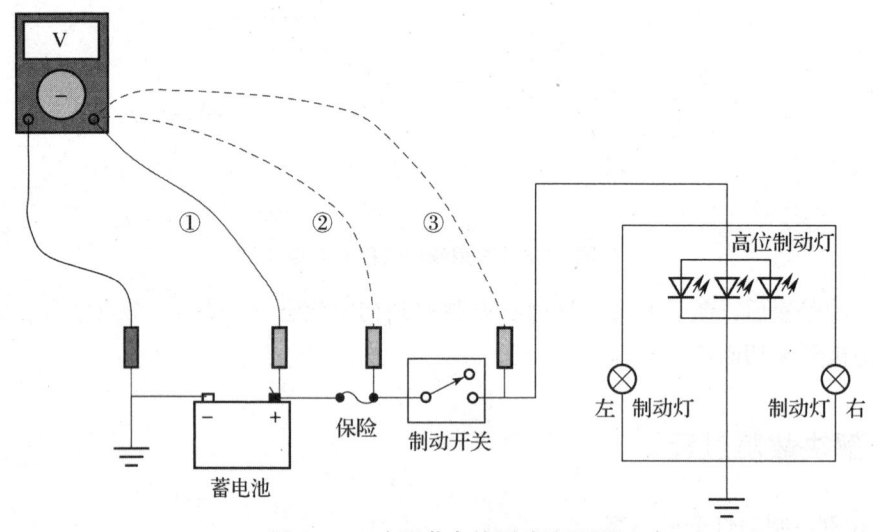

图 7-10 主要节点的测试流程图

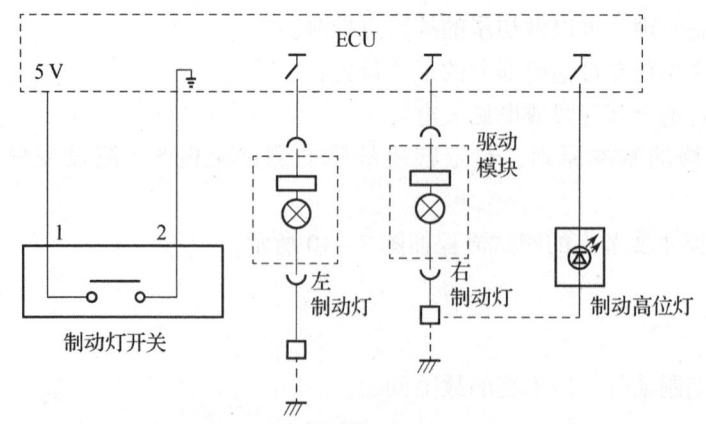

图 7-11 别克威朗制动灯电路

任务评价与总结

评价与总结

_____
_____
_____
_____

任务 3　倒车灯单边不亮故障的解析及测试

任务描述

实施内容——解决倒车灯单边不亮的故障，评估修复后的倒车灯性能是否达标和满足技术要求。

> **任务目标**
>
> 通过学习，具备修复倒车灯系统故障的能力；能评估倒车灯系统的性能指标是否符合标准要求。

任务准备

1. 课前知识储备：上网查阅倒车灯装置方面的相关资讯。
2. 扫码完成任务的课前预习。

任务实施过程

一、任务厘清

把解决倒车灯单边不亮的故障及后续的验收工作全部整合在一起，使任务更加完整有序。

二、任务实施

任务工作表见表 7-3。

表 7-3　任务工作表

检测设备			
序号	维修步骤	测试数据	评估

续表

检测设备			
序号	修复后验收步骤	验收数据	评估

知识链接

倒车灯安装于汽车尾部，倒车时用于给汽车后方道路照明及警告其他车辆和行人，兼有灯光信号装置的功能。其光色为白色，灯泡功率一般为 28 W。

一、倒车信号灯电路

倒车信号灯由倒车灯开关控制，除了在夜间倒车时用作车后场地照明外，还起到倒车警告信号的作用。为加强倒车警告的作用，有的汽车还同时装有倒车蜂鸣器。

倒车时，在挡杆的推动作用下，装在变速器上的倒车灯开关触点被接通，倒车信号灯亮。倒车信号灯控制电路如图 7–12 所示。

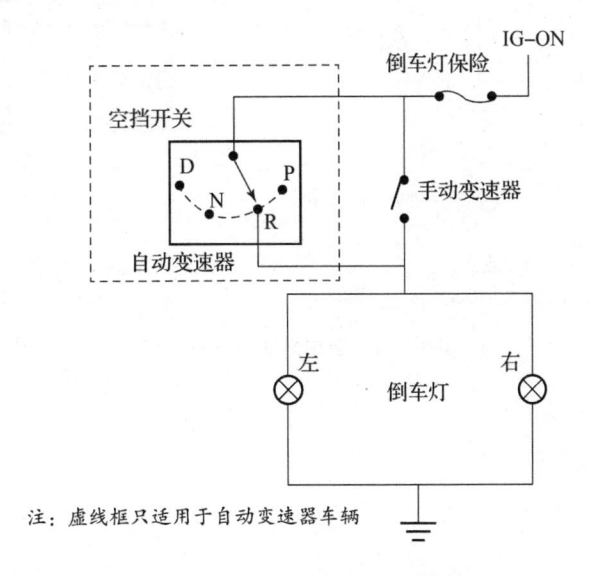

注：虚线框只适用于自动变速器车辆

图 7–12　倒车信号灯控制电路

二、倒车信号灯开关

（1）倒车信号灯开关安装在变速器壳体上，其结构如图 7–13 所示。通常情况下，钢球处于被顶起状态，当变速器挂入倒挡时，钢球被放松，在弹簧4的作用下，触点5闭合，接通倒车信号灯电路。

（2）自动变速器的车辆是没有倒车信号灯开关的，而是采用空挡开关，如图7-12中虚线框所示。

三、解决故障流程

（1）现象：倒车灯单边灯不亮的故障。
（2）倒车灯单边不亮的故障解析说明。
根据电路控制原理，可以做初步的故障点推测：
①故障大概率为灯泡故障，可能已烧坏；
②小概率可能是灯泡搭铁电路不良；
③此外，也可能是导线损坏。
（3）倒车灯测试流程图解如图7-14所示。

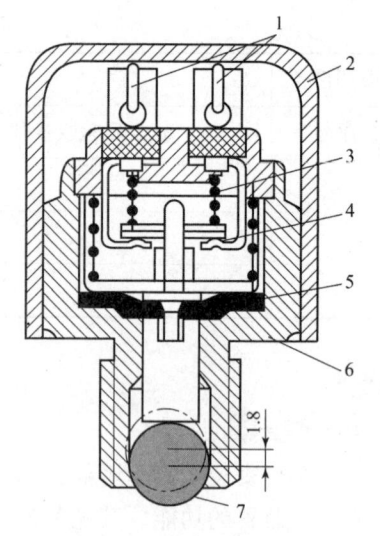

图7-13 倒车信号灯开关
1—导线；2—外壳；3—弹簧；4—触点；
5—膜片；6—底座；7—钢球

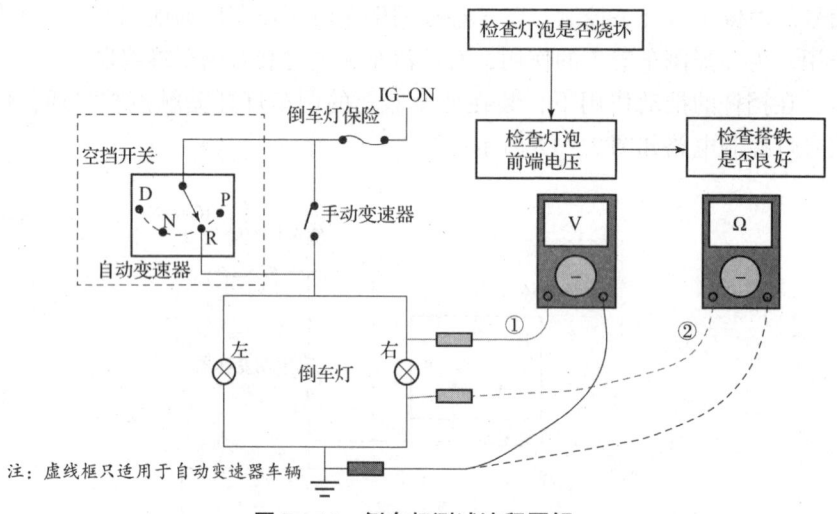

图7-14 倒车灯测试流程图解

任务评价与总结

评价与总结

模块八　汽车仪表设备

序号	模块名称	能力点	知识点
1	模块八 汽车仪表设备	*能够识别仪表上显示的信息与警示符号； *能够完整解析表显信息系统的结构原理； *能够测试表显信息传感器的性能； *能够清楚了解全液晶仪表的显示控制结构与原理； *能够较清楚地认知HUD虚拟成像装置	*仪表的表显、图显、数显等的类型和区别； *指针驱动的结构原理； *液晶显示与内部控制原理； *新型仪表
课程思政点：仪表信号显示方式与驾车安全			
任务1		任务2	任务3
识别仪表信息		深度解读指针表显系统	剖析全液晶仪表显示控制
任务4			
HUD虚拟成像装置的认知			

汽车仪表是用来反映车辆各系统工作状况信息的装置，是驾驶员与汽车进行信息交流的重要窗口，如图8-1所示。

图8-1　汽车仪表

车辆有大量的行驶信息,驾驶员在驾车时可及时地了解车辆的各种参数是否正常,以便及时采取措施,防止发生事故。

任务1　识别的仪表信息

任务描述

实施内容——完成对不同汽车仪表类型及其内显内容的识别;弄清楚仪表信息显示的技术特点。

> ◆ 任务目标
>
> 通过学习,具备区分仪表类型及信息识别的能力;根据显示信息,能更深层次地去了解相关系统的技术性问题。

任务准备

1. 课前知识储备:上网查阅汽车仪表装置相关的一些知识。
2. 扫码完成课前预习。

任务实施过程

一、任务厘清

把汽车仪表类型及其内显内容的识别及弄清楚仪表信息显示的技术特点两方面的工作内容有序地融合在一起,使任务更加完整有序。

二、任务实施

任务工作见表 8-1。

表 8-1　任务工作表

解读右边仪表图形符号	
图显符号的颜色如何区别	
拓展:报警灯控制电路	

知识链接

一、汽车仪表的"表面"信息群

汽车仪表的"表面"信息群包括车速表、发动机转速表、机油压力表、水温表、燃油表以及各种仪表、指示器,特别是驾驶员用警示灯报警器等呈现的众多信息,为驾驶员提供了所需、完整的汽车运行参数信息,如图 8-2 所示。

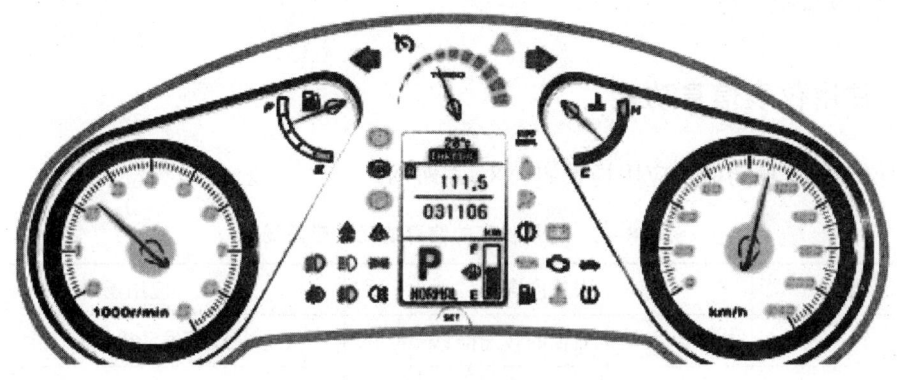

图 8-2 汽车仪表"表面"信息群

二、汽车仪表信息量

(1) 普通仪表一般限制在 3~4 个量的显示和 4~5 个警告监测功能。
(2) 新式仪表则可达到约 15 个量的显示和约 40 个警告监测功能,或者更多。

三、汽车仪表信息呈现特点

1. 表盘指针式信息

通常驾驶员需要获取的实时性重要参数才会使用表盘指针的方式呈现出来,如汽车仪表的四大表盘指针式信息(车速表、发动机转速表、水温表、燃油表)。现在很多车系采用三大表盘指针式信息,即取消了水温表。

2. 图形符号(指示灯)信号

指示灯按颜色,一般有三种,分别为红色、黄色和绿色。红色警示灯说明某一系统出现故障,黄色警示灯说明某一处出现故障。
(1) 红色警示灯:第一时间靠边停车,拨打救援电话,等待救援;
(2) 黄色警示灯:不是大的故障,汽车还可以继续使用;
(3) 绿色指示灯:汽车转向时,仪表转向灯颜色就是绿色的,用来提示驾驶人。

3. 数值式呈现

一般不太急需的数据信息才会采用数值式呈现方式,当然,现代车辆对一些重要的数据也用数值来表示,但会把数字用大号字体加粗并放到易观察的位置显示。

四、类型

汽车仪表根据仪表结构原理的不同,可以分为以下几种:
(1) 传统仪表盘;
(2) 全液晶显示(LCD 仪表盘);
(3) 触控屏仪表盘;
(4) HUD 虚拟成像。

五、常用仪表信息功能

常用仪表的信息功能及应用场景如表 8-2 所示。

表 8-2 常用仪表的信息功能及应用场景

序号	名称	表述内容	应用场景
1	转速表	发动机曲轴的转速信息	观察发动机运转工况
2	车速/里程表	车辆的实时车速/车辆的行驶里程数	驾驶安全用/车辆车况依据
3	燃油表	燃油剩余量	监控燃油剩余状况
4	水温表	发动机冷却液温度高低	监控发动机冷却液温度变化
5	机油灯	发动机润滑系统高压侧的机油压力	监控机油压力是否超限
6	制动器警报灯	液面、磨损、驻车等共用此灯	监控液面、磨损和驻车的状态
7	气囊指示灯	指示安全气囊系统是否处于正常状态	
8	蓄电池指示灯	发电机工作是否正常	
9	燃油指示灯	燃油低位油量	告知剩余行驶距离
10	远光指示灯	提示——注意防炫目	
11	安全带指示灯	提示——安全带是否系好!	
……	……	……	……

任务拓展

阐述制动片磨损报警灯、燃油低位报警灯的结构原理。

知识提示

一、制动片磨损极限监管

图 8-3 所示为 BMW CBS 提示制动片报警系统,BMW CBS 的电子式制动报警线可以时刻监测制动片厚度,当磨损到第一级(6 mm)时即开始工作,在第二级(4 mm)中附加集

成了一个电阻,通过电压测量值的变化将当前磨损状态传输给控制单元。制动片报警后,同一个车桥的左侧和右侧制动片必须同时更新,并同时更新制动片传感器。

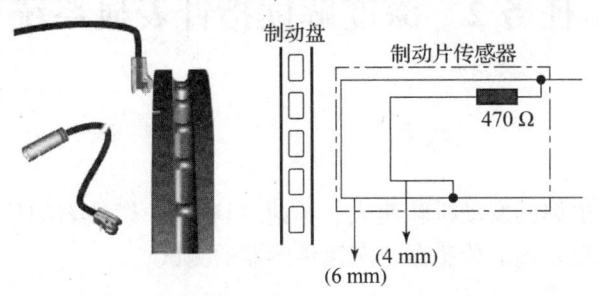

图 8-3 BMW CBS 提示制动片报警系统

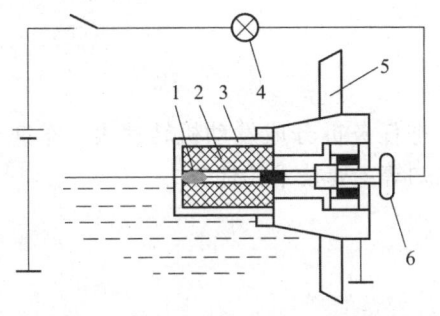

二、燃油量不足指示灯

当燃油量不足指示灯亮起时,表示燃油箱内燃油已快要耗尽,以提醒驾驶人及时加油。燃油量不足指示灯由仪表板上的指示灯和安装在燃油箱内的液面传感器组成。

其工作原理是,采用负温度系数热敏电阻式液面传感器,当燃油箱油面高于设定的低限时,热敏电阻浸没在燃油中,此时由于燃油散热较快,故热敏电阻的温度较低,电阻值大,所以电路中的电流很小,指示灯不亮;当燃油箱油面降到设定的最低限时,热敏电阻露出油面,通过空气散热较慢而温度升高,电阻值减小,使电路中电流增大,指示灯亮起,指示燃油箱油量已严重不足,需要及时加油。

燃油量不足指示灯电路如图 8-4 所示。

图 8-4 燃油量不足指示灯电路

1—热敏电阻;2—防爆金属网;3—外壳;4—警告灯;5—油箱外壳;6—接线柱

(注:众多信号报警电路的采集方式大同小异、非常一致!建议大家通过本任务的学习,能做到举一反三,多比较它们的差异。)

任务评价与总结

评价与总结

任务 2　深度解读指针表显系统

任务描述

实施内容——深度解读发动机转速表、车速/里程表、燃油表的信息感知与信息的指针式显示方式和原理,以及燃油传感器、车速传感器的测试。

> ❖ 任务目标
> 通过学习,具备深度解读发动机转速表、车速/里程表、燃油的信息感知与信息的指针式显示方式和原理的能力,能测试信息感知装置的性能!

任务准备

1. 课前知识储备:上网查阅汽车仪表相关的一些零散知识。
2. 扫码完成课前预习。

任务实施过程

一、任务厘清

根据知识的关联逻辑,把任务拆分成发动机转速表、车速/里程表、燃油表等三部分,其中包括表盘驱动、信息感知等主要技术的任务。

二、任务实施

任务 8.3.1　深度解读发动机转速表的技术任务

任务工作表见表 8-3。

表 8-3　任务工作表

简述发动机转速表电路系统的组成	
解读发动机转速表的表盘信息	
解析"H"型控制桥的控制原理	

知识链接

(1) 转速表能够直观地显示发动机在各个工况下的转速,驾驶员可以随时知道发动机的运转情况,配合变速器挡位和加速踏板位置,使之保持最佳的工作状态,对减少油耗、延长发动机寿命有好处，如图 8-5 所示。

图 8-5　汽车四大常用指针式仪表

（2）转速表指示值的单位是 r/min×1 000（×1 000 r/min），即显示发动机每分钟转多少千转。

现代车辆一般都是通过发动机转速传感器获取发动机转速值，送到转速表电路并经解释后显示转速值的，其转速数值精确。

1. 组成

指针式转速表主要由表盘、指针、驱动结构、信号处理电路和信号传感器等组成。

2. 类型

汽车发动机转速表，按其驱动机构来分，可以分为双金属片式驱动、动磁式驱动、步进电动机式驱动三种类型。现代车系广泛使用的是步进电动机式驱动，双金属片式驱动机构已被淘汰，动磁式驱动机构由于精度与控制方面的问题也接近被淘汰。

3. 步进电动机

发动机指针式转速表，最常用的驱动方式是步进电动机式驱动。

汽车仪表总成的主体部分是电路板，上面安装有指示灯、控制器、微控制器（MCU）和步进电动机。它是一种将电脉冲转化为角位移的执行部件，用于驱动仪表的指针动作，是仪表指示的重要部件。

1）步进电动机的种类

（1）根据可控制的步距，可以分为满步控制、半步控制和微步控制。

（2）根据电动机的相数，可以分为两相（见图 8-6）、三相和五相。

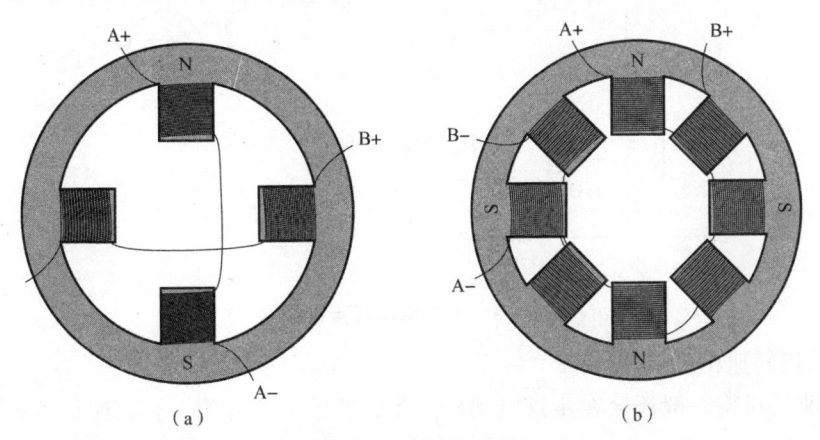

图 8-6　步进电动机
(a) 两相两对极步进电动机；(b) 两相三对极步进电动机

2）驱动原理

当给定子中的一组或多组线圈轮流通电时，线圈中的电流产生磁场，转子保持平衡，将自动调整位置，转子磁极将会被吸拉自动对齐对应的磁极，产生跟随旋转，从而实现运动，如图 8-7 所示。

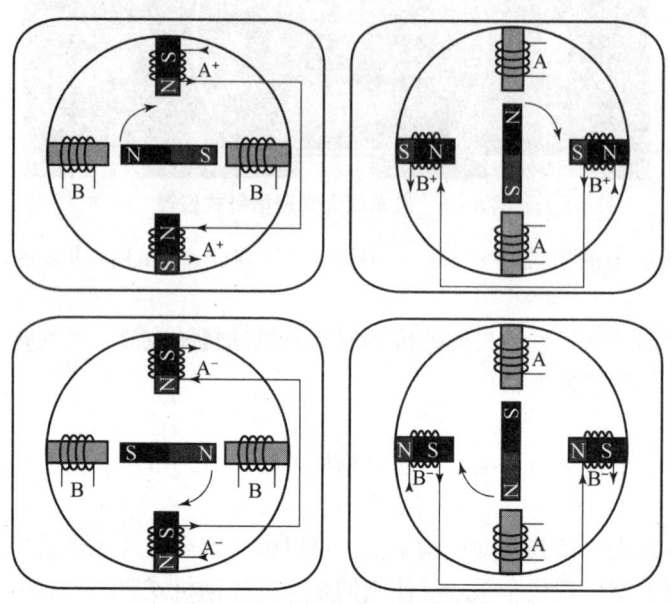

图 8-7　步进电动机驱动方式

3）步进控制

步进电动机的常见控制方式是采用一种"H"型控制桥，它的每相线圈使用一条"H"桥，控制元件则采用场效应管来实现控制，如图 8-8 所示。

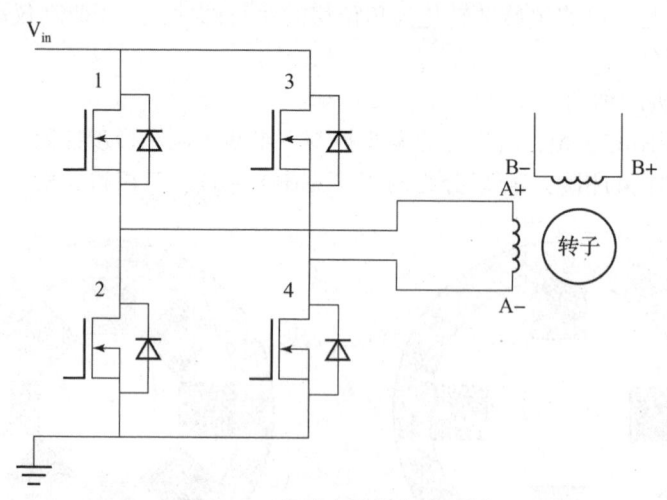

图 8-8　步进电动机步进控制

4）发动机转速精度控制

转速表驱动机构一般还会在步进电动机步距的基础上，使用一套减速机构再次细分步距角，以提高其控制精度。

现在转速表驱动机构不但应用在转速表上，还大量应用于汽车车速/里程表、水温表和燃油表等。

4. 动磁式指针驱动

1）发动机转速表组成

图 8-9 所示为应用 LM2917 驱动芯片的发动机转速表（动磁式）的驱动电路，其主要是由发动机转速传感器、驱动电路和电流表三大部分构建组成转速表系统控制电路的。

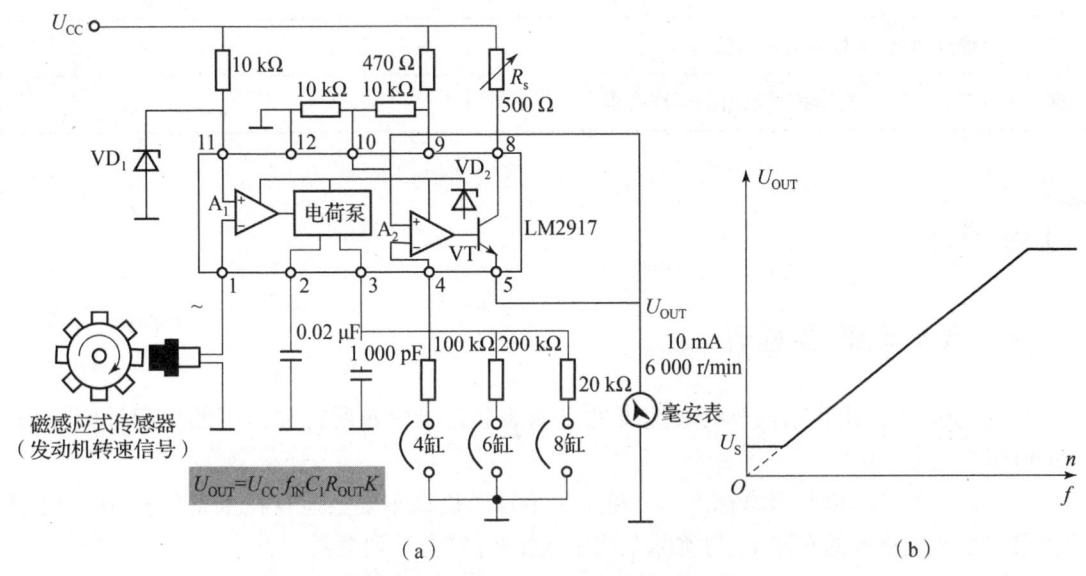

（a）

（b）

图 8-9 应用 LM2917 的转速表控制电路

2）指针驱动控制

如图 8-9 所示，应用 LM2917 的转速表控制电路中使用了差分输入，当电荷泵把从输入级 A_1 来的频率转换为直流电压时，此变换需外接定时电容 C_1、输出电阻及积分电容或滤波电容 C_2，当输入级的输出改变状态时（这种情况可能发生在输入端上有合适的过零电压或差分输入电压时），定时电容在电压差为 $U_{CC}/2$ 的两电压值之间被线性地荷电或放电，在输入频率信号的半周期中，定时电容上的电荷变化量为 $C_1 U_{CC}/2$，泵入电容中的平均电流或流出电容中的平均电流为

$$\Delta Q/T = I_C = f_{IN} C_1 U_{CC}$$

输出电路把这一电流准确地送到负载电阻（输出电阻）R 中，经接线帽（可根据不同缸数的发动机，选择输出电阻）接地，这样脉冲电流被积分电容器积分，得到输出电压：

$$U_{OUT} = U_{CC} f_{IN} C_1 R_{OUT} K$$

式中：f_{IN}——输入信号频率；

C_1——接电荷泵的定时电容；

R_{OUT}——输出电阻；

K——增益常数；

U_{OUT}——电荷泵输出电压。

电容 C_2 的值取决于纹波电压的大小和实际应用中需要的响应时间。

荷电泵的输出电压被送至 A_2 运放器放大，并输出去控制 VT 功率晶体管，使其输出一个大小与输入的信号频率（f_{IN}）成正比的控制电压，从而把转速的快慢信号转换成与之一一对应的电流值信号,再通过驱动指针转过一相应的角度来显示出其转速刻度值。

任务 8.2.2 深度解读车速/里程表的技术任务

任务工作表见表 8-4。

表 8-4 任务工作表

简述车速/里程表电路系统的组成	
解读车速/里程表的表盘信息	
简述 GB 7258—2004 对车速显示值的标准要求	

知识链接

一、汽车车速/里程表

车速/里程表是由指示汽车行驶速度的车速表和记录汽车所行驶距离的里程计组成的,指示值单位为 km/h。

车速指示值必须符合国家标准 GB 7258—2004《机动车安全运行技术条件》中 4.12 条的要求,车速表指示的车速 V_x 与实际车速 V_s 之间应符合下列关系:

$$0 \leq V_x - V_s \leq \frac{V_s}{10} + 4$$

二、车速/里程表控制

(1) 车速/里程表的整个系统是由车速信号传感器、信号处理与存储单元模块、步进电动机驱动模块、LCD 驱动模块、步进电动机、指针式车速表、数字(LCD)式里程表等组成的,如图 8-10 所示。

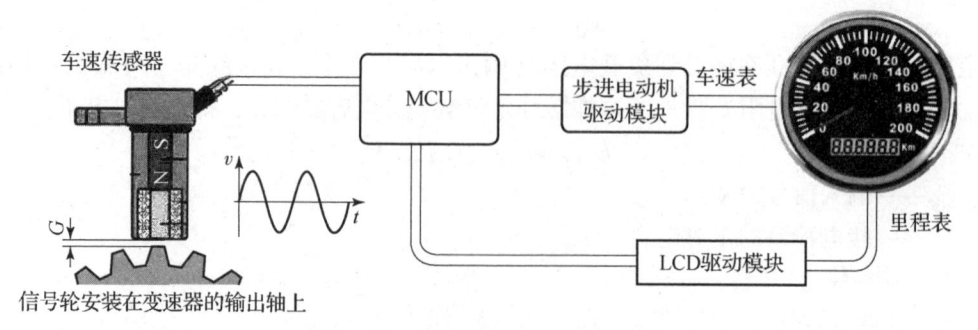

图 8-10 车速/里程表电路示意图

(2) 车速驱动控制。

图 8-11 所示为车速表控制电路,采用两相(正交)步进电动机。其与 MCU 进行信号交换,通过 SPI 通信方式通信。

模块八　汽车仪表设备

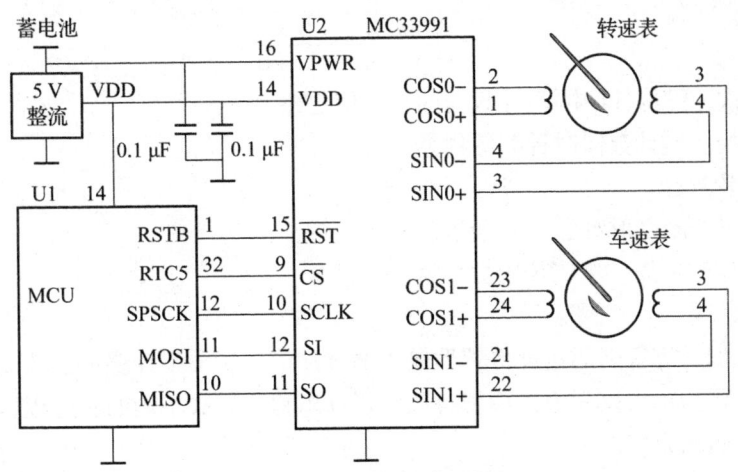

图 8 – 11　车速表控制电路

时钟引脚 SPSCK、主机数据输入从机输出引脚 MISO、主机数据输出从机输入引脚 MOSI 和 I/O 引脚 PTC5，分别接时钟信号 SCLK、输出信号 SO、输入信号 SI、使能引脚 $\overline{CS}$，RSTB 引脚与单片机的$\overline{RST}$重置引脚连接。

（3）数据信息传递。

MCU 与 MC33991 的信息传递过程：在 SPI 无数据传输时 $\overline{CS}$ = 1，时钟信号保持低电平，如图 8 – 12 所示。

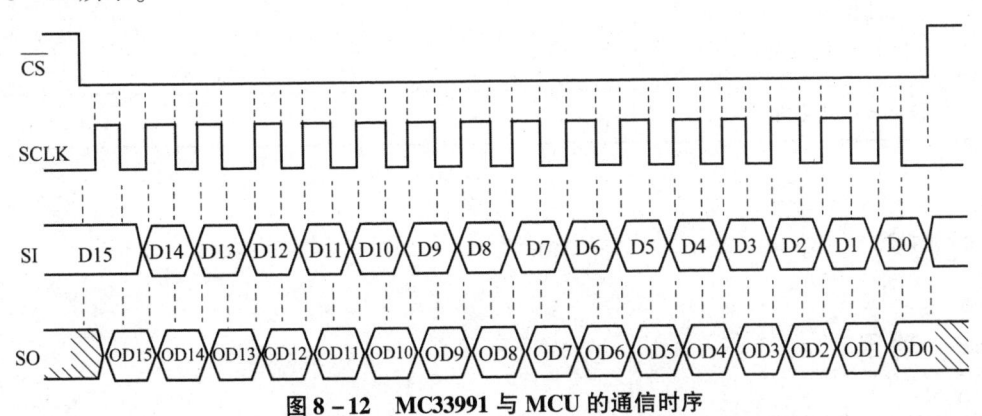

图 8 – 12　MC33991 与 MCU 的通信时序

当系统有数据传输时，使能引脚 $\overline{CS}$ 为低电平，启动时钟 SCLK，MC33991 的 SI 引脚在 SCLK 时钟的下降沿读入 1 位数据，而输出引脚 SO 在时钟的上升沿输出数据，且 MC33991 每次接收的数据都是 16 位。

（4）显示控制原理。

汽车在行驶过程中，车速传感器产生与车速成正比的脉冲信号，此脉冲信号经过滤波放大后送至微控制器，微控制器利用输入捕捉通道捕捉两次脉冲信号的间隔时间，并根据间隔时间计算汽车行驶速度。最后，微控制器把计算得到的速度转换成位置命令，通过 SPI 通信方式发送给 MC33991，MC33991 驱动步进电动机指向对应的刻度。

当然，系统需要一个很重要的操作，即初始化与指针回零操作，由 MCU 完成。

（5）车速检测。

汽车行驶速度可以利用以下公式计算：

$$V = \frac{3\,600 \times \pi \times D \times \mu}{N \times T \times n \times 1\,000}$$

式中：n——两次速度脉冲间隔内计数器的计数值之差；

T——微控制器计数器时钟源的周期；

D——车轮外径；

μ——汽车轮胎变形系数（一般取 0.93~0.96）；

N——车轮转一周，车速传感器发送的脉冲数。

（6）里程表。

微控制器根据计算得到的速度传感器输入的脉冲值，完成累计叠加，从而计算出每次行驶的总里程数，作为单次里程值，再把每次的累计里程叠加成车辆的总行程里程值，并通过液晶显示仪表显示出来。

早期还使用过一种数字滚轮式里程表，但现在已经被淘汰。

任务 8.2.3 深度解读燃油表的技术任务

任务工作表见表 8-5。

表 8-5 任务工作表

简述燃油表的表盘信息	
绘制出燃油表电路简图	
解读图 8-14 电路图中 C_{47} 的作用	

知识链接

一、功用

燃油表用于指示燃油箱中所储存的燃油量，便于驾驶人估算汽车续航里程。

二、组成

燃油表由装在仪表板上的燃油指示表和装在燃油箱里的油面传感器组成，传感器则大多采用滑片电阻式传感器。

三、动磁式燃油表电路

（1）如图 8-13 所示，通过其内部左线圈 L1 和右线圈 L2 所产生的电磁力，合成后作用在指针的永磁体转子上，迫使其做一个角度的转动，并带动指针摆动一定的角度。

模块八　汽车仪表设备

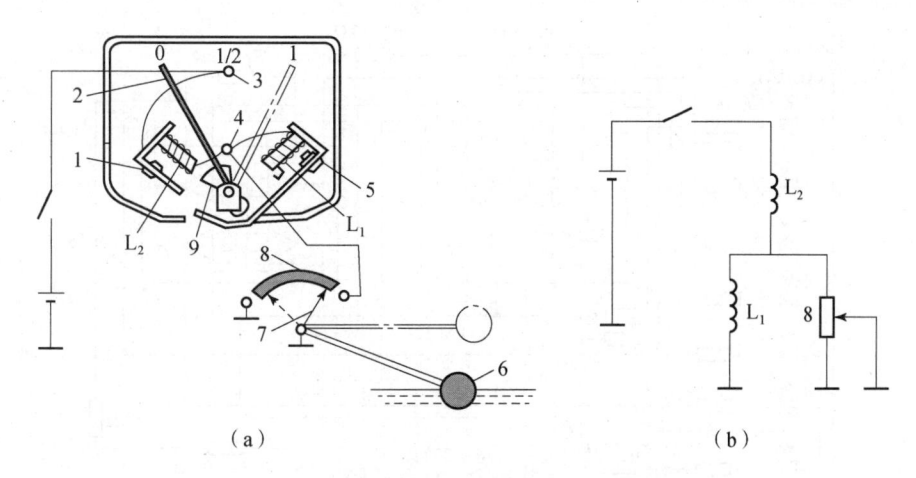

(a)

(b)

图 8-13　电磁式燃油表的组成与工作原理
(a) 燃油表的组成；(b) 燃油表的等效电路
1—左导磁片；2—指针；3, 4—指示表接线柱；5—右导磁片；6—浮子；7—滑片；8—滑片电阻；9—衔铁

燃油表指针电磁力矩的大小直接受到油位传感器分流作用的影响，而油位传感器实际上是一个滑片式变阻器，当浮子 6 随燃油箱内的油面上下移动时，带动滑片 7 滑动，使其串入燃油表电路中的电阻值随之改变。

（2）显示过程。

当油箱中无油时，浮子就会下沉至最低位置，滑片电阻被滑片短路。此时接通电路后，与滑片电阻 8 并联的右线圈 L_1 被短路，无电流通过，与滑片电阻 8 串联的左线圈 L_2 电流达到最大，L_2 产生的电磁力吸动衔铁使指针指示在"0"的位置。

当油箱装满燃油时，浮子在最高位置，滑片电阻串入电路的电阻值最大。此时接通电路后，L_1、L_2 两线圈的电流相差不多，两线圈所产生的合成磁场吸引衔铁转动的位置使指针指向表面刻度的"1"位。

随着油箱油面下降，随油面下移的浮子 6 带动滑片 7 滑动，使滑片电阻 8 的阻值减小，右线圈 L_1 电流减小，左线圈 L_2 的电流则稍有增大，两线圈产生的合成磁场吸引衔铁转动的位值使指针向"0"位一侧偏转。

四、条带式（LED）燃油表

电子式燃油表的电路结构如图 8-14 所示。

（1）在油箱无油时，燃油传感器电阻 R_x 阻值约为 100 Ω；而在油箱满油时，电阻值约为 5 Ω。

（2）电路中，由稳压管 VS 和电阻 R_{15} 组成稳压器，通过电阻 $R_9 \sim R_{13}$ 分成多级基准电压，送到各电压比较器的反向输入端。

传感器电阻 R_x 由 A 端输出电压信号，经 C_{47} 和电阻 R_{16} 组成的缓冲器后，加载到 IC_1 和 IC_2 各电压比较器的同向输入端，电压比较器将此电压信号与反相端的基准电压进行比较、放大，然后控制各自对应的发光二极管，以显示油箱内燃油量的多少。

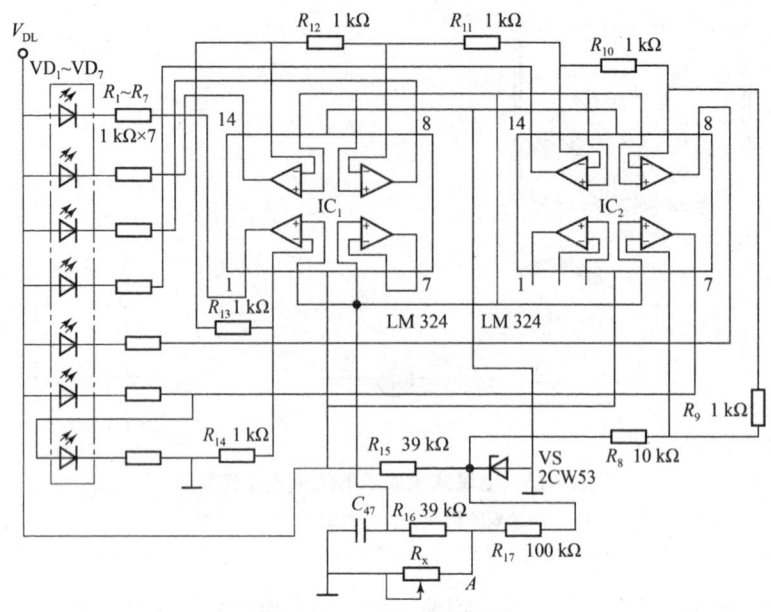

图 8-14 电子式燃油表

R_x—传感器电阻；$VD_1 \sim VD_7$—发光二极管（自下而上）；IC_1，IC_2—集成电路

（3）显示控制。

当油箱中加满油时，R_x 电阻值最小，A 点电位最低，IC_1、IC_2 中的电压比较器均输出低电平，使六只绿色发光二极管 $VD_2 \sim VD_7$ 全亮，而红色发光二极管 VD_1 因其正极电位低而熄灭，这表示油箱已满。

随着油面的下降，R_x 电阻值逐渐增大，A 点电位逐渐升高，六只绿色发光二极管依 VD_7、VD_6、VD_5、VD_4、VD_3、VD_2 的次序逐个熄灭，以示油量减少。

当油箱中无油时，R_x 值最大，A 点电位最高，IC_2 的第 5 脚电压高于第 6 脚的基准电压，第 7 脚输出高电位，此时红色发光二极管亮，以示燃油已用完，必须加油。注意：电路中的电容器 C_{47} 和电阻 R_{16} 组成延时缓冲电路，以使发光二极管的显示不受燃油波动的影响。

任务拓展

解读水温传感器检测的任务。

知识提示

汽车水温表由水温传感器、水温显示器和控制电路组成。

（1）水温传感器。

汽车水温传感器中一般采用负温度系数热敏电阻（NTC），它的特点是：温度越低，电阻越大；反之电阻越小。其通常安装在发动机缸体或缸盖的水套上，与冷却水直接接触，从而测得发动机冷却水的温度，如图 8-15 所示。

测试方法：

如图 8-16 所示，使用万用表的电阻挡，把万用表的正极表笔（红色）接 a 点，负极表笔（黑色）搭铁，测量其阻值，然后对照图 8-15 所示图表曲线，即可获取不同温度下的阻值标准，以判断其性能的好坏。

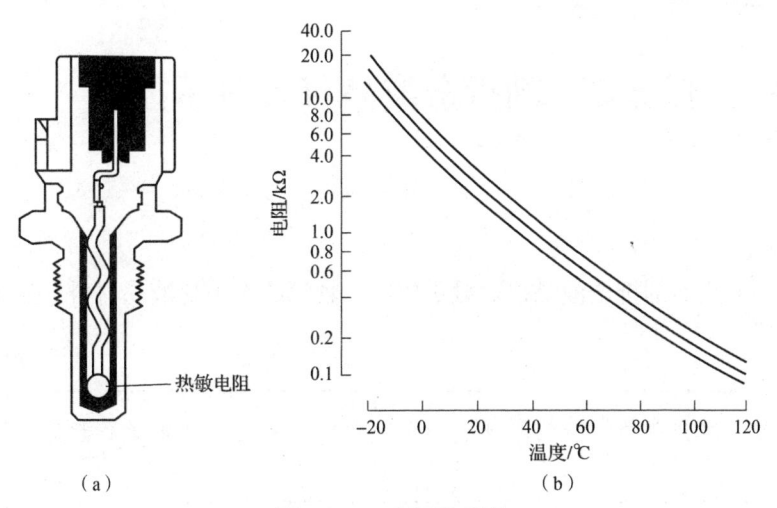

图 8-15　水温传感器

（2）水温表电路。

如图 8-16 所示，观察汽车水温表控制电路，会发现其与前面的电磁式燃油表电路几乎是一样的控制方式。

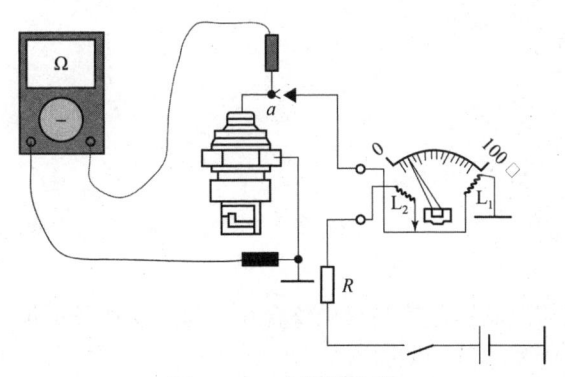

图 8-16　水温表电路

现代很多车系都已经采用了模块化的控制方式，它是把传感器的信号导线与电控单元 ECU 相连，另一根为搭铁线，从而把水温信号传递给电脑，再由电脑驱动水温表完成水温显示。

任务评价与总结

评价与总结

任务3　剖析全液晶仪表显示控制

任务描述

实施内容——全面剖析全液晶仪表显示控制；较深层次了解液晶材料、显示控制及彩色液晶的控制方式。

◈ 任务目标

通过学习，对全液晶的结构原理有一定剖析能力；能清楚地了解彩色全液晶的控制方式！

任务准备

1. 课前知识储备：上网查阅全液晶装置相关的一些知识，以及复习单片机的扫描检测机理。
2. 扫码完成课前预习。

任务实施过程

一、任务厘清

把全液晶显示机理与液晶彩色控制有机整合在一起，使任务更加完整有序。

二、任务实施

任务工作表见表8-6。

表8-6　任务工作表

液晶显示屏的类型	
液晶显示屏采用的液晶材料	
液晶螺距 p 及偏光板正交90°需要多厚的液晶	
像素概念与TFT控制	

知识链接

LCD即Liquid Crystal Display首字母缩写，意为"液态晶体显示器"，其工作原理是在两片平行的玻璃中注入液晶，而两片玻璃中间有许多垂直和水平的细小电线，通电后根据需要改变杆状液晶分子的转动方向，即可将光线折射出，从而产生画面。

一、液晶屏类型

（1）按照背光源的不同，液晶屏可以分为以下两类：

1）CCFL 液晶屏指用冷阴极荧光灯管作为背光光源的液晶显示器（LCD），它的优势是色彩表现好；不足在于功耗较高。

2）LED 液晶屏指用 LED 作为背光光源，优势是体积小、功耗低，可以兼顾轻薄、高亮度；其不足主要是色彩表现比 CCFL 差。

（2）按驱动结构不同，液晶屏的结构类型主要有 TFT、UFB、TFD、STN 等。目前，汽车仪表显示屏多数采用 TFT 液晶屏（TFT 是指一种薄膜晶体管）。TFT 屏是指每个液晶像素点都是由集成于像素点前面的薄膜晶体管来驱动的液晶屏幕。TFT 屏具有高速度、高亮度和高对比度的特点。

二、液晶显示屏的液晶材料

液晶显示屏的液晶材料一般都是使用"热致液晶"，它包括向列相、近晶相和胆甾相三种。显示用的液晶屏，一般采用低分子（胆甾相）热致液晶。

胆甾相液晶的长形分子会依靠端基的相互作用，彼此平等排列成层状，但是它们的长轴是在层片平面上的，层内分子与向列型相似，而相邻两层间分子长轴的取向，在伸出层片平面外光学活性基团的作用下，依次规则地扭转一定角度，层层累加而形成螺旋面结构，如图 8 - 17 所示。

图 8 - 17 液晶胆甾相示意图

从整体看，分子取向形成螺旋状，其螺距用 p 表示（按取向方向，经历 360°变化的距离称作螺矩），约为 0.3 mm。胆甾相的特征是具有极强的旋光性，液晶显示器件主要应用的就是其旋光性。

三、液晶显示器

（1）液晶显示器是由液晶、电极、偏光片、玻璃基板、导光板、棱镜片、TFT 膜、灯管等结构组成的，如图 8 - 18 所示。

（2）像素点。

图 8 - 19 所示为放大镜下液晶面板的样子，每一份像素点由红色、蓝色、绿色、三个子基色构成，这就是所谓的三原色。面板把 RGB 三种颜色分成独立的三个控制点，各自拥有不同的灰阶变化，然后再把邻近的三个 RGB 显示点作为一个显示的基本单位（像素）。

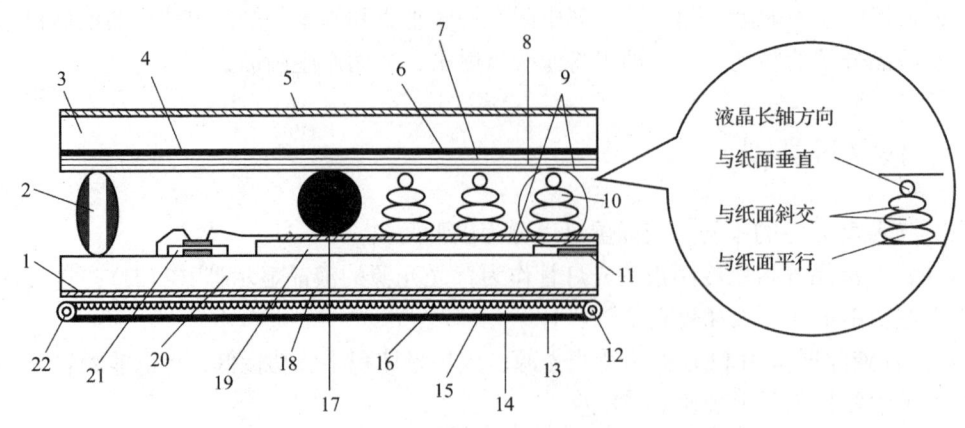

图 8-18 LCD 液晶显示器切面的构成示意图

1，5，18—偏光板；2—框胶；3，20—玻璃基板；4—灰阶；6—彩色滤光片；
7—保护膜；8—公用电极；9—配向膜；10—液晶；11—存储电容；12，22—灯管；13—反射板；
14—导光板；15—棱镜片；16—扩散板；17—垫片；19—像素电极；21—TFT

液晶显示器的工作原理即是采用偏光板偏振特性来完成的，如图 8-20 所示，在偏光板之间充满液晶，再利用电场控制液晶分支的旋转来改变光的行进方向，如此一来，每个像素点内不同位置的电场大小就会形成不同的颜色度了。

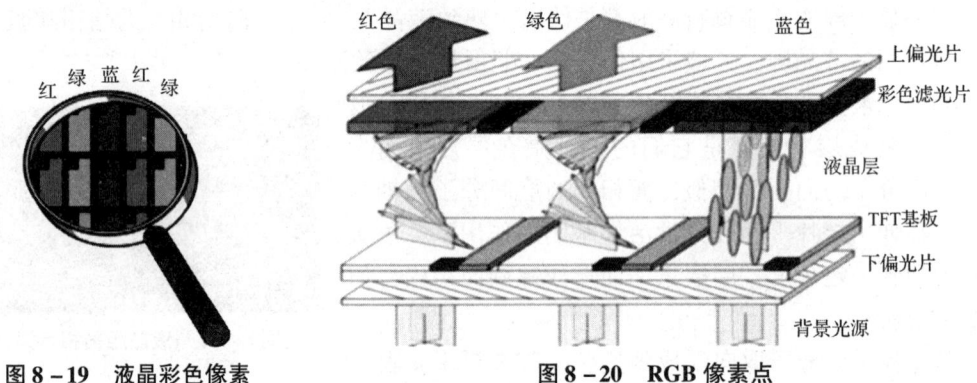

图 8-19 液晶彩色像素

图 8-20 RGB 像素点

① 电极不上电的状态。

当入射的光线经过下面的偏光板（起偏器）时，会剩下单方向的光波，通过液晶分子时，由于液晶相螺距设置为 $0.25p$，相分子总共旋转了 90°，所以当光波到达上层偏光板时，光波的极化方向恰好转了 90°。下层偏光板与上层偏光板角度恰好差 90°，所以光线便可以顺利地通过，如果光打在红色的滤光片上，就显示为红色。

② 电极加上最大电压的状态。

液晶分子在受到电场的影响下均站立着，光路没有改变，光就无法通过上偏光板，也就无法显示。

四、TFT-LCD 显示控制

（1）为了显示任意图形，TFT-LCD 用 $m \times n$ 点排列的逐行扫描矩阵显示。

（2）在整片面板的等效电路中，每一个 TFT 与两个电容所并联，代表一个显示的点，而一个基本的显示单像素（pixel）则需要三个这样显示的点分别来代表 RGB 三原色。

（3）TFT-LCD 驱动。

如图 8-21 所示，栅极驱动器（Gate Driver）所送出的波形依序将每一行的 TFT 打开，好让整排的源极驱动器（Source Driver），同时将一整行的显示点充电到各自所需的电压，以显示不同的灰阶。当这一行充好电时，栅极驱动便将电压关闭，然后下一行的栅极驱动便将电压打开，再由相同的一排源极驱动对下一行的显示点进行充放电。如此依序下去，当充好了最后一行的显示点后，便又回过来再从第一行开始充电。与此同时给储存电容 C_S（大约为 0.5 pF）充电，以便让充好电的电压能保持到下一次更新画面时，保证画面稳定。

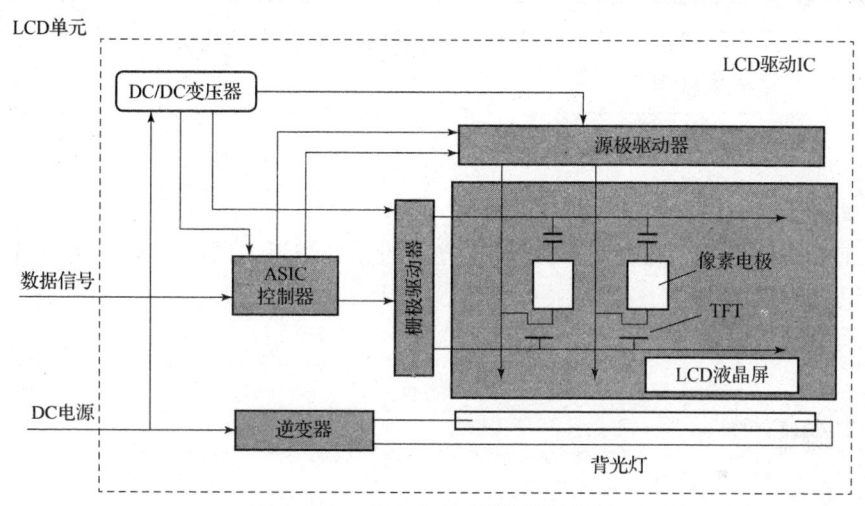

图 8-21 TFT_LCD 驱动控制电路

任务评价与总结

评价与总结

任务 4　HUD 虚拟成像装置的认知

任务描述

实施内容——需要较深层次地去了解 HUD 虚拟成像装置的类型及各自适用场景和 HUD 成像机理与主要部件的功能特点。

> ◈ 任务目标
>
> 通过学习，能辨识出不同类型的 HUD 装置，清楚各自的特点；能清楚地了解 HUD 虚拟成像装置的结构原理！

任务准备

1. 课前知识储备：上网查阅 HUD 装置方面的相关资讯，同时了解一些 DMD 数字微镜的基本知识。
2. 扫码完成课前预习。

任务实施过程

一、任务厘清

根据知识的关联逻辑，把 HUD 虚拟成像的类型、应用场景、结构原理，按难易度分成两个垂直任务，这样可使任务更加有条理且容易完成。

二、任务实施

任务 8.4.1　辨识出不同类型的 HUD 装置及其应用场景与特点

任务工作表见表 8-7。

表 8-7　任务工作表

任务内容	任务实施结果
HUD 系统的类型	
HUD 系统各自的应用场景与特点	

> 知识链接

一、HUD 抬头显示定义与类型

（1）HUD（Head – Up Display）抬头显示又称为平视显示器/虚拟成像。

（2）根据 HUD 投影技术形式不同，可以分为 LCD 投影、激光扫描投影、DLP 投影和 LCOS 投影以及 AR – HUD（最新出现）等技术。

二、应用场景及特点

1. LCD 投影

LCD 投影应用最广泛、技术最成熟稳定，技术上和 LCD 屏原理类似，都是采用 RGB 光源，经过液晶体达到投射的效果，而且 LCD 屏的应用也非常广泛，且成本比较低廉。

但 LCD 也有其劣势，因每个液晶体之间是有距离的，故在光线经过液晶体之后亮度会有一定程度的衰减，再加上固有的间距差也导致其分辨率较低。但其成本低、技术成熟，故成为目前后装 HUD 产品的首选方案，成本可以控制在几十到几百元之间。

2. 激光投影

如图 8 – 22 所示，激光投影采用激光作为光源，因激光具有良好的单色性、方向性（聚焦效果好），所以无须匹配 LCD HUD 方案中复杂的光学系统。

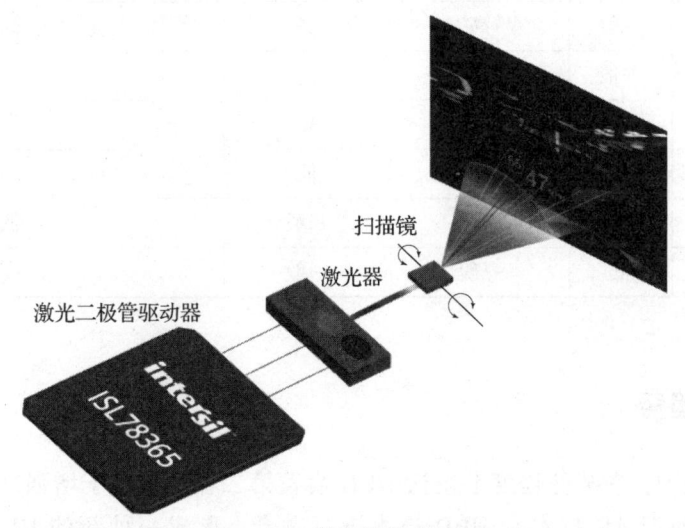

图 8 – 22 激光投影式 HUD

激光投影具有亮度高、饱和度高、衰减少、对比度好等特点，非常适合投影信息简单、亮度要求高的场景，目前主要应用于室外大型投影和演出上。

由于激光二极管对温度较为敏感，不能达到车规级要求的 85 ℃环境温度要求，故导致产品的稳定性不佳。

3. DLP 投影

DLP 全称是 Digital Light Processing，即数字光处理技术，它集成了上百万个超微型晶片（DMD），这些晶片首先对影像信号进行数字处理，然后再转为光投影出来。

DLP 投影技术具有分辨率高、亮度高、成像效果好等特点，目前主要被豪华品牌车型的前装 HUD 所采用。

由于 DLP 是全平面投影，为了提升显示效果，就需要针对车型匹配高精度的反射非球面玻璃，无形中增加了成本，而且后期的维修成本也不低，所以选装原厂 HUD 的务必要买玻璃险。国内的很多豪车基本均选用这种方案，特别是宝马的 HUD 在市场的反馈还是非常好的，唯一的缺点就是选装成本高，且后期的维修成本也不低。

4. LCOS 投影

LCOS 全称为 Liquid Crystal On Silicon，即硅基液晶投影技术，我们可以把它理解为一种 LCD 的升级，它采用涂有液晶硅的 CMOS 集成电路芯片作为反射式 LCD 的基片，简单理解就是 LCD 以玻璃为基板，LCOS 则以硅晶圆为基板；LCOS 在光效率上非常高，传统 LCD 的光效率为 3% 左右，但 LCOS 可高达 40%。

三、应用比较

几种常见类型 HUD 的应用比较见表 8-8。

表 8-8 几种常见类型 HUD 的应用比较

项目	LCD	激光投影	DLP 投影	LCOS（硅基液晶投影技术）
亮度	一般	高	高	高
对比度	一般	高	高	高
分辨率	一般	一般	高	高
可靠性	高	低	低	高
稳定性	高	一般	一般	低
成本	低	一般	一般	高

四、技术趋势

AR 技术的完善，在某种程度上也让 HUD 焕发第二春，借助于增强现实的技术，我国华为公司创新性地把 AR 技术和 HUD 技术进行融合，形成一种新的 HUD 技术——AR-HUD，全称为 Augmented Reality，即增强现实技术。其基于现实的实时交通路况叠加数字信息，从而扩展或者说是增强了驾驶员对实际道路环境的感知。这些数字信息不仅限于目前 HUD 中常规的车辆行驶参数，还包括诸如导航辅助系统、高级驾驶员辅助系统（ADAS）、车道偏离警示系统（LDW）、自适应巡航控制系统（ACC）等，以达到所见即所知的效果。

五、HUD 抬头显示系统组成

如图 8-23 所示，HUD 抬头显示系统主要由两个部分组成：信息处理模块和投影显示模块。

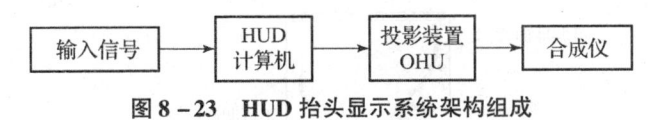

输入信号 → HUD 计算机 → 投影装置 OHU → 合成仪

图 8-23　HUD 抬头显示系统架构组成

HUD 抬头显示系统将汽车上各行驶参数整理之后，经过模数转换成设定的图形、文字或是数字的形态输出。投影显示就安装在驾驶员视线的前方，以方便驾驶员不用低头就能随时查看车辆的行驶数据。

任务 8.4.2　解读 LCD 与 DLP 两种 HUD 系统的结构原理

任务工作表见表 8-9。

表 8-9　任务工作表

任务内容	任务实施结果
解读 LCD 式 HUD 系统的结构特点与原理	
解读 DLP 式 HUD 系统的结构特点与原理	

知识链接

一、LCD 投影式 HUD 的成像原理

LCD 投影式 HUD 的成像原理简单来说就是利用光学反射原理，把需要查看的行车数据投射到前风窗玻璃上。

1. LCD 投影成像光学系统结构组成

LCD 投影成像光学系统由照明单元（光源）、TFT 液晶显示屏、不可调球面镜、可调球面镜、玻璃罩、特殊玻璃膜（或特殊前风窗玻璃）等组成，如图 8-24 所示。

2. LCD 投影光学系统成像原理

使用 TFT 液晶屏成像，其结构比较类似于常用的投影仪，光源先将 TFT 显示屏上的行车参数信息映射到不可调球面镜上，再经过可调球面镜的二次反射显示到风窗玻璃上。

其工作原理：通过 4~8 个高功率的背光灯照亮，由图像生成单元 PGU（Picture Generation Unit——HUD 最核心的部件，由光源、光学膜片和其他光学组件构成，PGU 是 HUD 的核心技术壁垒，不同的技术路线，其光源和光学组件完全不同），并生成 HUD 输出图像，通过一面平面反射镜改变光的方向和增加距离，再通过一面非球面反射镜改变光的方向，以增大显示图像和增加距离，最后光通过汽车前风窗玻璃反射到人眼，这样就仿佛看到图像在路面上。

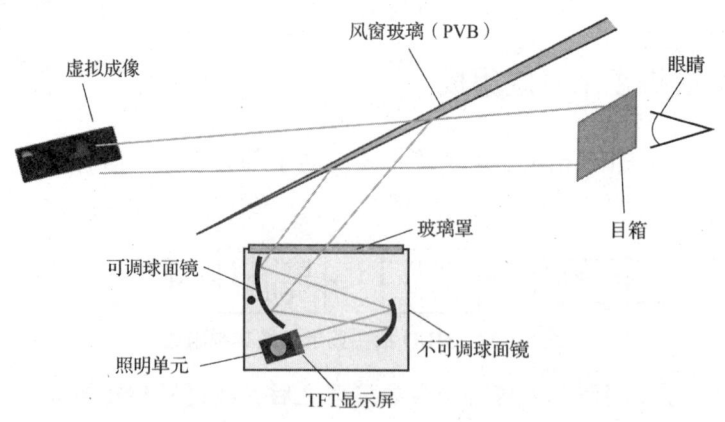

图 8-24 TFT 液晶屏（LCD 投影）成像 HUD 技术原理

3. 解决显示图像变形

由于风窗玻璃厚度不一，角度也是倾斜的，所以直接投影上去会使图像发生扭曲变形，这时我们就需要用到可调球面镜来调整图像映射的位置，同时对于前风窗玻璃也需要做曲面处理，以尽可能地避免图像重影、扭曲和更远的视觉投射距离。

现在高档车辆的 HUD 使用的是专用玻璃，前风窗玻璃夹层使用 PVB 胶层形成楔形状，并形成上厚下薄的结构形式，以改善 HUD 重影、图像扭曲等现象。

普通玻璃与 HUD 专用玻璃的对比如图 8-25 所示。

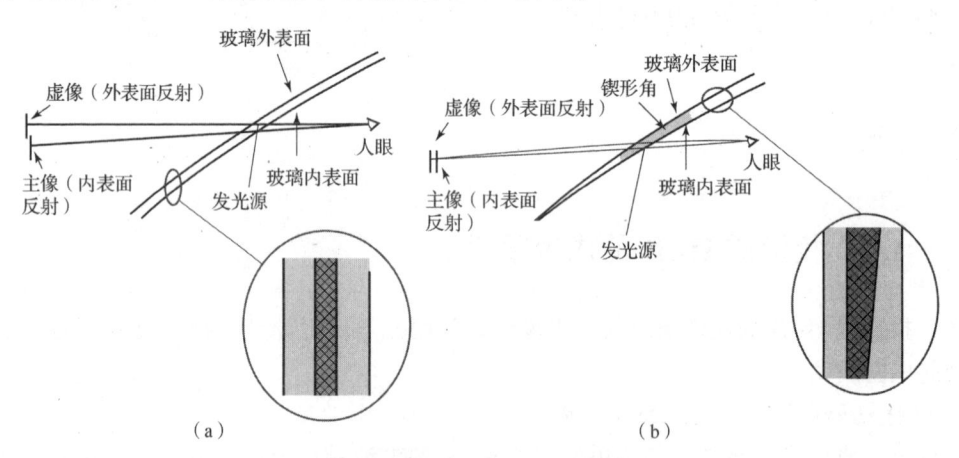

图 8-25 普通玻璃与 HUD 专用玻璃的对比
(a) 普通玻璃；(b) HUD 专用玻璃

二、DLP 投影式 HUD 成像原理

DLP 是一种以数字微镜装置作为主要光学控制元件调节反射光，并在匀光片上实现投射成像的技术。

1. 组成

DLP 投影式 HUD 的成像系统是由 UHP（Ultra High Power，超高功率）光源、聚光透镜、三基色轮、整形透镜、DMD 数字微镜、DMD 处理器电路板和内存、镜头、透明屏幕等组成的，如图 8-26 所示。

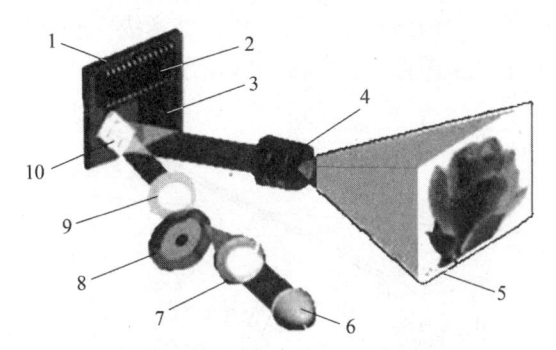

图 8-26 DLP 投影式 HUD 系统的组成
1—DMD 板；2—DMD 处理器；3—内存；4—镜头；5—玻璃屏幕；
6—UHP 光源；7—聚光透镜；8—三基色轮；9—整形透镜；10—DMD 数字微镜

2. DLP 投影式 HUD 的成像原理

DLP 投影成像技术是把来自 UHP 的超高功率光源分色、整形，以匀光形式照射到 DMD 数字微镜上，经过 HUD 控制器的数字系统计算后，把产生的数字图像信息通过数十万个超微型镜片的 DMD（数字微镜芯片）集成，并将 DMD 反射来的光源（包含数字图像信息）投影出来。

三、HUD 光学显示系统

（1）HUD 光学显示系统一般由反射镜、调节电动机及控制单元与前风窗玻璃等组成。

（2）特殊前风窗玻璃。

HUD 图像投射，除了使用特殊形状的 PVB 夹层玻璃外，有的低端产品也会在前风窗玻璃的内表面上粘贴一小块特殊的反射膜层，用于校正重影。

此外，还可以通过在外层玻璃或内层玻璃的内表面上附加一层反射膜层，用于校正重影。

（3）反射镜。

反射镜常见的有非球面反射镜与自由曲面反射镜两种，通常用于可调反射镜上，低端车辆常用非球面反射镜，而高端车辆则常用自由曲面反射镜，如图 8-27 所示。

反射镜在工作中的合适角度是由可调电动机来实现的，其结构位置如图 8-27 所示。

图 8-27 自由曲面反射镜与调节电动机

自由曲面反射镜需要和风窗玻璃进行曲面拟合，以尽可能消除画面畸变。

自由曲面反射镜磨具需要用精密仪器制造，做成纳米级，必须做到与投影位玻璃的曲面进行光变完全拟合，以消除鬼影图像，如图 8-28 所示。

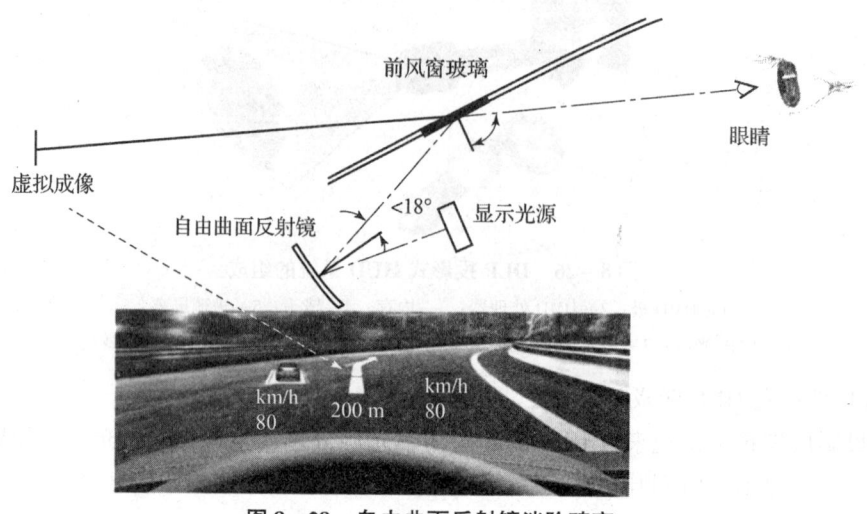

图 8-28 自由曲面反射镜消除畸变

（4）控制单元。

HUD 的控制单元接入车辆数据总线，获取车速、导航和智能驾驶等信息，并在图像生成单元输出图像。

任务拓展

HUD 抬头显示系统根据投射屏幕位置的展现形式，可以分为 WHUD 和 CHUD，其如何区分？

知识提示

主要是屏幕与应用行业的区别。

任务评价与总结

评价与总结

_____
_____
_____

模块九　行车辅助设备

序号	模块名称	能力点	知识点
1	模块九 行车辅助设备	＊能够正确使用刮水器、后视镜等辅助设备的功能； ＊能够测试电动刮水设备电路性能； ＊能够剖析电动后视镜控制电路； ＊能够了解全景影像系统结构与原理	＊刮水器、后视镜等辅助设备的类型与特点； ＊能够完整解析刮水器、后视镜等辅助设备的结构原理
	课程思政点：我国城市、乡村的道路实施建设！		
	任务1	任务2	任务3
	正确使用与了解电动刮水系统	深度解读电动刮水器与智能雨量传感器	剖析电动后视镜控制电路
	任务4		
	全景影像装置的认知		

行车辅助设备是汽车行驶的重要系统之一，包括刮水器和后视镜。

行车辅助设备保证了车辆在一些特定的场景下，给驾驶者提供更加安全、直观的"驾驶帮助"。

（1）刮水器具有刮水功能，如雨雪雾天行车时，将落在车窗上的雨滴和雪花消除，在泥泞的道路上行驶时将飞溅到前风窗上的泥水脏污刮干净，保证驾驶员的视线，以确保车辆的行驶安全，如图9-1所示。

（2）倒车时，需要后视镜，这时后视镜是驾驶员的眼睛，可以通过后视镜观察车辆外部的环境，保证安全倒车，如图9-2所示。

图9-1　刮水功能　　　　图9-2　后视镜功能

任务1　正确使用与了解电动刮水系统

任务描述

实施内容——正确使用电动刮水器的不同功能；全面认识和了解电动刮水系统的类型与特点及应用场景。

> **任务目标**
>
> 通过学习，具备正确使用电动刮水器的能力；能更全面地了解电动刮水系统的类型和特点。

任务准备

1. 课前知识储备：上网查阅一些汽车电动刮水器方面的相关资讯。
2. 扫码完成课前预习。

任务实施过程

一、任务厘清

把正确使用电动刮水器的不同功能及全面认识、了解电动刮水系统的类型与特点和应用场景这两方面的工作内容融合在一起完成，使任务更加完整有序。

二、任务实施

任务工作表见表9-1。

表9-1　任务工作表

电动刮水器的正确使用	电动刮水器的类型和特点

知识链接

（1）根据刮水系统的控制能力，可以分为手动调节式刮水器、随速感应式刮水器、雨量感知式刮水器三大类刮水系统。

①手动调节式刮水器：传统间歇式刮水器，可根据雨量大小手动选择刮水器速度挡位，主要配备于低端车型，价格比较低。

②随速感应式刮水器：能够根据车速的快慢随时调整刮水器摆动速度，具有使用方便、安全性高的特点。

③雨量感知式刮水器：能够自动感知雨量大小，控制刮水器摆动速度，智能化应用普及，而且其操作简单，但成本较贵，主要配备于高端和中端车型。

（2）根据刮水器系统刮水片的结构形式，可以分为有骨刮水器及无骨刮水器，如图9-3所示。

图9-3 汽车雨刮片
(a) 有骨刮水片；(b) 无骨刮水片

①有骨刮水器：一般有骨的刮水器使用范围比较广，它会存在多个支撑点，有时作用力会不均匀，刮的不怎么干净。

②无骨刮水器：无骨的刮水器因为没有支架，它的整个橡胶片会紧贴在汽车玻璃上，能将压力均匀地分散在刮水器的上面，提供洁净的刮拭效果，保证较好的视野，也能保障驾驶员的安全。

（3）使用功能。

汽车用刮水器的功能挡位如图9-4所示。

汽车刮水器功能挡位的使用解析：

①"A"——间歇时间的调节旋钮，往上快，往下满；

②"B"——刮水器点动操作（MIST），向上推动控制手柄到MIST位置，随之刮水器就会刮动一次，某些车辆这一挡位的标识符号为1x；

③"C"——刮水器关闭（OFF）；

④"D"——刮水器自动调节状态（AUTO），

图9-4 汽车用刮水器功能挡位

转动调节旋钮可以改变雨量感知传感器控制的灵敏度，这样一来刮水器就会更新它的刮刷频率；

⑤"E"——低速刮刷（LOW），适合小雨；

⑥"F"——高速刮刷（HI），适合大雨；

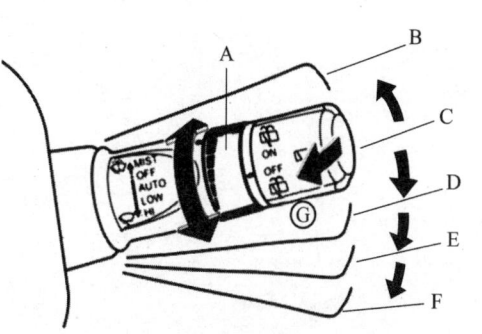

⑦ "G"——玻璃水开关，往驾驶员方向轻拉控制手柄，然后玻璃水洗涤器和刮水器就会同时工作，适合刮除脏污。

刮水器使用的基本原则：保证驾驶员有清晰的视野，以确保车辆行驶的安全为第一要素。

任务拓展

阐述"后刮水器"开关功能挡位的使用方法。

任务评价与总结

评价与总结

任务 2　深度解读电动刮水器与智能雨量传感器

任务描述

实施内容——深度解读电动刮水器与智能雨量传感器的结构原理；同时，要完成雨刮间歇继电器的动态测试。

任务目标

通过学习，具备深度解读电动刮水器与智能雨量传感器结构原理的能力；能测试刮水器间歇继电器、刮水器开关等主要器件的性能！

任务准备

1. 课前知识储备：上网查阅一些与汽车电动刮水器相关的资讯，了解一些蜗轮蜗杆机构传动方面的知识。
2. 扫码完成课前预习。

任务实施过程

一、任务厘清

把任务细分成三部分工作内容去完成，分别是深度解读电动刮水器结构原理、解析智能雨量传感器结构原理、完成间歇继电器的测试。

二、任务实施

任务 9.2.1　深度解读电动刮水器结构原理

任务工作表见表 9-2。

表 9-2　任务工作表

简述电动刮水系统的组成				
解读刮水器"三刷"电动机的调速原理				
绘制电动刮水器高速挡电路				
绘制复位开关的"功能逻辑"表（基于图 9-9 刮水器复位开关）		3 号线脚	4 号线脚	5 号线脚
	α 角外			
	α 角内			

195

知识链接

一、结构组成

如图9-5所示，汽车刮水系统主要是由刮水片、刮水臂、刮水传力机构、刮水电动机总成、刮水开关、间歇继电器及控制电路等功能部分组成。

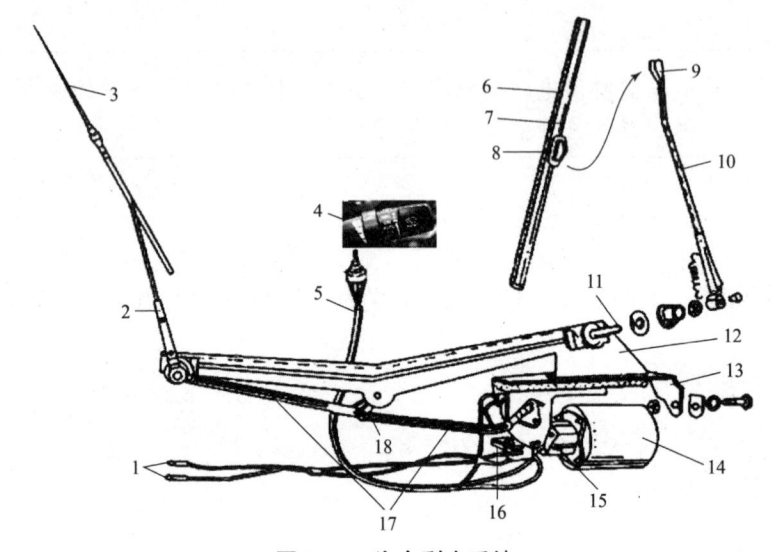

图9-5　汽车刮水系统

1—接线端子；2，10—刮水臂；3—刮水片总成；4—刮水器开关；5—线束；6—橡胶刮片；7—刮片架；
8—刮片支座；9—刮水支持器；11—刮水臂芯轴；12—刮水底板；13—电动机安装架；14—电动机；
15—减速机构；16—间隙继电器；17—驱动杆件；18—铰链

二、电动机总成

如图9-6所示，刮水器电动机总成由三刷永磁直流电动机、蜗轮蜗杆机构和复位盘等组成。

三、刮水器（三刷）电动机结构原理

（1）汽车刮水器使用永磁（三刷）直流电动机作为动力源，如图9-7所示，这种设置使电动机恰好能满足汽车刮水器工作时设有的两种刮水速度。

（2）调速原理。

电动机若要运转平稳，就必须满足直流电动机工作时的电压平衡方程关系。

根据此理论，可得到直流电动机转速n与电压U、电枢电流I_s、电枢绕组匝数Z及磁极磁通量ϕ的关系：

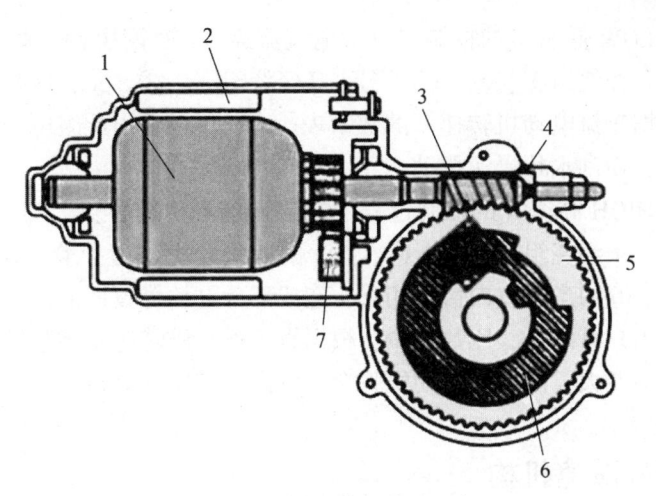

图 9-6　刮水器电动机总成

1—电枢；2—永久磁铁；3—触点；4—蜗杆；5—蜗轮；6—铜环（复位盘）；7—电刷

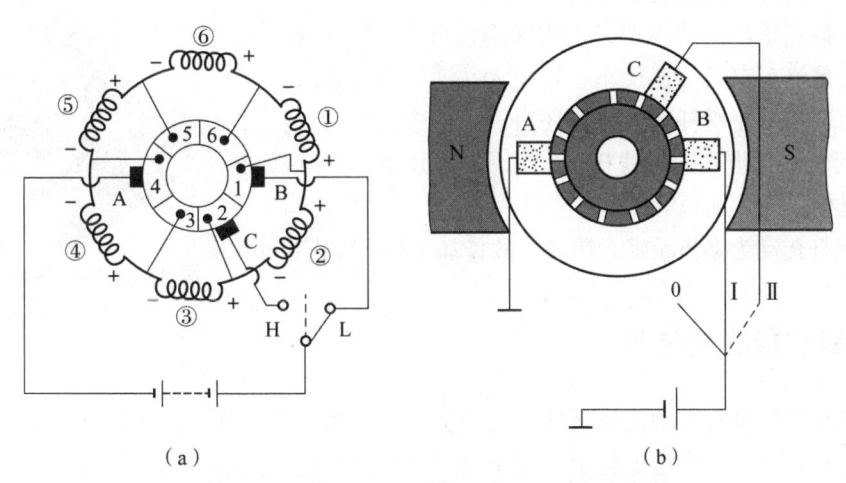

图 9-7　永磁三刷（双速）电动机的调速原理

(a) 三刷（双速）电动机的原理；(b) 三刷（双速）电动机的控制

$$n = \frac{U - I_s R}{KZ\phi}$$

式中：K——电动机常数；

n——直流电动机转速；

U——端电压；

I_s——电枢电流；

Z——电枢绕组匝数；

ϕ——磁极磁通量。

通过上式数学模型可以看出，当端电压 U 和电枢电流 I_s 不变时，可以通过调节磁极的磁通量 ϕ 或改变电枢绕组的匝数 Z 来改变电动机的转速，这也是刮水器控制变速的理论依据。

（3）刮水器高/低调速控制过程。

通过改变正负电刷间串联绕组匝数的方式，实现永磁式电动机的调速，如图 9-7（a）所示。

电动机进入"LOW 低速"的控制过程：电流流经 A、B 两电刷，此时电枢内部形成两条对称的支路，一条经绕组①、⑥、⑤，另一条经绕组②、③、④，串联的电枢绕组数有三个，匝数较多，根据直流电动机转速 n 的数学表达式，可以看出此时电动机转速值较小，将以较低的转速运转，使刮水片慢速摆动。

电动机进入"HIGH 高速"的控制过程：电流流经 A、C 两电刷，此时电枢内部形成两条不对称的支路，一条经绕组②、①、⑥、⑤，另一条经绕组③、④，绕组②所产生的反电动势与绕组①、⑥、⑤的产生方向恰恰相反，造成部分电动势被抵消，此时各分支的实际串联电枢绕组数也相当只有两个，匝数较少，根据直流电动机转速 n 的数学表达式，可以看出此时电动机转速值会变大，因此，电动机将会在较高的转速下运转，使刮水片快速摆动。

四、蜗轮蜗杆减速机构

汽车刮水器使用的蜗轮蜗杆机构如图 9-8 所示。

其工作特点是：传动比大、机构紧凑、可以变角传递，故能更好地满足汽车空间位置狭小、转矩大、速度慢等要求。

此外，选用蜗轮蜗杆减速机构还有以下两个主要特点：

（1）两轮啮合齿面间为线接触，其承载能力大大高于交错轴斜齿轮机构；

（2）蜗杆传动为多齿轮啮合传动，故传动平稳、噪声很小。

图 9-8　蜗轮蜗杆减速机构
1—蜗杆；2—蜗轮

五、刮水器的复位盘

电动刮水器都设有自动复位机构，无论关闭刮水器开关时刮水片在什么位置，自动复位机构都将刮水片自动停在指定位置。复位盘就是刮水片复位的核心感知器件。

（1）复位盘的类型：凸轮式复位盘（淘汰）和铜环式复位盘两种类型。

（2）复位盘的感知原理。

铜环式复位盘自动复位机构，在设计上设定了一个刮水器低位角 α，其电路原理如图 9-9 所示。

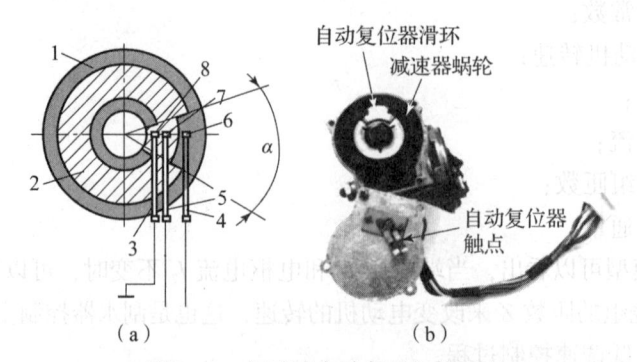

图 9-9　铜环式自动复位机构原理
(a) 复位盘（三触点）端面俯视图；(b) 实物图（双触点）
1—蜗轮；2—铜环；3，4，5—触点臂；6，7，8—触点；α—刮水片最低位角

在α角内，由触点6、7和随电枢转动的铜环组成自动复位开关，触点6、7断开，触点7、8导通；

当在α角外，由铜环跨接导通，触点7、8断开。

任务2.2 深度解读刮水器间歇挡控制结构与原理

任务工作表见表9-3。

表9-3 任务工作表

绘制电动刮水器间歇挡电路简图	
搭建一个"动态测试"间歇继电器的线路图	

知识链接

间歇继电器的种类很多，根据控制原理，常用的类型有互补间歇振荡控制继电器、无稳态方波发生器和集成电路间歇振荡控制继电器等。

（1）互补间歇振荡控制继电器电路结构如图9-10所示。

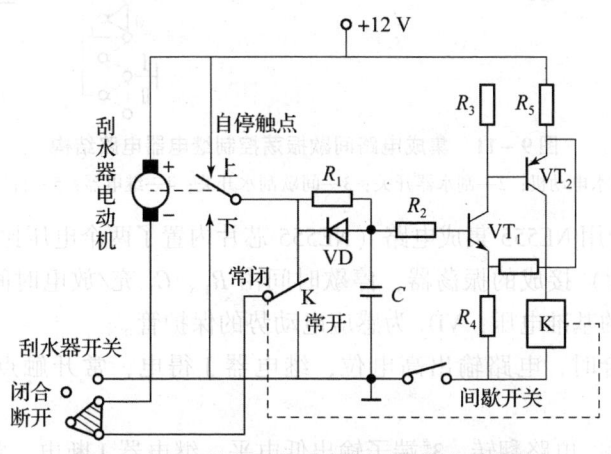

图9-10 互补间歇振荡控制继电器电路结构

①在点火开关接通后，电路向电容器C充电，充电电路如下：

蓄电池正极→自停触点处于上触点→电阻R_1→电容器C→搭铁至蓄电池负极，C开始充电，至充足电后使VT_1的基极电位高于其正向导通电压，但间歇开关断开，所以继电器不工作。

②当接通刮水器间歇开关时，VT$_1$的基极随即得到导通电压而导通，并使VT$_2$随之导通，继电器J线圈通电，继电器J的常闭触点打开、常开触点闭合，刮水器电动机通电工作。

③刮水器电动机与刮水片自停复位盘联动，当刮水器电动机转动至自停触点的上触点断开、下触点接通时，电容器C便通过VD放电，使VT$_1$的基极电位下降。当C两端的电压下降至VT$_1$的导通电压以下时，VT$_1$截止，VT$_2$随之截止，继电器J断电，其常闭触点又闭合，常开触点断开。

此时，自停复位盘转至自停触点的下触点接通，因此电动机仍然通电，刮水片继续摆动。当刮水片摆回原位，刮水片自停复位盘转至自停触点上触点接通时，刮水器电动机的电枢被短路而停转。

此时，自停触点上触点又接通了C充电电路，但需要通过一定时间的充电才能达到VT$_1$的导通电压，因而使得刮水器间歇工作。

④刮水片每次间歇时间的长短取决于R_1、C充电时间常数值的大小，改变R_1和C的参数值即可改变刮水器的间歇时间。

（2）集成电路间歇振荡控制继电器电路结构如图9－11所示。

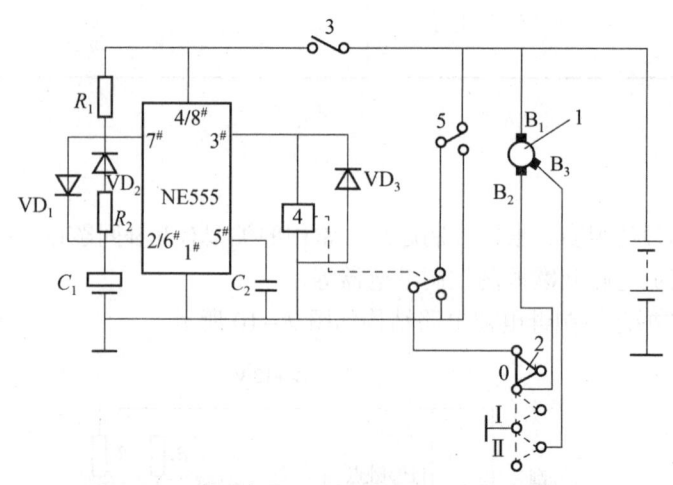

图9－11　集成电路间歇振荡控制继电器电路结构
1—刮水电动机；2—刮水器开关；3—间歇刮水开关；4—继电器；5—自停开关

图9－11所示为用NE555集成电路（NE555芯片内置了两个电压比较器、一个RS触发器、一个放电三极管）接成的振荡器，停歇时间由R_1、C_1充/放电时间常数决定，电容器C_2的电压是比较器的基准电压，VD$_3$为感应电动势的保护管。

当间隙开关闭合时，电路输出高电位，继电器J得电，常开触点闭合，刮水电动机运转。

经过一定时间后，电路翻转，3$^\#$端子输出低电平，继电器J断电，常开触点断开，常闭触点闭合。此时，刮水电动机继续运转，直至自停触点闭合，刮水片即停在原始位置。

（3）间歇继电器的测试图解。接通开关3，完成三步动态测试，如图9－12所示。

任务9.2.3　解读智能雨量传感器

任务工作表见表9－4。

图 9-12 三步动态测试图

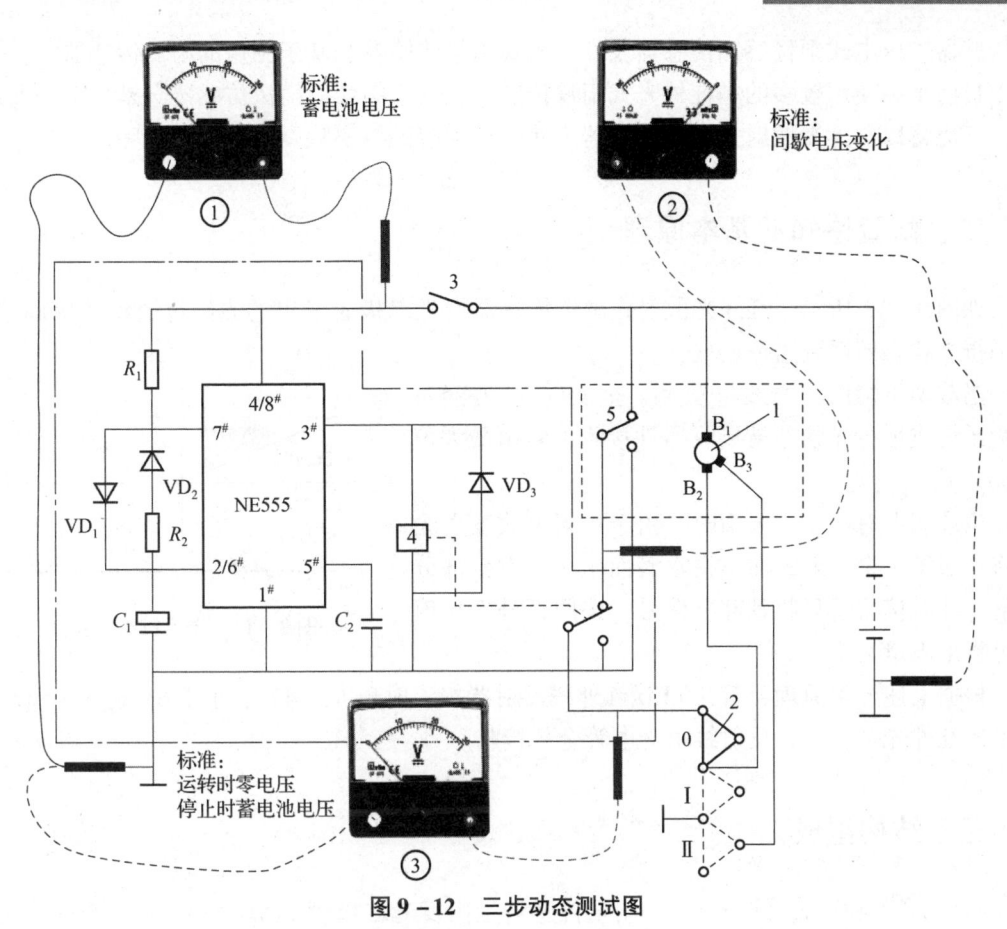

表 9-4 任务工作表

智能雨量传感器用途	
雨量传感器安装位置平面为什么要有严格要求？	
绘制雨量传感器模块电路原理图	项目名称	内容或表达含义
	全反射概念	
	常用类型	

知识链接

一、种类

雨量感知传感器，主要包括流量式雨量感知传感器、静电式雨量感知传感器、电容式雨量传感器、压电式雨量感知传感器及红外光式雨量传感器和基于图像的雨量传感器。

目前车系使用较多的是红外光式雨量传感器，基于图像的雨量传感器会是将来的发展趋势，下面将以红外光散射式雨量传感器为例进行讲解。

二、雨量感知的基本原理

如图9-13所示，红外光散射式雨量传感器发光二极管发出的光经过透镜系统调整后，呈平行光状态照射到风窗玻璃上。

当玻璃干燥时，光线将发生"全反射"，并经过透镜系统成平行光状态被接收器件接收，输出最大值（100%）。

当玻璃上有雨水、雨滴时，由于折射率改变，光线将不能发生全反射，而是视水滴面积大小发生部分反射，此时接收管只收到部分信号，按照百分率比值即可算出雨量大小。

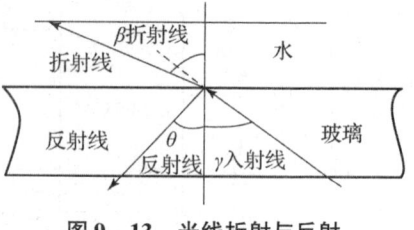

图9-13 光线折射与反射

根据上述光学原理，若让LED红外线发射器按入射角大于42°、小于63°射入风窗玻璃，将形成红外光全反射，反射线由光电管全部接收。

三、结构组成

如图9-14所示，红外反射式雨量传感器是由发光二极管LED、光电（光敏）二极管、不规则透镜和雨量传感器胶带（硅胶）等组成的。

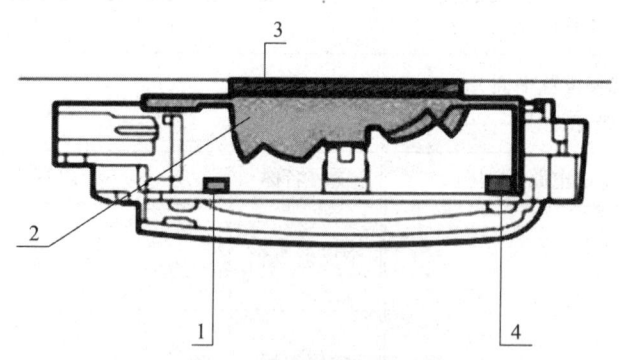

图9-14 红外反射式雨量传感器结构

1—光电二极管；2—透镜；3—雨量传感器胶带；4—LED

四、红外光散射式雨量传感器感知过程

1. 玻璃干燥状态

在刮水器使用的过程中，当外部环境没有雨水接触到风窗玻璃时，其感知原理如图9-15（a）所示。

(1) 首先，雨量传感器内置的 LED 向风窗玻璃按全反射角范围发射红外线光束。
(2) 发射出去的红外线光束通过透镜，几乎全部从风窗玻璃反射回来。
(3) 从风窗玻璃反射回来的红外线被雨量传感器中的光敏二极管接收。
(4) 光敏二极管接收红外线光，雨量传感器中的微型处理单元根据反射率计算降雨量，并将此转换成电信号，然后将风窗玻璃刮水控制信号发送到自动刮水器控制模块。

2. 玻璃外部接触到雨水

在刮水器使用的过程中，当外部环境有雨水接触到风窗玻璃时，其感知原理如图 9 – 15（b）所示。

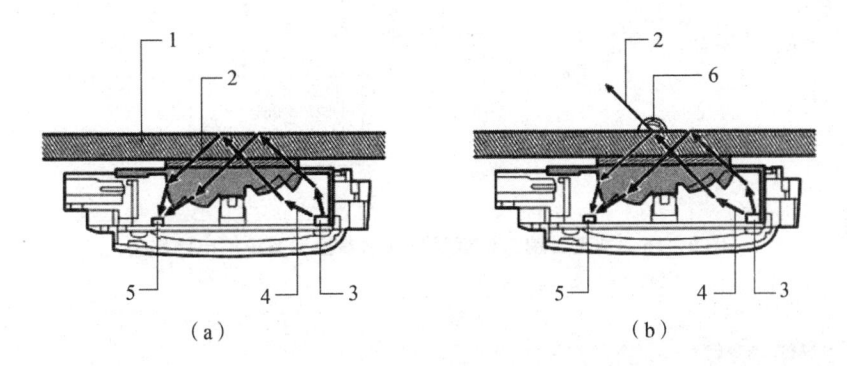

图 9 – 15 红外反射式雨量传感器的感知原理
1—风窗玻璃；2，4—红外线；3—LED；5—光电二极管；6—雨滴

(1) 雨量传感器内置的 LED 向风窗玻璃，并按全反射角范围发射红外线光束。
(2) 红外线通过透镜被风窗玻璃接收，但由于风窗玻璃外表面的雨水缘故，造成不能全反射，部分光束被散射丢失，丢失的量与表面雨水量的大小有关。
(3) 没有散射的红外光光束被风窗玻璃反射，并由雨量传感器里面的光敏二极管接收。
(4) 光敏二极管接收红外线光，雨量传感器中的微型处理单元根据反射率计算降雨量，并将此转换成电信号，然后将风窗玻璃刮水控制信号送到自动刮水器控制模块。

五、雨量式智能控制

对于刮水器（雨量感知）智能控制的原理方式，在此以别克君越 3.0 旗舰版的带雨量传感器的刮水控制系统的电路结构为例，供读者参考。

别克君越 3.0 旗舰版刮水系统带有雨量传感器，可对雨量进行监测，其控制系统由刮水器开关、雨量传感器模块、两个控制继电器、刮水电动机总成、车身控制模块（BCM）等组成，如图 9 – 16 所示。

任务拓展

使用汽车综合分析仪，读取智能刮水系统雨量传感器的数据流。

知识提示

借助仪器的帮助功能，内有引导式操作流程。

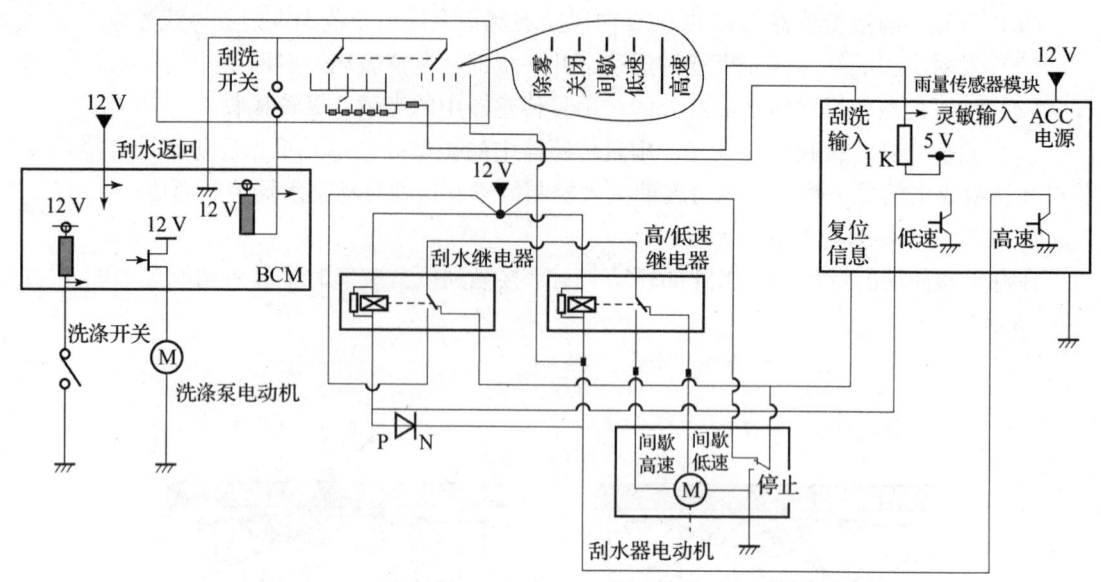

图 9−16　别克君越 3.0 旗舰版刮水器控制系统的电路结构

任务评价与总结

评价与总结

_____
_____
_____
_____

任务3　剖析电动后视镜控制电路

任务描述

实施内容——全面剖析电动后视镜控制电路；深层次了解电动后视镜驱动机构与控制电路的内在关联。

> ◆任务目标
> 通过学习，具备对电动后视镜控制电路的剖析能力；能动态测试电动后视镜控制电路！

任务准备

1. 课前知识储备：上网查阅电动后视镜装置的相关资讯，了解一些螺杆机构传动方面的知识。
2. 扫码完成课前预习。

任务实施过程

一、任务厘清

由于电动后视镜的结构抑或控制，相对来说都是比较简单的，为使任务更加完整有序，全部整合在一起统一完成。

二、任务实施

任务工作表见表9-5。

表9-5　任务工作表

电动后视镜系统组成			
测试项目	测试步骤	实测数据	评价
后视镜电动机测试			
开关总成测试			

知识链接

一、作用

汽车后视镜位于汽车头部的左右两侧,以及汽车内部的前方。

汽车后视镜可反映汽车后方、侧方和下方的情况,使驾驶者能够间接地看清楚这些位置,扩大了驾驶者的视野范围,它是驾驶员的"第三只眼睛"。

二、后视镜的种类

(1) 按安装位置划分,有外后视镜、下后视镜和内后视镜。

(2) 按后视镜镜面的不同,有以下两种:

①平面镜,顾名思义镜面是平的,用术语表述就是"表面曲率半径 R 无穷大",这与一般家庭用镜一样,可得到与目视大小相同的映像,这种平面镜常用作内后视镜。

②凸面镜,镜面呈球面状,具有大小不同的曲率半径,它的映像比目视小,但视野范围大,类似相机"广角镜"的作用,常用作外后视镜和下后视镜。

三、电动后视镜

电动后视镜使驾驶人坐在车内通过调节开关即可调整左右后视镜,使后视镜的调节变得十分方便,现在很多汽车都配置有折叠功能。

使用选择开关,如图9-17所示,选择要调整的L/R后视镜后,按压开关(三角符号表示调节方向)即可调整。

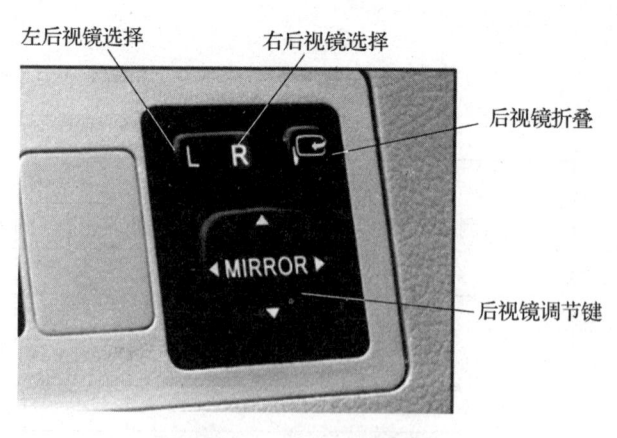

图9-17 电动后视镜开关

四、电动后视镜操作

电动后视镜开关，包括左、右后视镜选择开关和后视镜转动（水平方向和垂直方向）控制开关，当驾驶人用选择开关选择了要调整的后视镜后，即可通过转动控制开关来调整被选择的后视镜。

如图9-17所示，通过操作开关上的"◀"与"▶"左右调整开关调节水平视角，通过"▲"与"▼"上下调整开关调节垂直视角。

五、控制电路

如图9-18所示，本任务以本田雅阁汽车的电动刮水器驱动"右后视镜向外"为例进行剖析讲解，当驾驶人将后视镜选择开关拨至右位、后视镜转动控制开关按向右时，则"右"开关接通右后视镜控制水平转动的电动机电路。

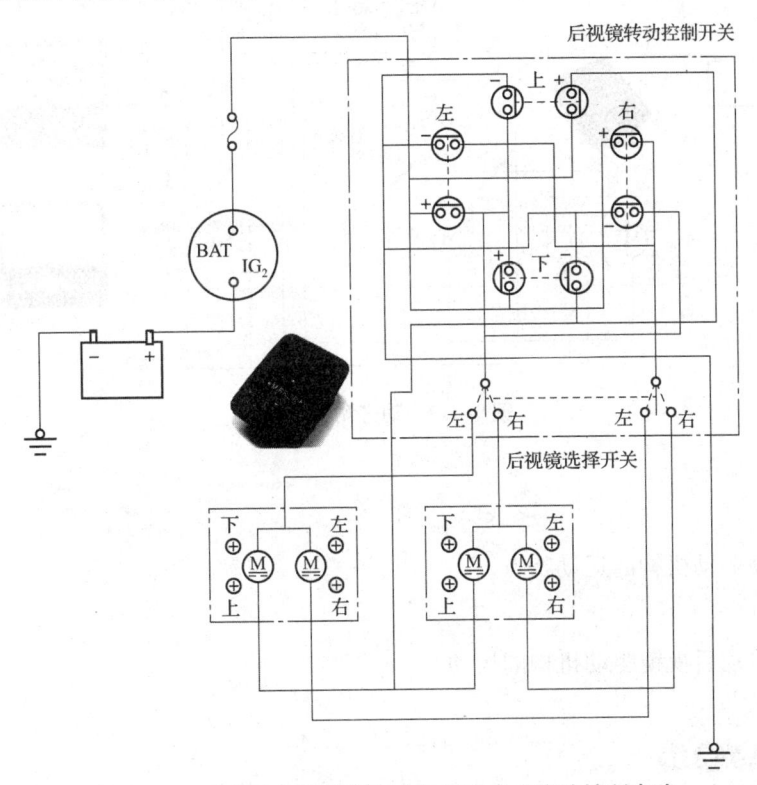

图9-18 广州本田雅阁轿车八向可调电动座椅控制电路

控制电流路径：蓄电池正极→点火开关→熔断器→开关正极端子→后视镜转动控制开关"右＋"→后视镜选择开关"右"→开关输出→右后视镜"左右"电动机"右＋"端流入→流回开关→后视镜选择开关"右"→后视镜转动控制开关"右－"→搭铁→蓄电池负极。

此时右后视镜控制水平转动电动机转动，使右后视镜水平向外逆时针方向转动到指定位置，完成镜面角度调节。

同理，当后视镜转动控制开关按向左时，则"左"开关接通右后视镜控制水平转动的电动机电路，但通过电动机电流的方向相反，使右后视镜水平向内顺时针方向转动。

当后视镜转动控制开关按向上或下时，则接通右后视镜控制垂直转动电动机电路，实现后视镜的上、下视角调整。

六、动态测试图解

控制右边后视镜向上驱动电路的动态测试图解如图9-19所示。

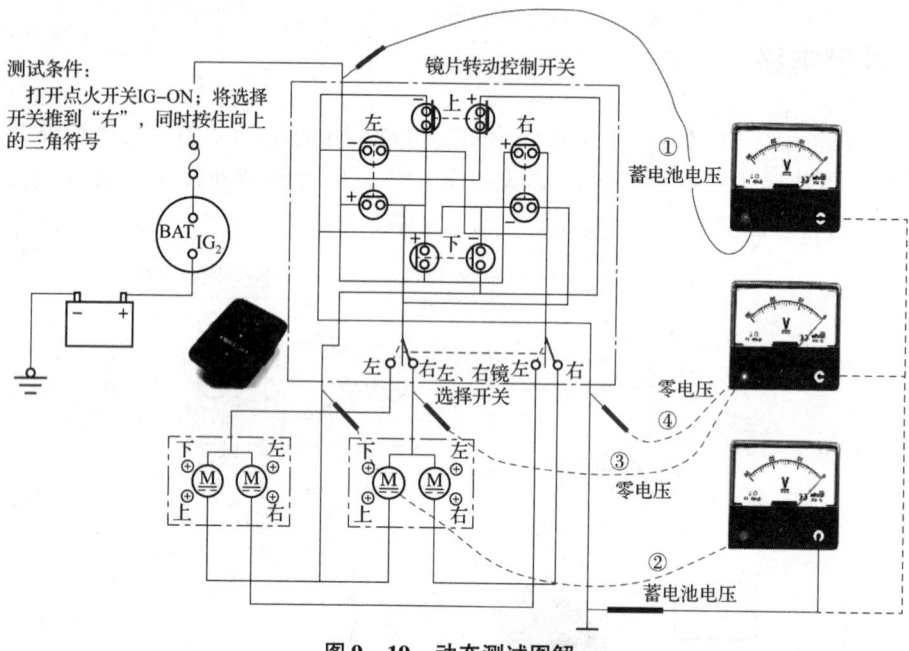

图9-19 动态测试图解

任务拓展

电动后视镜驱动机构的运动特点。

知识提示

仔细观察电动后视镜驱动机构的运动。

任务评价与总结

评价与总结

_____
_____
_____
_____

任务4　全景影像装置的认知

任务描述

实施内容——深层次了解全景影像装置的功能，并完成对全景影像装置的标定与图像拼接。

> ◈ 任务目标
>
> 通过学习，能全面认识全景影像装置结构功能；能对全景影像装置进行独立标定与图像拼接。

任务准备

1. 课前知识储备：上网查阅全景影像装置方面的相关资讯，去了解一些摄像头方面的知识。
2. 扫码完成课前预习。

任务实施过程

一、任务厘清

把全景影像装置的功能认知及完成对全景影像装置的标定与图像拼接整合在一起统一完成，使任务更加完整有序。

二、任务实施

任务工作表见表9-6。

表9-6　任务工作表

项目	标定的步骤	标定的数据
全景影像系统标定拼接		

一、全景影像停车辅助系统

停车辅助系统通常是在车身前、后、左、右安装四个175°广角摄像机，由于相机成像过程中存在非线性畸变，因此需要进行畸变矫正，对畸变矫正后的图像进行标定，得到投影矩阵，转换图像视角为俯视图，最后利用图像拼接或投影算法合成一幅360°的全景影像，投影算法是全景泊车系统的核心。

（1）全景影像显示的基本原理如图9-20所示。

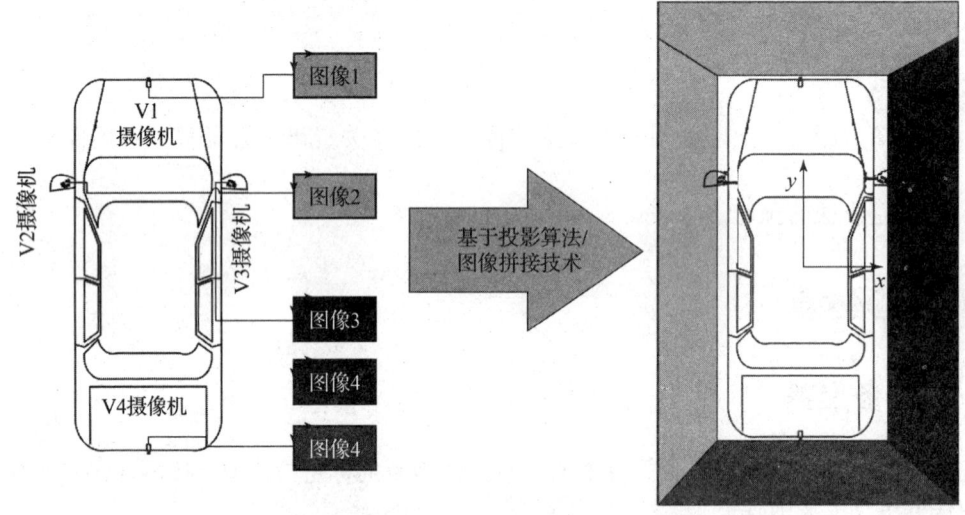

图9-20 全景影像显示的基本原理框架

（2）全景影像停车辅助系统的信息处理流程如图9-21所示。

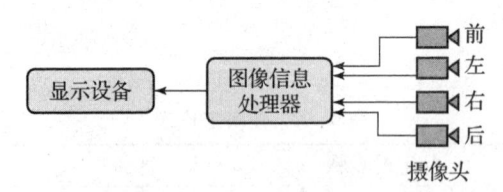

图9-21 全景影像停车辅助系统的信息处理流程

二、全景影像停车辅助系统的基本组成

全景影像停车辅助系统主要是由4个水平视角为180°左右且垂直视角大于130°的广角鱼眼摄像头（或无畸变摄像头）、图像采集处理器和显示屏幕三部分组成的，如图9-22所示。

三、全景影像标定

1. 标定前的准备工作

（1）标定前先检查（或调整）好摄像头的角度，一般与垂直地面小于45°才能达到最好的效果；左、右摄像头一般尽量垂直于地面，在能观察到标定点的情况下略微朝后安装，标定前一定要做观察检查。

图 9-22　全景影像系统基本组成

为了让角度调整准确，可以打开标定操作界面，参考画面格子调整摄像头角度，此时可以放大查看"单通道"图像，尽量避免铺好标定布后再调整摄像头角度。

调整左右摄像头时须注意三点：车身离视频中心点有一定距离（一般在布棋盘布时，所预留的尺寸）；车身要和纵向线平行；车身前后要能看到远处（能看到前后远处的标定用方格）。

（2）场地。

要求调试标定的场地要地面平整、光线均匀，避免在强反光区域。

（3）标定布。

标定布的棋盘格，一般是由边长 30 cm 黑白相间的正方形组合而成，有 5 cm 宽的内外边缘，白色格采用哑光材料。

定位点一般采用边长 10 cm 正方形或者直径 10 cm 的圆形哑光黑块。

2. 标定布的铺设

（1）车辆矩形框的绘制，要求对边的距离误差不能超过 1 cm，矩形相邻边的垂直度不能超过 2 cm，否则图像校正误差会很大。

（2）确保摄像头的拍摄距离能够达到矩形线的位置，一般来说矩形线离车前保险杠 25 cm，离车后保险杠 10 cm，离左、右前轮距离 5 cm，当然应根据具体车型做具体调整确定，如图 9-23 所示。

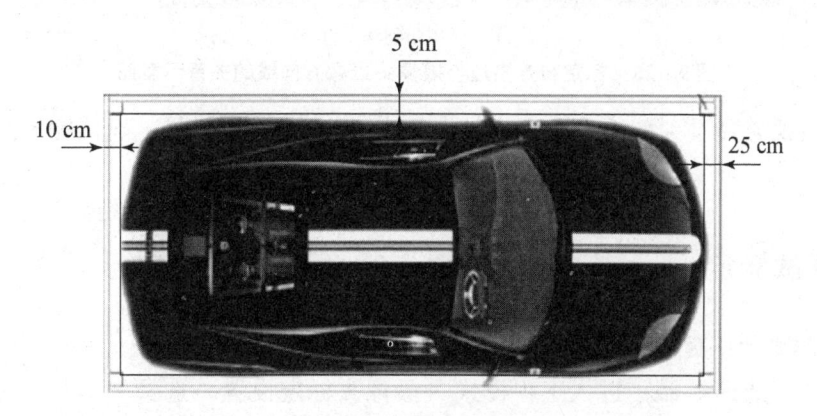

图 9-23　标定布铺设的矩形框参数

(3) 自动标定程序下的标定布铺设要求。

如图 9-24 所示，E 为在 AC 上的一点，且 E 离 A 的距离是 1.5 m，即 $AE = 1.5$ m；F 为在 BD 上的一点，且 F 离 B 的距离是 1.5 m，即 $BF = 1.5$ m。1.5 m 即为左右偏移值。

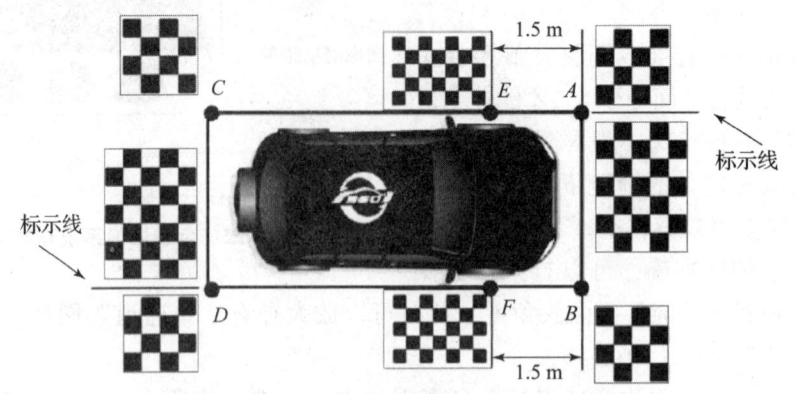

图 9-24　标定布铺设要求（自动标定）

测量的数值如果不是矩形，则最终拼图将会失败变形，需要再次测量摆放。

(4) 摄像头调整。

首先将调试布固定好、拉平、拉展，不要出现褶皱。

通过显示屏右侧的单视图确认前视、后视所铺的方格布是否都能被看到（没有遮住）。调试布的黑白格要与显示屏中的绿线平行（如不平行就要对摄像头做调整），如图 9-25 所示。

图 9-25　标定布方格边与摄像头景像方向线的关系示意图

左视、右视需要看到前面左边和右边的方格调试布铺布效果，确认完毕后即可进行调试。

四、调试标定

1. 自动标定"一键拼图"

通过系统（或遥控器）进入工程模式→摄像头标定设置→选择"车长"并输入车长（AC 的长度）→选择"车宽"并输入车宽（AB 的长度）；左右偏移值为 150 cm，可以根据实际调试效果进行更改→再选择"一键拼图"并按"OK"键确认。

"OK"键确认成功后,调试界面会显示"正在执行",系统即可完成自动拼接。注意:如果拼图出现扭曲,即为失败,需要重新测量再次进行测试。

2. 手工标定

在确定摄像头已完全固定好后,手工标定,对铺布要求稍微简单,不需要进行偏移值设定。

全景基本参数设定:

(1) 通用设置:录像清晰度调"HIGH",然后更改全景时间即可,其他参数不用更改。

(2) 全景调校:车长参数/车宽参数。

(3) 系统维护:禁止更改高清输出分辨率,默认为720×576。请勿随便恢复出厂设置。

(4) 本全景只要前后各铺一块大调试布(或棋盘标定布)即可,左右可以不用铺布,如图9-26所示,但所有摄像头都要手动遥控对点拼接。

图9-26 手动标定标定布铺设要求

通过系统(或遥控器)进入工程模式→标定全景摄像头→选择需要标定的单摄像头(一般先后再前,再两侧边的顺序),把光标放置到标注点(红色圆点),如图9-27所示,通过上、下、左、右移动光标对准标定点,按"OK"键确定,然后进入下一个标定点,如图9-28所示,继续完成标定。

前视初调

移动光标,对准标定点,按"OK"键确定

图9-27 前方标定点标定图

图 9-28 后方摄像头与侧面摄像头的标定点

五、盲区调试

1. 盲区

由于前后摄像头拍摄地面时会被保险杠遮挡，故全景图像中会存在盲区，即车前或者车后的一段距离呈黑色或白色。

2. 消除盲区

使用系统（或遥控器）上的左/右键调整盲区长度，用灰色掩盖这部分盲区，从而使全景图像更加自然。

盲区调整保存后，按退出键完成标定。

当然，根据车型，标定方式、标定点位置与数量、间隔距离、尺寸等标定因素都是可调可变的。

任务拓展

完成盲区消除工序。

任务评价与总结

评价与总结

_____
_____
_____
_____

模块十　舒适辅助设备

序号	模块名称	能力点	知识点
1	模块十 舒适辅助设备	*能够正确使用舒适辅助设备； *能够测试舒适辅助设备控制电路； *能够全面解读舒适辅助设备的结构与控制方式； *能够了解不同类型舒适辅助设备各自的特点	*各种舒适辅助设备的类型、技术； *各种舒适辅助设备的组成、应用场景
	课程思政点：舒适指数与幸福感			
	任务1 电动车窗技术解析	任务2 电动天窗技术解析	任务3 电动座椅技术解析
	任务4 中控门锁技术解析	任务5 无钥匙进入技术解析	

舒适辅助设备是车辆驾乘环境的重要系统之一，它能为驾乘人员提供一个舒适的乘坐环境。图10-1所示为房车舒适舱。

图10-1　房车舒适舱

舒适辅助设备系统主要包括中央门锁控制系统、无线电遥控系统、电动车窗系统、电动天窗系统、电动后视镜系统和电动座椅系统等。

任务 1　电动车窗技术解析

任务描述

实施内容——正确操作电动车窗；全面认识电动车窗系统的类型与特点、电动车窗的结构原理；解读电动车窗的控制过程，并分析、测试电路中的重要节点。

> ❖ 任务目标
>
> 通过学习，能正确使用电动车窗；能全面了解电动车窗的结构原理及其类型特点；能测试、分析其控制电路。

任务准备

1. 课前知识储备：上网查阅一些电动车窗方面的相关资讯，并了解一些机械传动方面的知识。
2. 扫码完成课前预习。

任务实施过程

一、任务厘清

根据知识的关联逻辑，把电动车窗的正确使用及类型、特点和应用场景融合一起，把控制原理与电路测试、分析融合成另外一部分，细分成两个子任务去完成。

二、任务实施

任务 10.1.1　电动车窗的正确使用与结构、特点的认知

任务工作表见 10 – 1。

表 10 – 1　任务工作表

正确使用电动车窗	认知电动车窗的结构类型与特点

模块十　舒适辅助设备

知识链接

电动车窗就是通过车载电源来驱动车窗电动机，使升降器带动车窗玻璃上下运动的装置，以达到车窗自动开/闭的目的。

电动车窗可使驾驶员或者乘员坐在座位上，利用开关使车窗玻璃自动升降，操作简便，并有利于行车安全。

一、组成

电动车窗主要由升降控制开关、双向直流电动机、升降机构和继电器等组成，利用开关控制车窗的升降。

为防止电路过载，电动车窗电路中还设有热敏开关，有的车上还设有一个延时开关，可保证在点火开关断开后约几分钟内或在车门打开以前，电动车窗仍接通电源，使驾驶人或乘客仍可操纵控制开关关闭车窗。

二、类型

根据电动车窗所使用升降机构的不同，可以分为以下几类：

（1）绳轮（钢丝滚筒）式升降机构和臂式传动升降机构，如图 10-2 所示。

（2）臂式玻璃升降器又可以分为单臂式与双臂式，双臂式又继续可以分为交叉臂式与平行臂式。

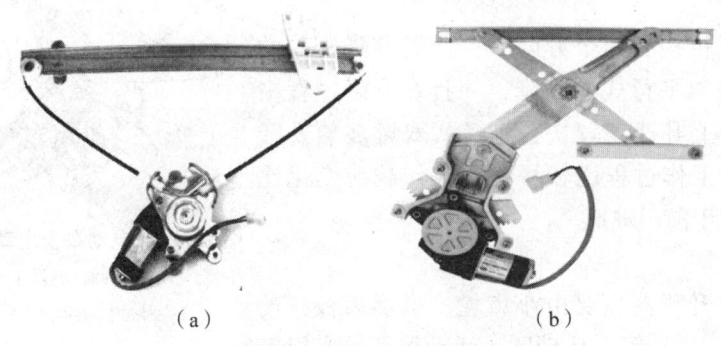

图 10-2　车窗升降机构
(a) 绳轮式；(b) 臂式（双叉）升降器

三、电动机总成

目前，大多数都采用永磁式的双向电动机为车窗提供驱动力。

它一般由永磁双向直流电动机、蜗轮蜗杆、小齿轮与扇形齿轮等组成，如图 10-3 所示。

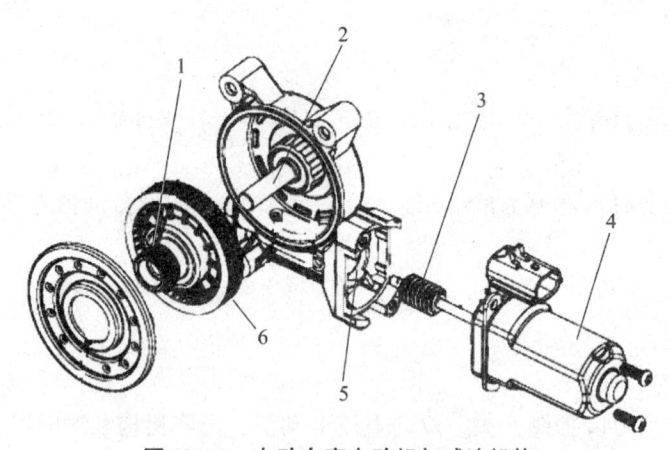

图 10-3　电动车窗电动机与减速机构
1—小齿轮轴；2—扇形齿轮；3—蜗杆；4—双向电动机；5—壳体；6—蜗轮

四、传动减速机构

传动减速机构是由一个蜗轮蜗杆对电动机进行大幅减速增扭，再由小齿轮驱动的一个扇形齿板完成第二次减速增扭，送至齿板连接的一个主臂上来实现驱动玻璃升降的机构。

车窗电动机总成内往往都集成了脉冲传感器，用来监测玻璃的运行状况，防止玻璃卡死或进行上下位置限位控制用，如图 10-4 所示。

五、叉臂式升降机构

叉臂式升降机构有两个升降臂，这类升降机构的结构可以保证玻璃平行式的升降，并且在升降过程中力度也比较大，上升速度较快，且叉式双臂玻璃升降器的宽度较大，工作过程比较平稳，工作载荷变化比较小，被广泛用于前门玻璃。

图 10-4　电动车窗电动机与感知传感器
1—脉冲传感器1；2—磁铁；
3—脉冲传感器2；4—电动机转轴

1. 组成

叉臂式玻璃升降器主要由小齿轮、扇形齿板、玻璃支座（托架）、主动臂、从动臂、活动槽轨、座板等组成，如图 10-5 所示。

2. 升降原理

当电动机接收到来自系统要求玻璃举升的举升电流时，电动机驱动内置蜗轮蜗杆，因蜗轮与小齿轮刚性连成一体，从而使小齿轮驱动扇齿轮做逆时针方向转动。由于固定槽轨不动，故使主动叉臂与从动叉臂做竖直方向的收敛运动，伴随此收敛运动的发生，活动槽轨将被举升起来，而车窗玻璃被固定在玻璃支座上，最终使它一起被抬升，这就是车窗玻璃的举升过程。

相反，车窗放下的过程就是车窗举升的逆过程。

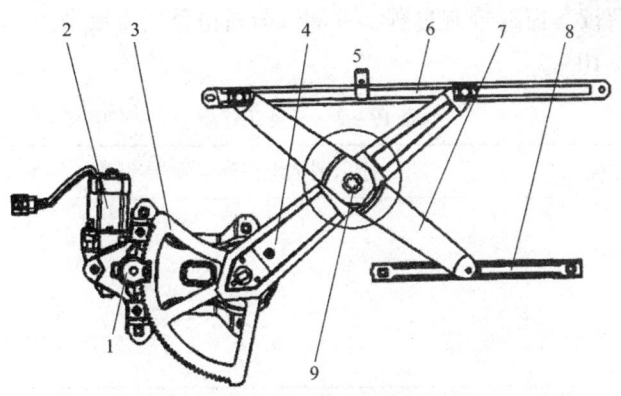

图 10-5　交叉臂式玻璃升降器

1—小齿轮；2—双向电动机；3—扇形齿板；4—主动臂；
5—玻璃支座；6—活动槽轨；7—从动臂；8—固定槽轨；9—销轴

六、绳轮式玻璃升降机构

1. 组成

绳轮式玻璃升降器是由绳轮盘卷丝机构、滑轮、钢丝绳、滑块与玻璃对接孔、导轨总成安装支架等组成的，如图 10-6 所示。

电动机驱动固连在一起的绳轮盘卷丝机构，从而带动钢丝绳，钢丝绳的松紧度可利用张紧轮进行调节。它用的零件少，自身质量轻，便于加工，所占空间小，常用于小型轿车的后窗玻璃升降。

2. 绳轮盘卷丝机构

绳轮盘卷丝机构是绳轮式升降器的核心，它由减速机构、轮盘、钢丝绳和轮盘固定架等组成。

当电动机旋转时，其绳的一端将与绳轮缠绕，而绳的另一端却是释放，缠绕长度与释放长度一致，以保证拉升或下降平稳，如图 10-7 所示。

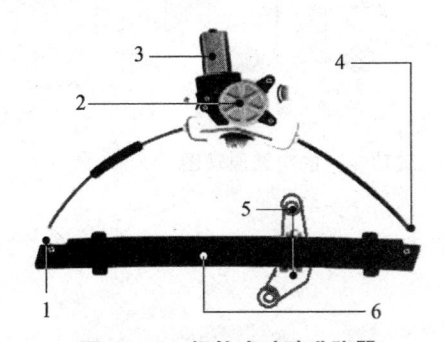

图 10-6　绳轮式玻璃升降器

1—滑轮；2—绳轮盘卷丝机构；
3—电动机；4—钢丝绳；5—导轨总成安装支架；
6—滑块与玻璃对接孔

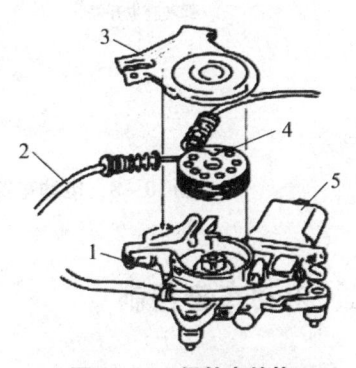

图 10-7　绳轮盘结构

1—减速机构；2—钢丝绳（拉索）；
3—轮盘固定架；4—轮盘；5—双向电动机

任务 10.1.2　解读车窗的控制过程，并测试分析电路的重要节点

任务工作表见表 10-2。

表 10-2　任务工作表

解读车窗的控制过程	标示测试电路的"重要节点"并予以测试分析

知识链接

一、电动车窗的控制电路（见图 10-8）

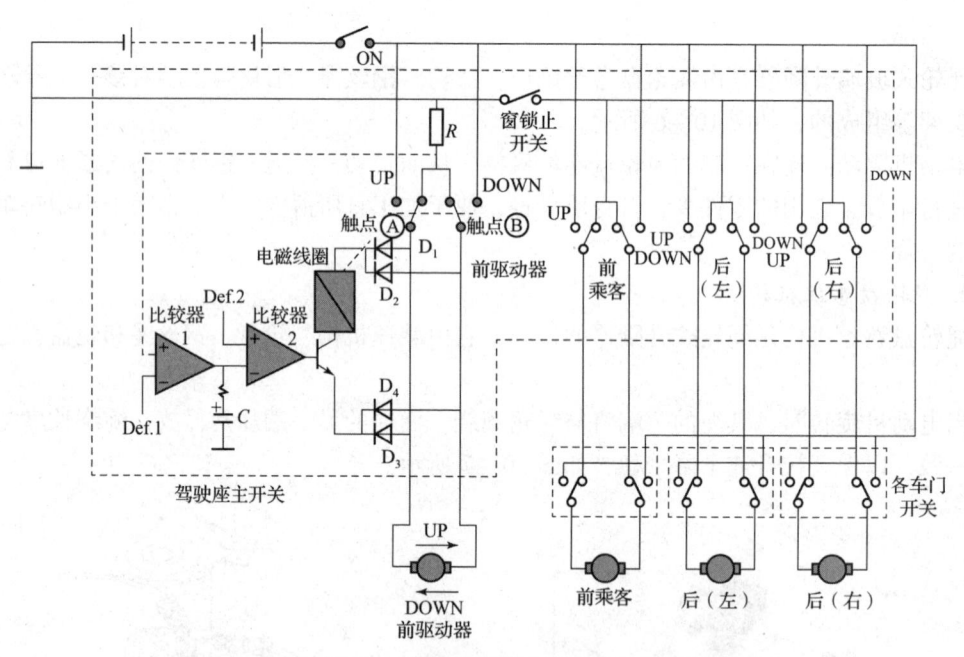

图 10-8　电动车窗（主驾车窗带点触功能）的电路原理图

二、电动车窗控制

1. 电路特点

主开关安装于驾驶人侧车门或仪表板处，主开关包括控制 4 个车窗玻璃升降的电动车窗开关和车窗锁止开关。车窗锁止开关在接通状态时，各车窗升降控制开关均可操纵车窗玻璃的升降；当车窗锁止开关断开时，则只有驾驶人侧车窗可进行开关操作。一般每个电动机电

路中会串联使用一个双金属片式热敏开关，当车窗完全关闭、完全打开或由于车窗玻璃上结冰、卡滞等引起车窗玻璃无法移动时，电动机一旦超载，过大的电流通过双金属片会使双金属片温度升高而弯曲变形，其触点打开，切断电动机电流。待双金属片冷却后，变形恢复，触点又重新闭合，为下次工作做准备。

现代车系逐渐都开始采用速度传感器。

2. 主驾驶车窗的点触控制功能

在点火开关处于点火位置（IG-ON）时，如图10-8所示，电流经点火开关至主驾开关总成，当点动"UP"时，左边开关搭靠在"UP"，再经开关流经触点A，并会在此分流。

控制电路电流的路径：

当控制电流流经至电动机触点B时，通过开关经电阻R搭铁，电动机工作。此时，R电阻的电压较小，同时把此电压值传导给电压比较器1的"+"，由于此时Def.1电压值高于电阻压降值V_R，故比较器1输出"0"，使得电压比较器2输出高电平，使功率晶体管导通，并驱动继电器，使"UP"开关始终处于闭合位置。

当玻璃升至顶端时，阻力使电动机不能转动，处于"堵转"状态，其电流急速上升，使电阻R的电压值快速上升，当此值大于Def.1的电压值时，比较器输出"1"，同时通过电阻与电容C进行充电（其τ值决定了允许的堵转时间），当电压值上升到一定值（比Def2高）时，比较器2翻转，功率晶体管截止，继电器断开，切断电动机电路电流，停止工作。电路中的二极管D_1、D_2、D_3、D_4是防止电流逆流的保护二极管。

同理，点触下降的过程基本一致。

三、测试分析电路的重要节点图解

如图10-9所示，以驾驶员的玻璃窗升降为例，测试其相关的主要节点来分析系统。

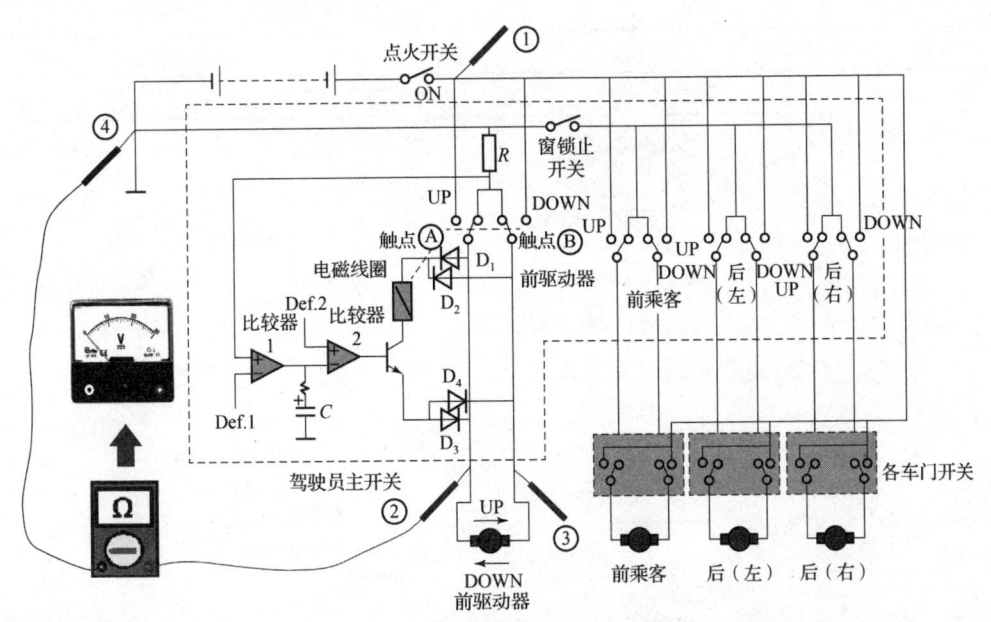

图10-9 电路的重要节点测试分析图

打开点火开关,处于点火位置(IG-ON):

(1)首先,采用万用表的欧姆挡测量出②、③、④三个节点的状态,如不按动开关,检查它们是否导通或搭铁。

(2)上面的测试完毕后,判断其是否正常,如若正常,则采用电压挡测量,如表10-3所示。

表10-3 测试的标准状态

开关状态	节点①	节点②	节点③	节点④
按压"向上"	12 V	12 V	有一定压降	0 V
按压"向下"	12 V	有一定压降	12 V	0 V

任务拓展

完成左后车门玻璃车窗的重要节点测试。

知识提示

测试分析时需要考虑其他三个车门受到了"窗锁止开关"的控制。

任务评价与总结

评价与总结

_____
_____
_____
_____

任务 2　电动天窗技术解析

🏁 任务描述

实施内容——正确操作电动车窗；全面认识电动天窗系统的类型与特点、电动天窗系统的结构原理，并完成天窗的初始化设置。

> ❖ 任务目标
> 通过学习，能正确使用电动天窗系统；能全面解读电动天窗系统的结构原理及其类型特点，能完成天窗的初始化设置。

🏁 任务准备

1. 课前知识储备：上网查阅一些电动天窗的相关资讯。
2. 扫码完成课前预习。

🏁 任务实施过程

一、任务厘清

根据知识的关联逻辑，把电动天窗系统的正确使用与类型和特点及应用场景融合在一起，把完成天窗初始化设置归类成另外一部分，细分成两个子任务去完成。

二、任务实施

任务 10.2.1　电动天窗的正确使用与结构、特点的认知

表 10-4　任务工作表

正确使用电动天窗系统	电动天窗系统的结构类型与特点认知

知识链接

一、汽车天窗的应用场景

1. 负压换气

高速行驶时空气分别从车的四周快速流过，当天窗打开时，会在车的外面形成一片负压区，由于车内外气压的不同，即能将车内污浊的空气抽出。

2. 快速除雾

天窗除雾是一种快捷除雾的方法，特别是在夏、秋两季，雨水多、湿度大，其比配备的防雾装置的效果还要好。

3. 快速降温

在炎热的夏天，车内温度可轻易达到70 ℃左右，只需打开天窗，利用负压抽出燥热的空气即可达到快速换气降温的目的。使用这种方法比使用汽车空调降温的速度快2~3倍，而且还节约汽油。

二、类型

1. 内藏式天窗

内藏式天窗是指滑动总成置于内饰与车顶之间的天窗，大部分轿车多采用内藏式天窗。

2. 外掀式天窗

外掀式天窗具有体积小、结构简单的优点。

3. 全景天窗

全景天窗又可以分为封闭式、分段开启式和整体开启式。

普通天窗的采光面积多数在 $0.2 \sim 0.3 \ m^2$，全景天窗则要大得多，采光面积几乎都在 $0.5 \ m^2$ 以上，甚至达到 $0.8 \ m^2$ 左右。

在某些车型上，全景天窗是可以被全部打开的，如图 10-10 所示。

图 10-10　汽车整体开启式全景天窗

三、结构原理

1. 电动天窗构成

电动天窗主要包括驱动机构、滑动连接机构、控制系统和开关四大部分。

2. 驱动机构

驱动机构主要由双向直流电动机、传动机构和滑动螺杆等组成，如图 10-11 所示。

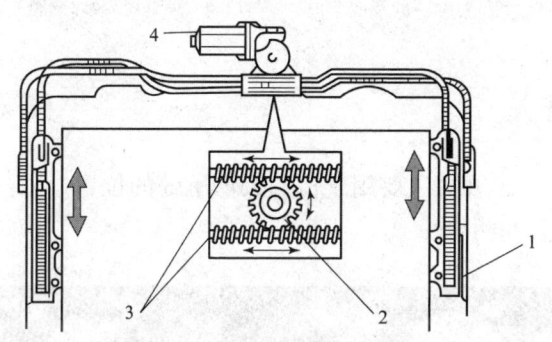

图 10-11 电动天窗滑动机构
1—后枕座；2—驱动齿轮；3—滑动螺杆；4—驱动电动机

电动机通过传动装置向天窗的开闭提供动力，其能双向转动，即通过改变电流的方向以改变电动机的旋转方向，实现天窗的开闭。

电动天窗工作时，驱动电动机所产生的转矩由驱动齿轮传送给滑动螺杆，从而带动后枕座滑动。通常由驱动电动机的正转和反转来决定向前滑动还是向后滑动，也就决定了天窗是打开还是关闭，配合后枕座，利用电动机的正、反转可以做向前、向后的运动。

在电动机齿轮外壳内部有两个利用限位盘（有的是使用凸轮）进行工作的限位开关。

四、滑动连接机构

1. 电动天窗滑动机构

电动天窗滑动机构主要由导向块、导向销、撑杆、托架和前、后枕座等构成。撑杆一端铰接在后枕座上，另一端安装有导向销，导向销在导向块的导向槽内运动。

2. 滑动控制过程

如图 10-12 所示，当车顶玻璃打开时，后枕座由于滑动线缆的作用向后方推出，导向销分别沿着导向槽移动，首先把车顶玻璃后端向下方引入，落入车顶下部；其后，对线缆压紧，向车辆后方滑动，当面板关闭时，后枕座向车辆前方伸出滑动，导向销达到如图 10-12 所示位置即为关闭。

当后枕座向前移动时，导向销也沿导向槽向前滑动，撑杆即按如图 10-12（a）所示箭头方向移动，从而斜升起车顶玻璃，此称为斜升。

当车顶玻璃斜降开始时，后枕座反方向滑动至如图 10-12（b）所示位置，即收回合拢关闭，于是车顶玻璃便斜降下来。此项工作完成之后，车顶玻璃才可按常规进行滑动打开，此称为斜降。

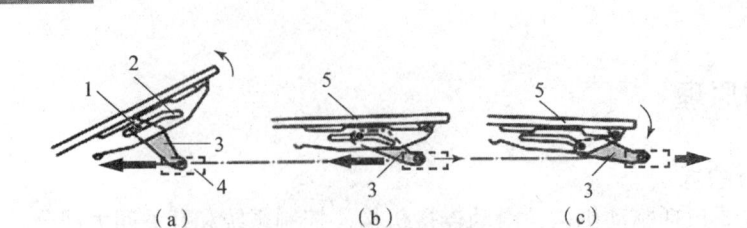

图 10-12 滑动连接机构运动状态

(a) 玻璃后端向上翻开；(b) 玻璃关闭；(c) 玻璃向后滑动打开
1—导向销；2—导向槽；3—撑杆；4—后枕座；5—玻璃

五、限位控制开关

如图 10-13 所示，限位开关主要用于检测天窗所处的位置。限位开关靠信号齿轮（或凸轮）的转动来实现断开和闭合。

图 10-13 限位开关

信号齿轮（或凸轮）安装在驱动机构的动力输出端。当电动机将动力输出时，通过驱动齿轮和滑动螺杆减速后带动信号齿轮（或凸轮）转动，于是滑动（触动）开关使其开闭，以实现对天窗的自动控制。

滑动控制开关、斜升控制开关和限位开关相互配合控制，完成对六种位置信号的识别（分别是滑动三个位置、斜升三个位置），要想确定是完全打开还是与完全关闭，均需要完成一次初始化设置调试，如图 10-14 所示。

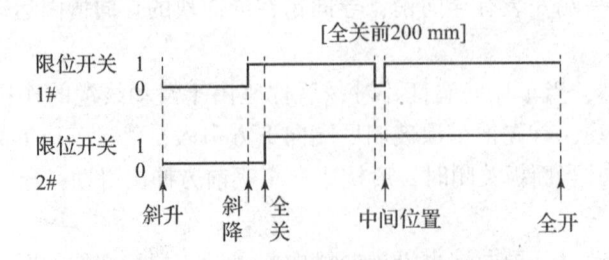

图 10-14 两个限位开关对六种状态信号的描述

任务 10.2.2 解读天窗的控制过程，并完成天窗的初始化设置
任务工作表见表 10-5。

表 10 – 5　任务工作表

解读天窗的控制过程	天窗初始化设置

知识链接

一、普通电动天窗电路控制（见图 10 – 15）

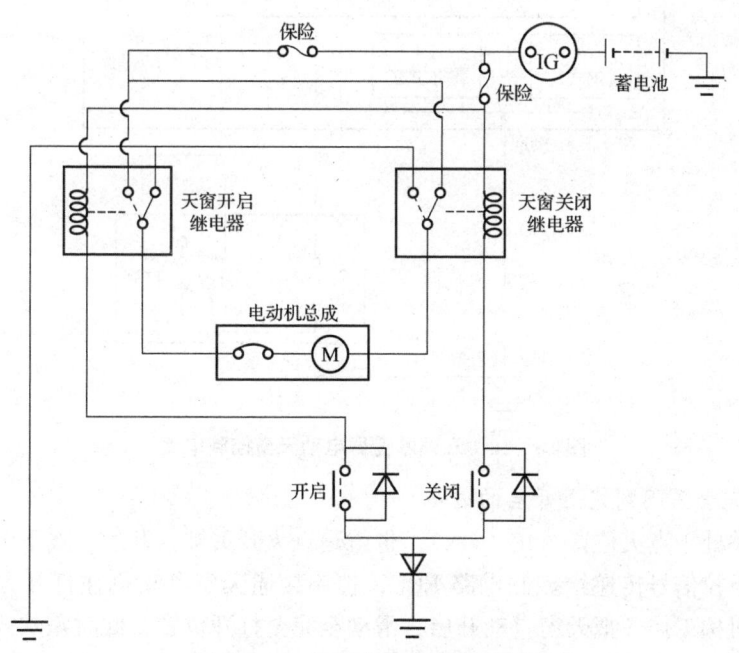

图 10 – 15　普通电动天窗控制电路

（1）当开启天窗时，在点火开关处于点火位置（IG – ON）按下开启开关，接通天窗开启继电器，使来自蓄电池的电流流向电动机总成，如图 10 – 15 所示，由左向右，再经天窗关闭继电器常闭开关搭铁，构成电流回路开始工作，使电动机驱动天窗打开，直至完全打开。

如天窗已完全打开，但开关依然闭合，此时由于机构处于极限位置，电动机无法推动，其电流将急剧上升，双金属片式热敏开关由于大电流通过发热，导致变形翘曲，从而断开电路完成停止保护。

（2）当关闭天窗时，在点火开关处于点火位置（IG – ON）按下关闭开关，接通天窗关闭继电器，使电流流向电动机总成，如图 10-15 所示，由右向左，再经天窗开启继电器常闭开关搭铁，构成电流回路开始工作，使电动机驱动天窗关闭，直至完全关闭。

如天窗已完全关闭，但依然按下开关，推动天窗翻转，转至极限位置，电动机无法推动，其电流将急剧上升，双金属片式热敏开关由于大电流通过发热，导致变形翘曲，从而断开电路完成停止保护。

二、模块化控制的电动天窗（见图 10-16）

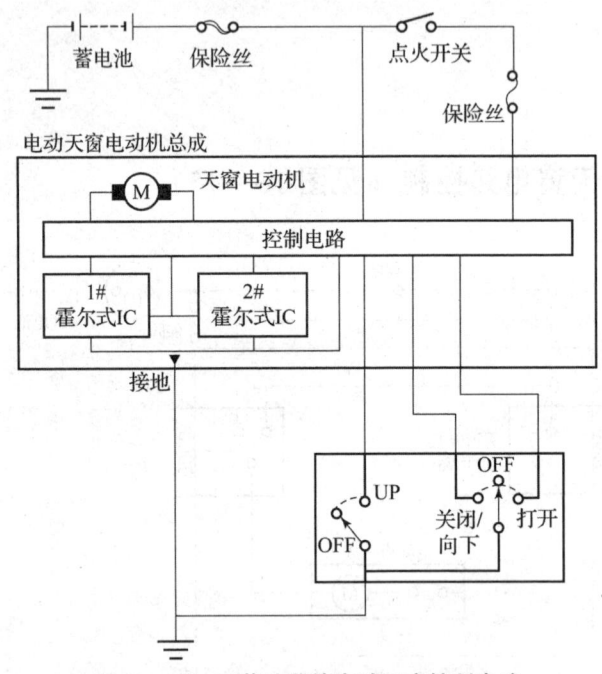

图 10-16 三菱欧蓝德电动天窗控制电路

1. 天窗在完全关闭到完全开启的过程

在点火开关处于点火位置（IG-ON），也就是点火开关被打开后，按下天窗开关至打开位置，并把此下拉信号传递给控制电路 ECU，控制接通天窗电动机往打开方向的电流，驱动电动机总成机构工作，把天窗自动开启，滑动至完全打开位置，此时霍尔式位置识别传感器 1#与 2#把天窗到完全开启的极限位信息送至控制电路，同时把电动机电路断开，使天窗停留在完全开启位置。

2. 天窗在完全开启到完全关闭的过程

在点火开关处于点火位置（IG-ON），也就是点火开关被打开后，按下天窗开关至关/向下倾斜位置，并把此下拉信号传递给控制电路 ECU，控制接通天窗电动机往关闭方向的电流，驱动电动机总成机构工作，把天窗自动关闭，滑动至完全关闭位置，此时霍尔式位置识别传感器 1#与 2#把天窗到完全关闭的极限位信息送至控制电路，同时把电动机电路断开，使天窗停留在完全关闭位置。

3. 天窗在完全关闭（向下倾斜）到完全向上倾斜的过程

在点火开关处于点火位置（IG-ON），也就是点火开关被打开后，按下天窗开关至开/

向上（UP）倾斜位置，并把此下拉信号传递给控制电路 ECU，控制接通天窗电动机往向上倾斜方向的电流，驱动电动机总成机构工作，把天窗自动向上倾斜，倾斜至完全打开位置，此时霍尔式位置识别传感器 1#与 2#把天窗到完全向上倾斜的极限位信息送至控制电路，同时把电动机电路断开，使天窗停留在完全向上倾斜位置。

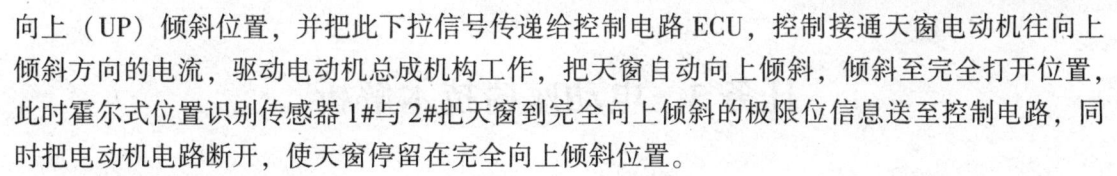

4. 在完全向上倾斜到完全关闭的过程

在点火开关处于点火位置（IG – ON），也就是点火开关被打开后，按下天窗开关至关/向下倾斜位置，并把此下拉信号传递给控制电路 ECU，控制接通天窗电机往关/向下倾斜方向的电流，驱动电动机总成机构工作，把天窗完全关闭，滑动至完全关闭位置，此时霍尔式位置识别传感器 1#与 2#把天窗到完全关闭的极限位信息送至控制电路，同时把电动机电路断开，使天窗停留在完全关闭位置。

当天窗处于自动开启状态时，天窗开关被按下到关/向下倾斜位置，按住 2 s，天窗停止自动开启操作。

三、初始化设置

电动天窗位置初始化设置是天窗系统的一个重要内容，是保证每次运动控制都精准到位的必不可少的一项调试内容，初始化的步骤因车而异，请查阅原车手册。

任务拓展

解决完成电动天窗在开启与关闭时产生位置凌乱的问题。

知识提示

关键在于位置识别上！

任务评价与总结

评价与总结

任务 3　电动座椅技术解析

任务描述

实施内容——正确操作电动座椅系统；全面解读电动座椅系统的结构组成、控制过程和防夹功能！

> **任务目标**
>
> 通过学习，能正确使用电动座椅；能全面解读电动座椅系统的结构组成、控制过程和防夹功能！

任务准备

1. 课前知识储备：上网查阅电动座椅方面的相关资讯。
2. 扫码完成课前预习。

任务实施过程

一、任务厘清

根据知识的关联逻辑，把"正确操作电动座椅系统"与"全面解读电动座椅系统的结构组成、控制过程和防夹功能"整合在一起完成。

二、任务实施

任务工作表见表 10-6。

表 10-6　任务工作表

电动座椅系统组成	绘制"主驾驶位电动座椅"控制电路

知识链接

电动座椅的主要功能包括位置调节、温度调节和警报提醒等,当然,很多高端或中端的车辆也都增设了按摩功能,用于消除驾驶员长途驾驶的疲劳感。

(1) 温度调节功能。例如,BBA 的车辆现在增设有通风控温系统;又比如,英菲尼迪 FX35 型轿车采用了半导体温度调节座椅,可以对座椅进行冷热调节,使驾驶员感觉更加舒适。

(2) 提醒功能。在驾驶过程中,由于跟车距离太近或其他方面的险情时,车辆会通过控制系统振动电动座椅的一侧或者两侧,以提醒驾驶员注意某些事项,比如在一些高端车辆上的防碰撞提醒功能。

一、类型

电动座椅的位置调节功能,常用的包括两向可调、四向可调、六向可调、八向可调四种类型。

电动座椅一般均采用双向直流电动机,所以八向调节只需用 4 个电动机。

二、位置调整机构

(1) 将电动机的旋转运动转变为座椅的空间移动。一般采用蜗轮蜗杆传动、螺杆螺母传动、齿轮齿条传动等传动机构来实现,如图 10-17 所示。

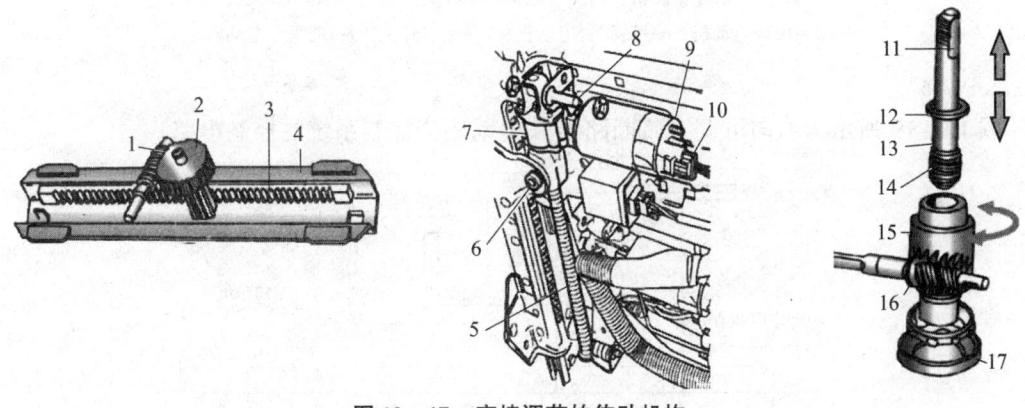

图 10-17 座椅调节的传动机构

1,16—蜗杆;2,15—蜗轮;3—齿条;4—导轨;5,14—螺杆;6—螺栓;7—前/后螺杆传动机构;8—空心定位销;9—前/后调整电动机;10—电动机接头;11—铣平面;12—垫圈;13—心轴;17—底座

(2) 高度调整机构通常是将电动机的高速旋转经蜗轮蜗杆传动减速,再经蜗轮内圆与心轴之间的螺纹传动转换为心轴的上下移动,利用机构的复合运动,实现座椅的高、低调节。

(3) 靠背调整机构、头枕调整机构、腰部调节机构等都是采用蜗轮蜗杆减速增扭机构辅助完成实施,使其实现某种运动调节的。

三、控制电路

1. 控制系统组成

控制系统由双向电动机、位置调整机构和控制开关等组成，它是利用开关调节座椅的位置的。

电动机与位置调整机构是系统的核心，电动机数量较多，其安装位置如图 10-18 所示。一些电动座椅为防止电动机过载，还设置了过载断路开关。

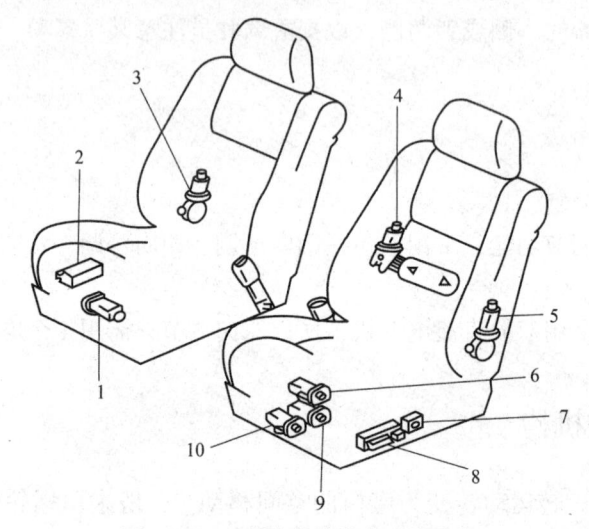

图 10-18 电动座椅的电动机分布

1，10—滑动电动机；2，8—电动座位开关；3，5—倾斜电动机；
4—腰垫电动机；6—后垂直电动机；7—腰垫开关；9—前垂直电动机

2. 电路

图 10-19 所示为八向可调（带断路器）电动座椅控制系统的控制电路。

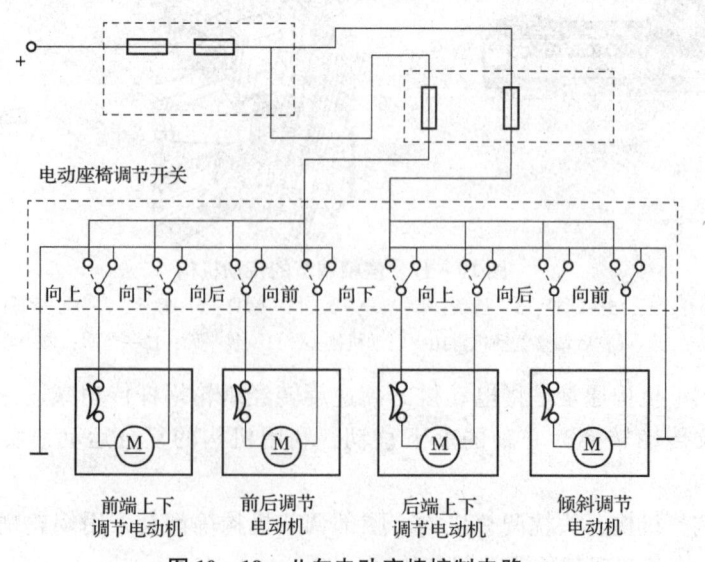

图 10-19 八向电动座椅控制电路

通过电动座椅调节开关控制 4 个永磁式电动机的正反向电流，使电动机以不同的转动方向转动，实现座椅的前端上下、后端上下、前后移动和靠背倾角调节。

当处于极限位置时，它的识别方式有以下两种：

(1) 被动处理，利用电动机堵转产生的大电流，让断路器发热弹起，断开电路来识别并保护，如图 10-19 所示。

(2) 主动处理，控制系统是在极限位置的识别保护上，采用限位开关主动探测，到位后马上切断电路进行保护，如图 10-20 所示。

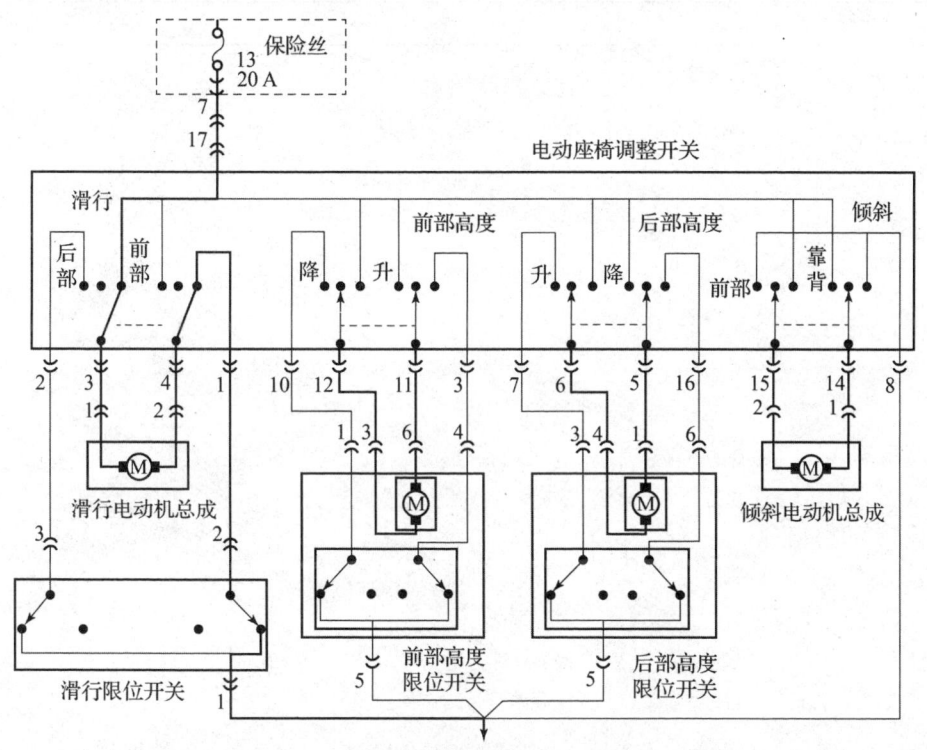

图 10-20 八向可调（带限位开关）座椅控制电路

四、智能化座椅

智能化座椅控制由座椅控制模块（Seat Control Module, SCM）及众多传感器组成。

智能座椅可以支持更多的座椅姿态调节，除了水平、高度、靠背常规调节外，还支持旋转、腿托、肩部、侧翼等方向调节来实现舒适坐姿。此外，智能座椅同时支持加热、通风、按摩、记忆、迎宾等功能。

智能座椅可以快速地识别到相应的场景，然后快速调整到合适姿态，这是传统座椅控制系统无法满足的，其将会使驾驶变得更安全、更舒适、更智能化及拥有更加健康化的体验。

任务拓展

完成电动座椅电动机的性能测试。

任务评价与总结

评价与总结

任务 4　中控门锁技术解析

🏁 任务描述

实施内容——全面认识中控门锁系统的结构类型；解读中控门锁系统的控制过程及其触发方式；解决中控门锁完全失效的技术问题。

> ❖ 任务目标
>
> 通过学习，能全面解读中控门锁系统的结构与控制过程；能独自解决中控门锁系统的技术问题。

🏁 任务准备

1. 课前知识储备：上网查阅与中控门锁系统相关的资讯和知识。
2. 扫码完成课前预习。

🏁 任务实施过程

一、任务厘清

根据知识的关联逻辑，把"全面认识中控门锁系统的结构类型"与"解读中控门锁系统的控制过程及其触发方式"融合一起，把"解决中控门锁完全失效的技术问题"作为另外一部分，细分成两个子任务去完成。

二、任务实施

任务 10.4.1　中控门锁的认知及控制过程和触发方式的解读

任务工作表见表 10 – 7。

表 10 – 7　任务工作表

任务内容	实施结果
认识不同结构类型的中控门锁	
解读控制过程及其触发方式	

汽车电器与控制技术

知识链接

中控门锁系统全称中央控制（又称电动门锁）门锁，中控门锁可使驾驶员通过按钮或钥匙集中控制所有车门（包括行李箱盖）的锁定和打开，可使驾驶员的操作方便，并提高了安全性。

中控门锁一般还在各乘客车门处设有可打开各自车门的锁扣，另设有车速感应锁定功能，当车速超过 10 km/h（或更高些，因车而异）时，各车门能自动锁定，以确保行车安全。

一、门锁机构开启与关闭

中控门锁是用电动机将电能转化为机械能，利用电动机产生的动作带动齿轮转动，去驱动门锁机构开启或关闭车门锁的，如图 10 - 21 所示。

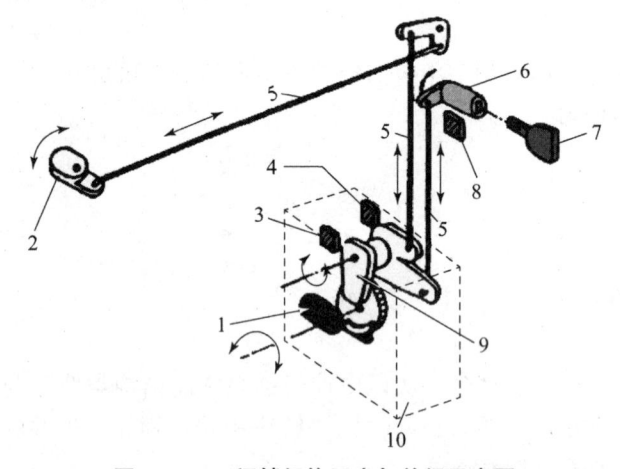

图 10 - 21　门锁机构开启与关闭示意图
1—门锁电动机；2—门锁按钮（车厢内）；3—位置开关；4—门锁开关；5—连接杆；6—门键筒体；
7—键（钥匙）；8—门锁开关；9—锁杆；10—门锁总成

二、组成

中控门锁系统主要由门锁开关、门锁执行器、操纵机构、继电器及控制电路等组成。

1. 门锁开关

大多数中控门锁的开关由总开关和分开关组成，总开关装在驾驶员身旁的车门上，其可将全车所有车门锁住或打开；分开关装在其他各车门上，可单独控制一个车门。

2. 门锁执行机构

门锁执行机构受门锁控制器的控制，执行门锁的锁定和开启任务，主要有电磁式、直流电动机式和永磁步进电动机式三种结构。

3. 门锁控制模块

门锁控制模块是为门锁执行机构提供锁/开脉冲电流的控制装置，具有控制执行机构通电电流方向的功能，同时为了缩短工作时间，具有定时功能。

三、门锁执行器的结构类型

1. 电磁式门锁执行器

电磁式门锁执行器内设有 2 个线圈，分别用来开启和锁闭门锁，门锁集中操作按钮平时处于中间位置，当给锁门线圈通正向电流时，衔铁带动连杆左移，门被锁住；当给开门线圈通反向电流时，衔铁带动连杆右移，门被打开，如图 10-22 所示。

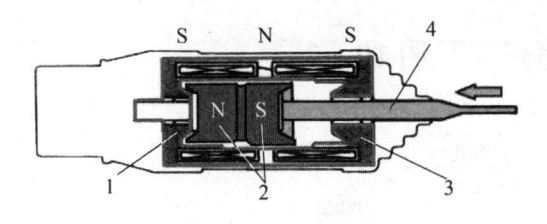

可动铁芯被吸进

图 10-22 电磁式门锁执行器
1，3—固定磁极；2—可动铁芯；4—锁心轴

由于直流电动机能双向转动，所以通过电动机正反转可实现门锁的锁止或开启。

（1）直流电动机式。

它通过直流电动机转动并经传动装置（有螺杆传动或齿条传动和直齿轮传动）将动力传给门锁锁扣，使门锁锁扣进行开启或锁止，如图 10-23 所示。

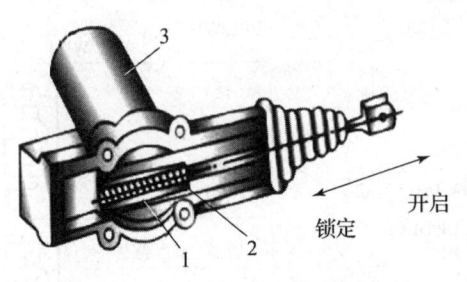

图 10-23 直流电机式门锁执行器
1—齿轮；2—齿条；3—直流电动机

（2）步进电动机式。

图 10-24 所示为永磁式步进电动机门锁执行器，其转子带有凸齿，凸齿与定子磁极径向间隙小而磁通量大。定子周布凸形铁芯，每个铁芯上绕有线圈，形成磁极。

2. 驱动原理

当电流通过某一相位的线圈时，该线圈的铁芯产生吸力吸动转子上的凸齿对准定子线圈的磁极，转子将转动到最小的磁通

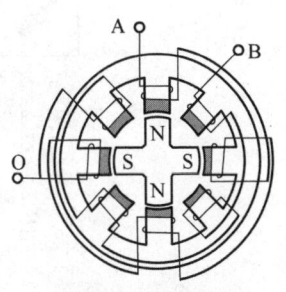

图 10-24 永磁式步进电动机门锁执行器

处，即"一步"步进位置。要使转子继续转动一个步进角，则根据需要的转动方向向下一个相位的定子线圈输入一脉冲电流，转子即可转动。转子转动时，通过连杆迫使门锁锁止或开启。

其步进角度为

$$\theta = \frac{360°}{2mp}$$

式中：m——相数值；
  p——磁极对数。

四、中控门锁电路（见图10-25）

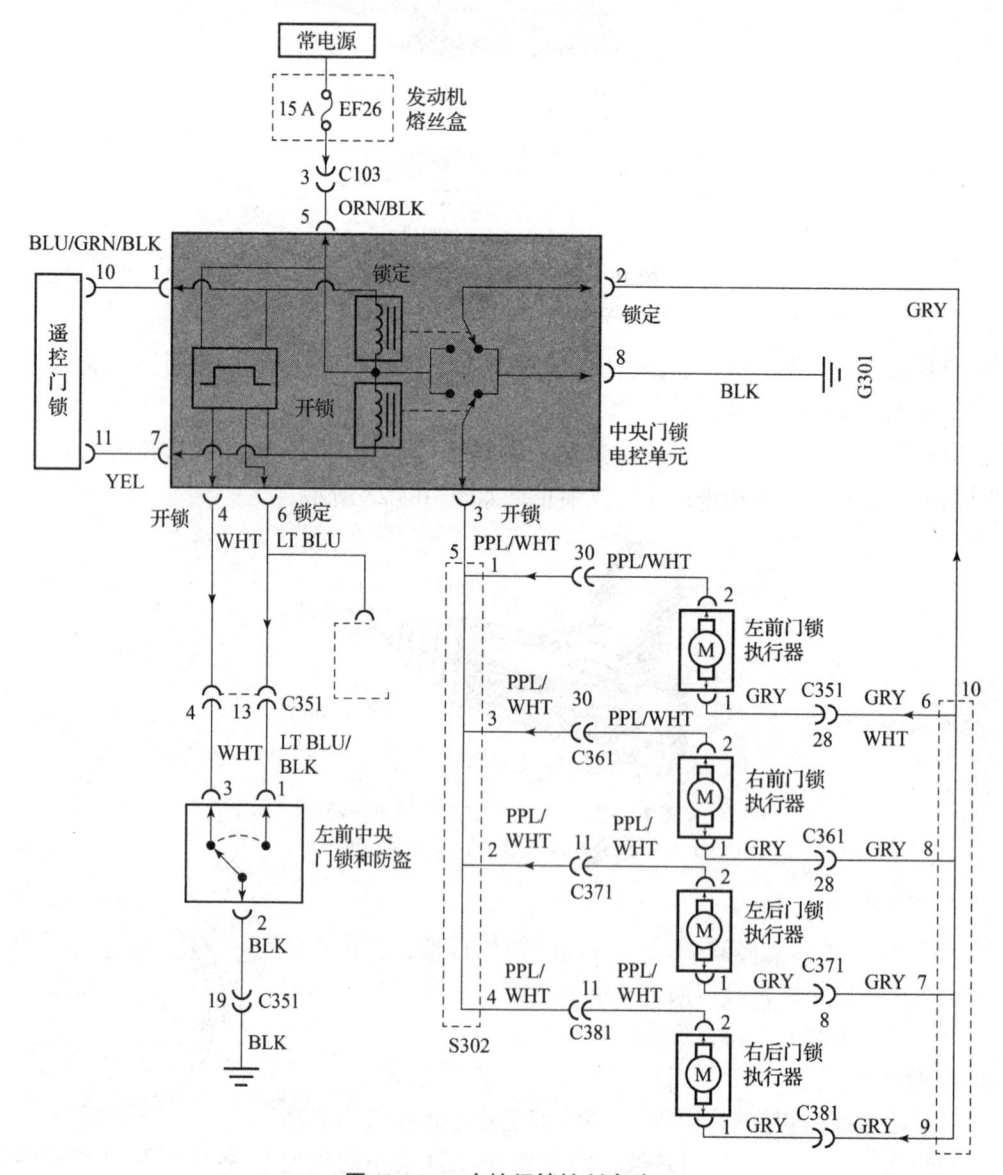

图10-25 中控门锁控制电路

五、控制步骤

如图 10-25 所示,直流电动机式门锁控制电路带遥控门锁功能,即采用负触发方式的直流电动机门锁控制电路(带遥控功能)。

1. 开启门锁

当中央门锁控制单元的 4#开锁线通过开关下拉接地时,控制单元驱动开锁继电器工作,把开关搭向电源侧,给电动机供电,通过锁定继电器常闭开关搭铁形成电流回路,推动锁杆开启门锁。

2. 闭锁门锁

当中央门锁控制单元的 6#锁定线通过开关下拉接地时,控制单元驱动锁定继电器工作,把开关搭向电源侧,给电动机供电,通过开锁继电器常闭开关搭铁形成电流回路,推动锁杆锁定门锁。

任务 10.4.2 解决图 10-26 所示的中控门锁完全失效的技术问题

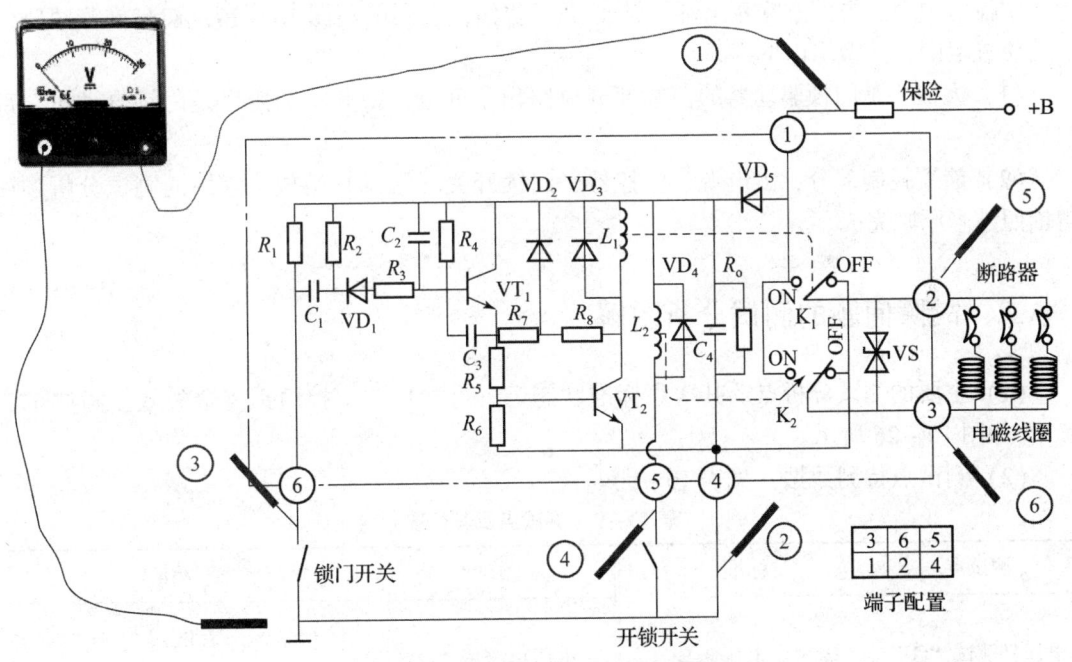

图 10-26 中控门锁完全失效故障测试图解

任务工作表见表 10-8。

表 10-8 任务工作表

序号	测试步骤	标准	结论

续表

序号	测试步骤	标准	结论

知识链接

根据维修原则，我们在解决问题的次序上应遵循先简单后复杂、先容易后困难、先思考后实践、先外后内、先修理后更换的原则。

一、故障范围或故障点的推测分析

中控门锁完全失效意味着全部门锁都不能动作，查阅电路图 10-26，初步推测故障问题的位置范围，并做出以下判断：

（1）大概率是门锁驱动器的前端部分电路出了问题，极其小的概率是门锁电动机全部损坏。

（2）前端控制部分，由电源、门控器、门锁开关（触发）组成，它们的测试分析顺序需依照维修原则完成。

二、故障问题的测试分析图解

（1）主要的测试分析点及其次序标准状态等，可参见"中控门锁完全失效故障测试图解"，如图 10-26 所示。

（2）测试点待测数据（见表 10-9）

表 10-9 测试点及其标准

测试点	标准	测试点	标准
电压挡测试"①"	蓄电池电压	电压挡测试"④"	按下前"有电压"；按下开关后"0 V"
电阻挡测试"②"	<1.5 Ω	电压挡测试"⑤"	按下闭锁开关后为"蓄电池电压"，此时"⑥"为 0 V
电压挡测试"③"	按下前"有电压"；按下开关后"0 V"	电压挡测试"⑥"	按下开锁开关后为"蓄电池电压"，此时"⑤"为 0 V

任务拓展

识别图 10-25 所示电路所采用的触发控制的方式。

任务评价与总结

评价与总结

任务 5　无钥匙进入技术解析

🏁 任务描述

实施内容——完成对无钥匙进入系统的结构认知；解读无钥匙进入系统的电路控制。

◈ 任务目标

通过学习，能全面认知和了解无钥匙进入系统这项技术，能解读无钥匙进入系统的电路图，并能完整解析无钥匙进入系统。

🏁 任务准备

1. 课前知识储备：上网查阅与无钥匙进入系统相关的资讯，并了解电容触摸、射频技术等相关内容。
2. 扫码完成课前预习。

🏁 任务实施过程

一、任务厘清

根据知识的关联逻辑，把"无钥匙进入系统的结构认知"与"解读无钥匙进入系统的电路控制"整合在一起完成。

二、任务实施

任务工作表见表 10-10。

表 10-10　任务工作表

识别锁止与开锁开关（门把手上）的各自特点	
简述钥匙内"三方向"天线的主要功能	
解析图 10-35 所示电路及其控制结构	

模块十 舒适辅助设备

> 知识链接

一、汽车无钥匙进入系统

汽车无钥匙进入系统，简称 PKE（Passive Keyless Enter），采用了世界上最先进的 RFID 无线射频技术和最先进的车辆身份编码识别系统，沿用了传统的整车电路保护，实现了双重防盗保护，以便为车主最大限度地提供便利和安全。

二、无钥匙进入"最基本"的功能

（1）自动开/闭车门门锁。

自动开/闭车门门锁功能只有在车辆与钥匙间的探测距离值有效时方能实现：主门的有效检测距离不小于 1.5 m，其他门钥匙在门边时有效，如图 10-27 和图 10-28 所示。

图 10-27　宝马汽车无钥匙进入系统

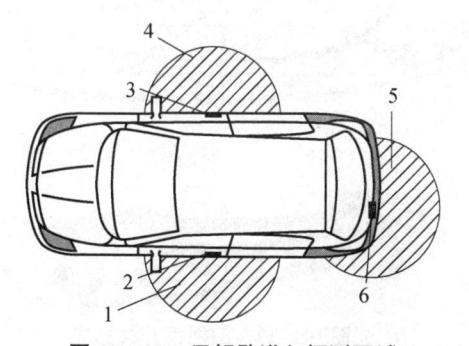

图 10-28　无钥匙进入探测区域

1，4，5—天线检测区域；2—驾驶员侧车门天线；
3—乘客侧车门天线；6—后保险杠（外部）天线

当钥匙离开车体 3~5 m 时，车门自动上锁并进入防盗警戒状态。
（2）无钥匙进入系统须兼具一键起动功能。

三、组成

无钥匙进入（PKE）系统主要由 PEK 主机、起动按钮（或旋钮）、门把手开关总成（主副驾门及后备厢）、车内低频天线 LF（通常分别在仪表台、扶手箱、后排座、后备厢处均有布置）、车内高频天线 RF（一般内置于 PKE 或车身控制器 BCM 模块）、智能钥匙（或智能卡）等组成。

此外还需要与电子转向锁 ESCL、发动机电脑 ECU、智能电源管理模块等相配合。其中部分车型并没有独立的 PDM 模块，它的电源管理功能被集成于其他模块内，比如 BCM 或 PKE 等。

四、门把手开关总成

大多数车型的门把手总成一般由 LF 天线、机械钥匙开关、按钮式开关或电容触模式开锁/锁止传感器等组成，如图 10-29 所示。从使用体验上来看，肯定是电容式更优雅从容，但零件成本也更高。

1. 按钮式开关

如图 10-29 所示，该车门把手有一个按钮式机械开关，它是进入系统的开锁或锁止微动开关。

2. 电容触摸式开关

如图 10-30 所示，当人手触碰到感应电极时，电极与地之间产生了与平板面的两个耦合电容 C_f，使得原来只有一个电容 C_p 的电路直接增加了两个耦合电容与之并联，导致传感电路总电容量（C_p 与 $2C_f$ 并联）增大，故当系统探测到此变化时，可判断有手部接触动作。

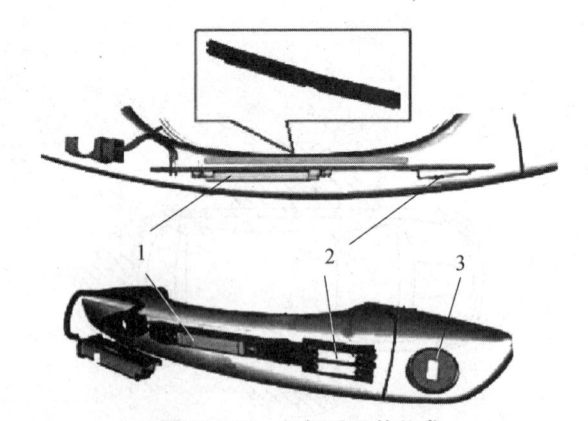

图 10-29　门把手开关总成
1—低频天线；2—触摸传感器；3—锁止传感器

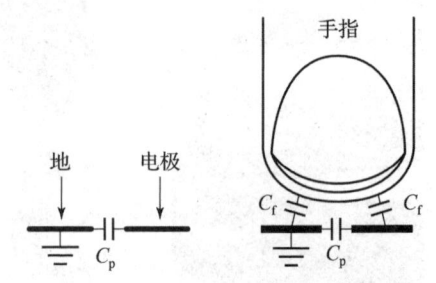

图 10-30　电容触摸式开关原理

3. 低频天线 LF

当 PKE 控制器接收到触发时，会驱动低频天线发出低频信号，通常为 125 kHz（不同主机厂可能有所不同），用以确认有效智能钥匙的位置，并由其发出身份质询信号。由于车辆上使用的低频信号传输距离较短，因此通过布置多个天线来覆盖四门 + 后备厢/后举门，确保车主无论开哪个门都能实现无钥匙起动。

低频（Low Frequency）是指频带由 30~300 kHz 的无线电波，其结构由内置在一个塑料壳体内的天线线圈和信号处理电路等组成，如图 10-31 所示。

如图 10-32 所示，以 UCC 57325 作为驱动芯片为例，GND 接口接地，VDD 接口连接 12 V 电源，采用 INA 和 INB 作为 PWM 信号输入的接口，采用 OUTA 和 OUTB 外接引脚，连接低频发射天线。

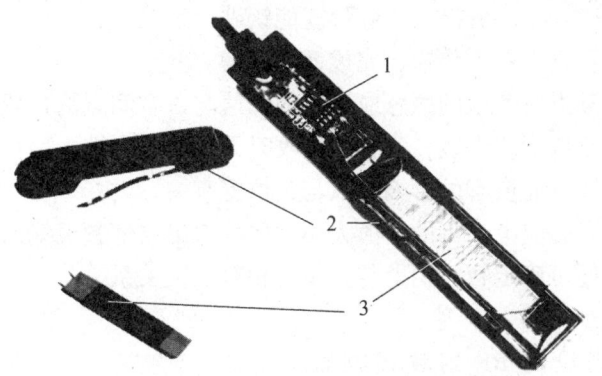

图 10-31　无钥匙进入系统的低频天线结构

1—处理电路；2—LF 天线壳；3—天线线圈

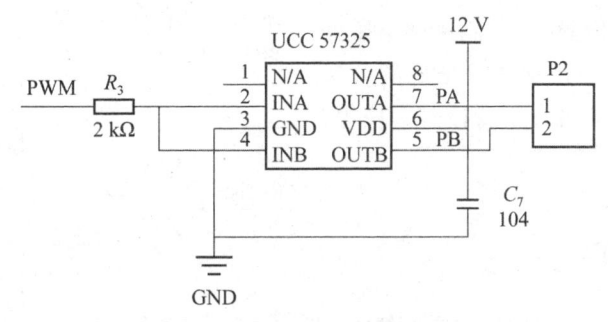

图 10-32　低频天线驱动电路

通过调整驱动电压的大小来确定覆盖范围（当覆盖的函数为 Area≥B 时，此处 B 为边界磁场强度值，换句话说就是以天线为圆心、B 为半径的圆），这样通过一定的设置来划分出不同的区域。比如：车内的区域来作为一键起动使用；后备厢区域用来作为后备厢检测使用；后保险杠天线被用来作为后备厢开启探测使用；两边门把手天线覆盖的区域可以作为两边门解锁使用。

4. 车钥匙

车钥匙一般能通过三维天线，接收车辆的低频质询触发信号，同时传输带有自己身份 ID 码的射频（超高频）验证（解锁）信号送给主机进行查询比对。

车钥匙由按钮开关、RF 发射器、微控制器、低频接收器、三维天线、电源等组成，如图 10-33 所示。

钥匙一般采用增强型三维天线（3D 天线），包括绕在一个磁芯上的三个三轴绕组，绕组间使其相互正交。其目的是保证 $X/Y/Z$ 空间方向上具有更加高的灵敏度。

低频信号通信和定位原理：

无钥匙进入系统的低频工作频率通常为 125 kHz，其耦合方式为电感耦合，即基站低频

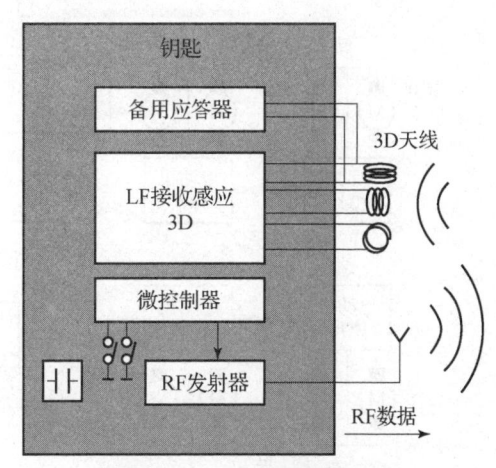

图 10-33　车钥匙结构电路

发射端高频电流产生磁场，部分磁力线穿过智能钥匙天线线圈，产生感应电压，通过一定方式的解调和解码，即可进行数据传输，完成低频通信。

低频天线在空间某点所产生的磁感应强度的幅值与该空间点的位置相关，而智能钥匙中的低频接收部分采用三维绕线天线，弥补了接收时天线的方向性，使得感应电动势的幅值不受智能钥匙与低频天线方向姿态的影响，只与其位置有关。

通过检测智能钥匙感应电动势的幅值大小，便可得出与低频天线的距离信息，通过多根低频天线的距离信息便可确定智能钥匙与整车的相对位置关系。

5. RF 射频接收器

车辆通信基站内设的 RF 射频接收器（见图 10-34）会接收钥匙发出的 RF 射频（超高频）解锁信号，送往解调器进行解调后，把钥匙发来的身份验证 ID 码传递给微处理器进行比对、验证，并发送验证后的合法信息给防盗模块、发动机及车身控制模块等，完成系统解锁。

五、电路控制

无钥匙进入系统使用两种不同的通信方式，即低频信号是靠电感耦合通信的，而射频信号是靠电磁波通信的。

（1）以大众车系无钥匙进入系统为例，其电路图如图 10-35 所示。

图 10-34　车辆基站结构电路

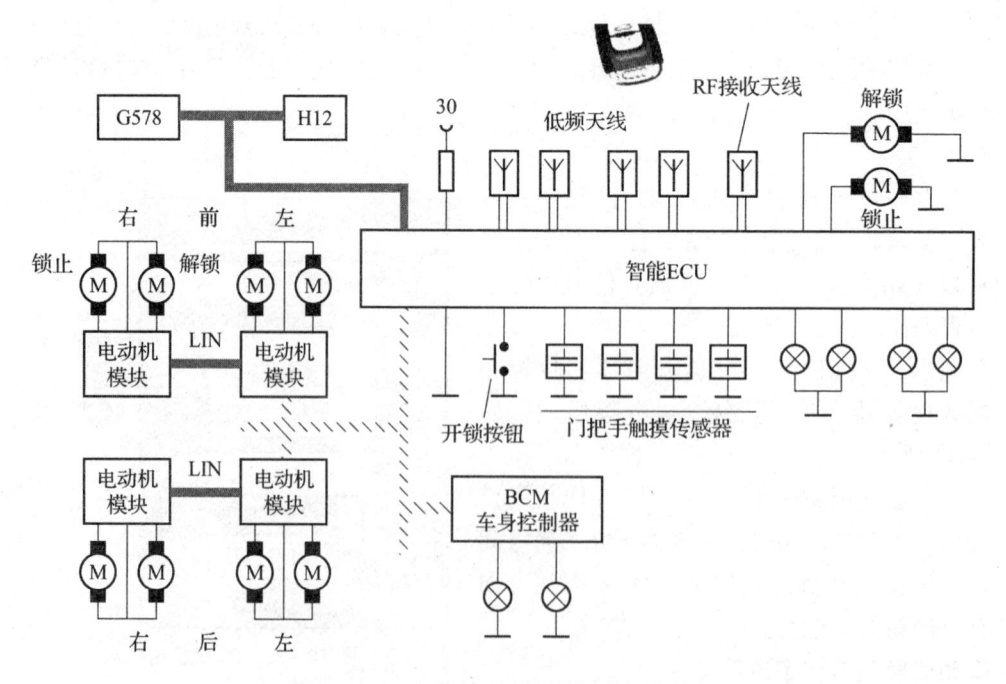

图 10-35　大众车系无钥匙进入系统电路

（2）基本控制。当车辆无钥匙进入系统的基站间隔不断地发出寻找钥匙的低频信息时，如果车钥匙在靠近车辆低频天线的探测区域，钥匙将会接收到来自基站发出的低频信号（需要通过电感耦合的电压值），基站可以同时得出钥匙相对于天线的距离和位置信息。

车钥匙的接收电路，通过电感耦合得到基站发来的质询信息后，解调电路会解调出质询信息，并进行核对比较，如匹配成功，则会同时把自身的验证 ID，经调制电路以高频载波调制后通过 RF 发射器发送出去。

钥匙返回信息采用射频信号，基站的 RF 接收天线把接收到的 RF 信号做解调处理，并把来自钥匙的验证 ID 信息送往主机模块、车身控制模块、动力控制模块进行查询核对，此时，如果触摸门把手开锁触摸传感器，主机就会同时命令车门锁电动机模块对门锁电动机进行解锁或闭锁。

任务评价与总结

评价与总结

_____
_____
_____
_____

模块十一　汽车安全气囊

序号	模块名称	能力点	知识点
1	模块十一 汽车安全气囊	*能够正确维护汽车安全气囊； *能够全面解读汽车安全气囊结构与控制方式； *能够了解汽车安全气囊的爆炸特点	*安全气囊结构特点； *使用注意事项
	课程思政点：生命高于其他一切权利！		
	任务1	任务2	
	安全维护与使用安全气囊	汽车安全气囊技术解析	

安全气囊也称辅助乘员保护系统（Supplemental Restraint System，SRS），是汽车上的一种被动安全保护装置。

在汽车遭遇碰撞而急剧减速时，安全气囊便迅速膨胀，形成一个缓冲垫，以使车内乘员不致碰撞车内硬物而受伤，如图 11-1 所示。

汽车安全气囊的常见分类：

（1）正面碰撞气囊。

正面碰撞防护安全气囊对正面碰撞事故中的驾驶人和前排乘员起到了很好的安全保护作用，有较高的装车率。

（2）侧面和顶部碰撞气囊。

为避免或减少汽车侧面碰撞和翻车等事故对车内驾驶员和乘员的伤害，侧面碰撞防护安全气囊和顶部碰撞防护安全气囊也开始在一些中高档轿车上使用。

（3）车外气囊。

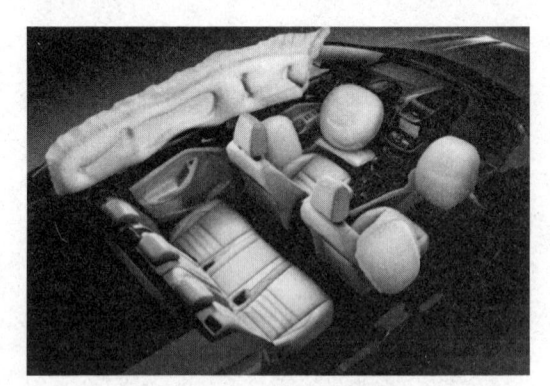

图 11-1　安全气囊袋

车外气囊又叫保险杠内藏式气囊，当汽车在正面碰撞行人时，气囊迅速向前张开和向两侧举升，在托起被撞行人的同时防止行人跌向两侧。

任务1　安全维护与使用安全气囊

任务描述

实施内容——正确使用、保养、维护安全气囊，全面认识安全气囊的工作特点与控制方式。

任务目标

通过学习，能正确使用、保养、维护安全气囊；能解析安全气囊的控制方式。

任务准备

1. 课前知识储备：上网查阅一些安全气囊的相关资讯，并了解叠氮化钠（NaN_3）/硝酸铵（NH_4NO_3）的基本知识。
2. 扫码完成课前预习。

任务实施过程

一、任务厘清

正确使用、保养和维护安全气囊。

二、任务实施

任务工作表见表11-1。

表11-1　任务工作表

日常使用的注意事项	安全气囊维护保养

知识链接

一、安全气囊整个爆炸过程

从汽车发生碰撞的那一刻开始,到安全气囊迅速膨胀,再到安全气囊所起到的保护作用结束,经历的时间很短,各时间历程大致如下。

(1) 汽车碰撞 0~3 ms,传感器感知汽车减速度,并将其转变为电信号输入电子控制器。

(2) 汽车碰撞后 4~10 ms,电子控制器根据传感器电信号判断碰撞的强度,若判断信号强度达到或超过气囊膨胀标准数值,则电子控制装置发出指令,并通过点火电路使点火器通电,引爆点火剂和气体发生剂,产生高温和大量气体。此时乘员因惯性作用,与汽车之间还没产生相对位移。

(3) 汽车碰撞后 20 ms,乘员在减速度惯性力的作用下开始向前冲(与汽车开始产生相对位移),但还没有接触气囊。

(4) 汽车碰撞后 30 ms,气囊充气装置产生的大量气体经过滤后充入气囊,使气囊迅速膨胀。

(5) 汽车碰撞后 40 ms,安全气囊完全膨胀展开,乘员在向前移动的过程中安全带被拉长而起一定的缓冲作用,乘员已紧贴安全气囊,安全气囊吸收了乘员的惯性冲击能量。

(6) 汽车碰撞后 60 ms,安全气囊被压紧变形,进一步吸收乘员的惯性冲击能量。

(7) 汽车碰撞后 80 ms,安全气囊上排气孔的排气使气囊变软,乘员进一步沉向气囊中,使气囊起到更好的缓冲作用。

(8) 汽车碰撞后 100 ms,乘员惯性冲击能量已减弱,危险期已过。

(9) 汽车碰撞后 110 ms,乘员惯性冲击能量消失,在安全带的作用下将其拉回座椅上,气囊中的气体也排出大部分,整个过程基本结束。

从汽车发生碰撞的那一刻,到乘员在强大惯性力的作用下身体前冲(与车身产生相对位移)而碰撞到硬物受伤的时间间隔大约为 50 ms,安全气囊开始膨胀的时间约为 30 ms,也就是说,安全气囊系统是抢在乘员碰到车内硬物以前,在乘员与车身之间形成一道柔软的弹性保护气囊,从而降低了乘员受伤的程度。

安全气囊起保护作用的时间历程中,安全带的缓冲作用为气囊抢在人冲碰到硬物之前的膨胀展开赢得了宝贵的时间。因此,系好安全带对提高汽车的被动安全性至关重要。

二、汽车安全气囊维护事项

首先要知道安全气囊是一次性产品,且内置的药剂的有效期为 7~10 年,到期须更换。更换下来后,须尽快进行安全引爆专业处理,减少存在风险,同时清理好现场污物。

气囊碰撞引爆后处理:

(1) 气囊在碰撞引爆后就不再具有保护能力,每个气囊只能使用一次。气囊是一次性产品，在引爆后须回维修厂家重新更换一个新的气囊。

（2）重新安装一套新气囊包括感应系统和电脑控制器（碰撞记忆与中央碰撞传感器的绝对可靠）。

（3）不能随意修改属于安全气囊系统范围内的零件和线路，非专业人士不得自行拔接安全气囊连接器。安全气囊连接器内置 2~3 把安全锁与短路（安全）销，以免影响气囊的正常工作与检测安全。

（4）注意安全气囊的日常维修。

车辆的仪表盘上装有安全气囊的指示灯，在正常情况下，点火开关转到"ACC"位置或者"ON"位置时，警告灯会亮 2~5 s 进行自检，然后熄灭。若警告灯一直亮着，则表明安全气囊系统有故障，应立即维修，以免出现气囊失灵或误弹出的情况。

三、汽车安全气囊使用注意事项

（1）首先，无论何时我们都不应去敲打或撞击安全气囊所在的部位，更不应该用水去直接冲洗气囊位置，因为受潮的安全气囊在关键时刻可能无法保护你的生命。

（2）坐姿，一般来说驾驶员在驾车时不宜前倾，坐姿要紧贴座位，背椅应调到能够舒适地控制汽车为好，这样在发生意外后会有足够的空间使气囊充分地发挥其保护作用。

（3）副驾驶位置也有安全气囊的车辆，绝不能让儿童坐在前排或在此位置安置儿童座椅，除非可以手动关闭此位置的安全气囊，否则气囊引爆时会给儿童造成巨大的伤害。

（4）除了以上三点需要注意的之外，还有一个重要的地方我们同样需要谨记，在不系安全带的状况下，安全气囊不但不能对乘员起到保护作用，还有可能会对乘员有严重的杀伤力。因为安全气囊的爆发力是惊人的，在任何时候都足以给驾驶员以重创。

（5）另外，还要注意气囊的正确使用方法。

①安全气囊必须与安全带一起使用。如果不系好安全带，即使有气囊，在碰撞时也可能造成严重伤害。

②乘车时与气囊保持合适的距离。

③不要在气囊的前方、上方或近处放置物品。注意不要在气囊的前方、上方或近处放置物品，蒙皮撕裂的速度可达到 320 km/h 左右，因为在紧急时刻这些物品有可能会妨碍气囊充气或被抛射出去，造成更大的危险。

④要保证安全气囊真正起到安全的作用，驾乘人员一定要养成良好的驾乘习惯，保证胸部与转向盘保持一定距离。

⑤避免高温。安全气囊装置的部件应妥善保管，不要让它在 85 ℃ 以上的高温环境下长期放置。

任务拓展

完成对废弃"安全气囊"的引爆任务。

知识提示

采用电引爆方式，注意人员安全及其环境保护。

任务评价与总结

评价与总结

任务2　安全气囊技术解析

任务描述

实施内容——全面认识安全气囊的结构特点,并对其"控制"做出完整的解析。

任务目标

通过学习,能完整解析安全气囊的结构原理与控制。

任务准备

1. 课前知识储备:上网查阅一些安全气囊相关的素材,并去了解叠氮化钠(NaN_3)/硝酸铵(NH_4NO_3)的基本知识。
2. 扫码完成课前预习。

任务实施过程

一、任务厘清

全面解析安全气囊结构、原理与控制。

二、任务实施

任务工作表见表 11-2。

表 11-2　任务工作表

安全气囊的结构组成	绘制出气囊控制原理电路

知识链接

一、组成

汽车安全气囊系统主要由气囊安全传感器、控制模块(ECU)、点火器、气体发生器及气囊、线束（为安全提醒，使用鲜艳黄色作为标志色）等组成。

安全气囊的关键传感器是碰撞传感器，按照用途的不同，碰撞传感器可分为触发碰撞传感器和防护碰撞传感器，如图 11-2 所示。

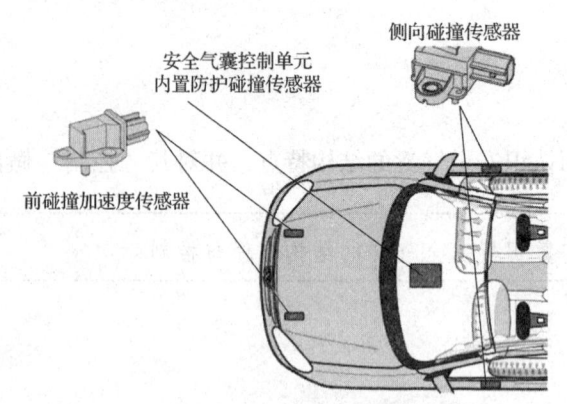

图 11-2 安全气囊触发碰撞传感器安装位置

（1）触发碰撞传感器也称为碰撞强度传感器，用于检测碰撞时的加速度变化，并将碰撞信号传给气囊电脑，作为气囊电脑的触发信号。

（2）防护碰撞传感器也称为安全碰撞传感器或中央碰撞传感器，用于防止气囊误爆。

（3）碰撞传感器类型很多，一般有滚球式碰撞传感器、偏心锤式碰撞传感器、电阻应变计式碰撞传感器、压电效应式碰撞传感器、滚轴式碰撞传感器和水银开关式碰撞传感器。

二、碰撞传感器

1. 滚球式碰撞传感器

滚球式碰撞传感器又称为偏压磁铁式碰撞传感器，结构如图 11-3 所示，其主要由铁质滚球、永久磁铁、导缸、固定触点和壳体组成。其两个触点分别与传感器引线端子连接。

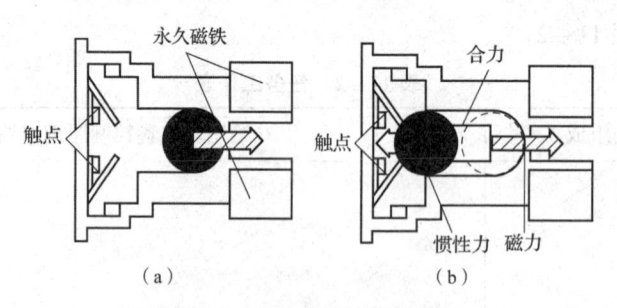

图 11-3 滚球式碰撞传感器
(a) 静止状态；(b) 工作状态

滚球用来感测减速度大小，在导缸内可以移动或滚动。滚球壳体上印制有箭头标记，方向与传感器结构有关，有的规定指向汽车前方（有的则规定指向后方），在安装传感器时，其箭头方向必须符合使用说明书的规定。

当传感器处于静止状态时，在永久磁铁的作用下，导缸内的滚球被吸向磁铁，两个触点与滚球分离，传感器电路处于断开状态。

当汽车遭受碰撞且减速度达到设定阈值时，滚球产生的惯性力将大于永久磁铁的电磁吸力。

滚球在惯性力的作用下会克服磁力沿导缸向两个固定触点运动并将固定触点接通，固定触点接通后即将碰撞信号输入 SRS ECU。

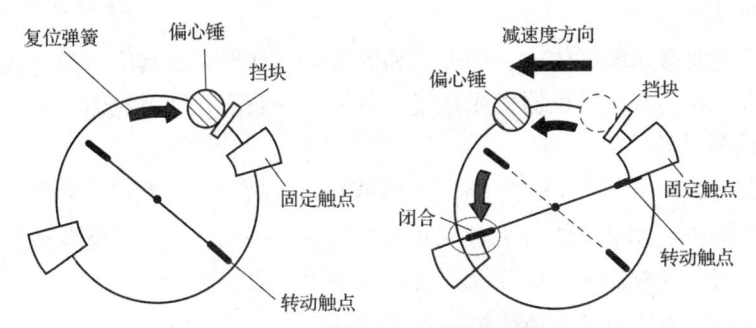

2. 偏心锤式碰撞传感器

偏心锤式碰撞传感器又称为偏心转子式碰撞传感器，丰田、马自达汽车 SRS 均采用了这种传感器，其结构如图 11-4 所示。

图 11-4 偏心锤式碰撞传感器

转子总成由偏心锤、转动触点臂及转动触点组成，安装在传感器轴上；偏心锤偏心安装在偏心锤臂上；转动触点随触点臂一起转动。两个固定触点绝缘固定在传感器壳体上，并用导线分别与传感器接线端子连接输出。

当传感器处于静止状态时，在复位弹簧的作用下，偏心锤与挡块保持接触，转子总成处于静止状态，转动触点与固定触点断开，传感器电路处于断开状态。

当汽车遭受碰撞且减速度达到设定阈值时，偏心锤产生的惯性力矩将大于复位弹簧的弹力力矩，转子总成在惯性力矩的作用下克服弹簧力矩沿逆时针方向转动一定角度，同时带动转动触点臂转动，并使转动触点与固定触点接触。

若传感器的滚动触点与固定触点接触，则认定碰撞成立，并将碰撞信号输入 SRS ECU。

3. 压电式碰撞传感器

压电式碰撞传感器一般用于中央碰撞（安全碰撞）传感器，在外力的作用下，压电晶体的变形会产生一个与之相适应的输出电压，其值会随变形量的大小而变化，如图 11-5 所示。当汽车遭受碰撞时，传感器内的压电晶体受碰撞产生的压力的作用，输出电压就会发生变化。

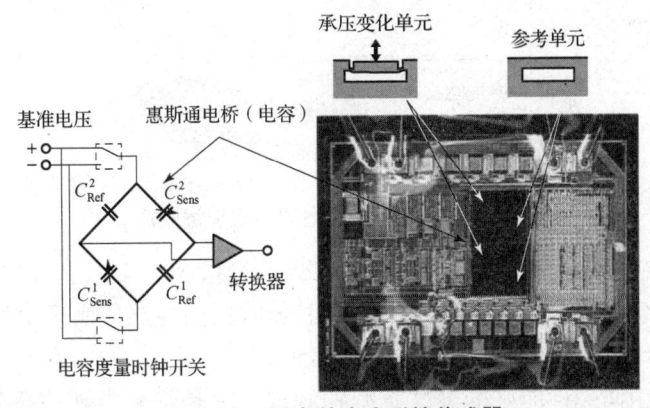

图 11-5 压电效应式碰撞传感器

SRS 电脑根据电压信号的强弱便可判断碰撞的烈度：如果电压信号超过设定值，SRS 电脑就会立即向点火器发出点火指令，引爆点火剂使气体发生器给气囊充气，SRS 气囊膨开，达到保护驾驶员和乘员的目的。

三、气囊总成

1. 气体发生器类型

气体发生器主要有压缩气体式、烟火式和混合式三种形式，其中，混合式是目前广泛应用的一种气体发生器。气体发生器集成在气袋背面，一般不允许对它们进行拆解。

2. 气体发生器结构

气体发生器内装有叠氮化钠（NaN_3）/硝酸铵（NH_4NO_3）等"炸药"，当接收到引爆信号时，便会瞬间产生大量气体（无毒无味的氮气占 70% 以上），填充满整个气囊。

而较新型的安全气囊加入了可分级充气或释放压力的装置，如图 11-6 所示，以防止一次突然点爆产生的巨大压力对人体产生伤害。

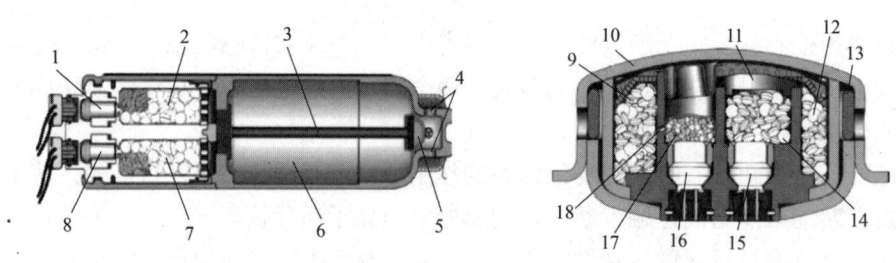

图 11-6　气体发生器总成

1—点火器 1；2—气体发生器 1；3—柱塞；4—气体出口；5—密封膜片；6—压缩气瓶；7—气体发生器 2；8—点火器 2；9—充气器 1；10—外壳；11—壳盖；12—充气器 2；13—金属过滤器；14—充气器 3；15—触发器 1；16—触发器 2；17—点火装置；18—喷嘴

采用分级点爆装置，第一级产生约 40% 的气体容积，远低于最大压力，对人头部移动产生缓冲作用，如图 11-7 所示。

（1）在发生较低程度碰撞时，不需要大量的气体，以防速度过快造成伤害，因此能让气囊"较软"地缓冲与人体的接触。

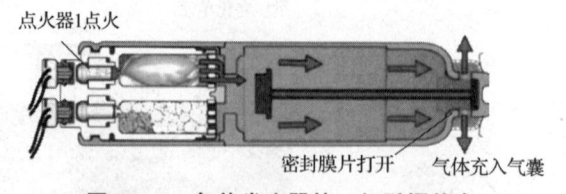

图 11-7　气体发生器第一级引爆状态

（2）当检测到碰撞较为严重时，气囊 ECU 会发号指令"第二级气体发生器启动"，通常第二级会在第一级点火后延迟引爆，依靠对引爆时机的控制，实现更好的缓冲效果（一般会延迟几十毫秒到一百多毫秒，根据碰撞程度而定）。

（3）气袋一般由防裂性能好的聚酰胺织物制成，它是一种半硬的高分子材料，能承受较大的压力，经过硫化处理，可减少气袋充气膨胀时的冲击力；为使气体密封，气袋里面涂有涂层材料；气袋的大小、形状、漏气性能是确定安全气囊保护效果的重要因素，必须根据不同汽车的实际情况来确定。

气袋被折叠成包，安放在气体发生器上部和气袋饰盖之间；气袋饰盖表面模压有浅印，以便气袋充气爆开时撕裂饰盖，并减小冲出饰盖的阻力；气袋背面或顶部设置有排气孔，当驾驶员压在气袋上时，气袋受压后便从排气孔排气。

四、安全气囊备用电源

气囊系统必须有备用电源，备用电源电路由电源控制电路和若干电容器组成，设置在 SRS ECU 内，如图 11-8 所示。

图 11-8　SRS 备用电源

当汽车发生碰撞导致蓄电池和发电机与气囊系统断开时，备用电源必须保证在一定时间内（一般为 6 s 以上）可以为气囊系统供电。

五、螺旋线束

为了保证转向盘具有足够的转动角度而又不致损伤气囊组件的连接线束，在转向盘和转向柱之间采用了螺旋线束，即将线束安装在螺旋形弹簧内（螺旋线束也称为螺旋弹簧、游丝或游丝弹簧）。

特别注意其上面有一个安装对位标志"▲"，要定在中间圈数上，如图 11-9 所示。

图 11-9　螺旋线束

六、安全气囊控制电路

别克 SGM7305 汽车的安全气囊控制电路如图 11-10 所示。

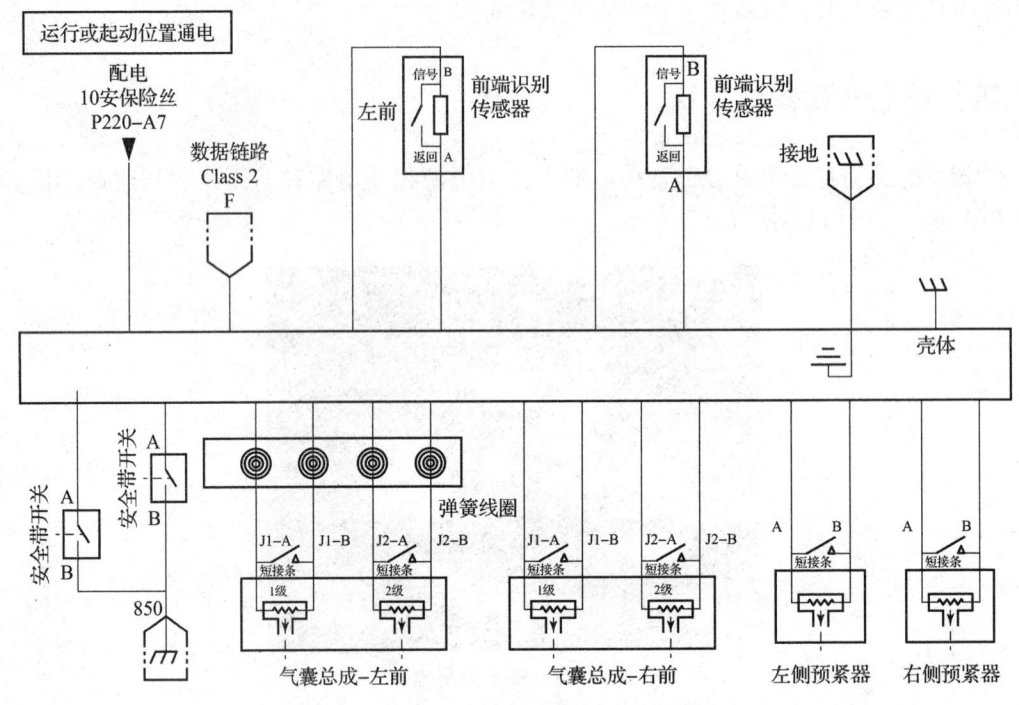

图 11-10　别克 SGM7305 安全气囊控制简化电路

如图 11-10 所示电路图的几个解释，注：前端识别传感器——前端碰撞传感器，内置电阻是自检用电阻；短接条——短路销（短路片）；弹簧线圈——螺旋线束盘。

在汽车行驶过程中，传感器系统不断向控制装置发送速度变化（或加速度）信息，由气囊控制模块（ECU）对这些信息加以分析判断，如果所测的减速度（碰撞信号）、速度变化量或其他指标超过预定值（即真正发生了碰撞），则安全气囊控制模块向气体发生器发出点火命令。

任务拓展

完成对预紧式安全带的认知。

知识提示

1. 新结构类型安全带

（1）预紧安全带，在限力安全带的基础上增加了气体发生器，在发生碰撞瞬间点爆，推动织带回卷。

（2）双预紧安全带，具有两个气体发生器，可在单预紧收紧肩带的基础上收紧腰带。

（3）主动式安全带，一般是在预紧安全带的基础上增加了电动机，配合智能驾驶，调整不同人体织带松弛量，在人眼偏离道路时抖动织带，在发生碰撞前收紧织带等。

（4）气囊式安全带，主要用于后排乘客的保护。

2. 活塞式安全带收紧器

图 11 - 11 所示为活塞式安全带收紧器，其主要由点火器、气体发生药剂、气缸和活塞等组成。

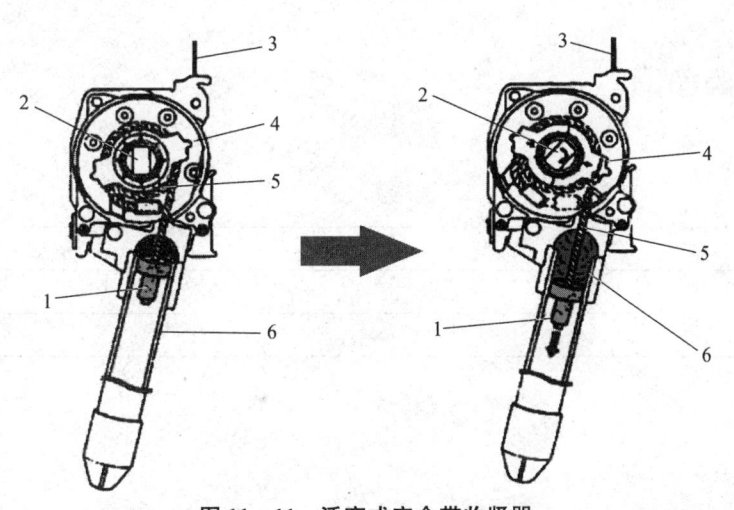

图 11 - 11 活塞式安全带收紧器
1—活塞；2—转轴；3—座椅安全带；4—转鼓；5—软轴；6—气缸

当汽车发生碰撞时，控制器根据碰撞信号判断汽车碰撞强度，如果需要收紧安全带，则向安全带收紧器的点火器发出收紧指令，使药剂引爆膨胀，推动活塞，促使安全带迅速收紧，将车内乘员拉向座椅靠背。

3. 齿轮齿条式安全带收紧器

如图 11 - 12 所示，齿轮齿条式安全带收紧器主要由点火器、气体发生药剂、气缸、活塞、齿条、小齿轮、传动齿轮和转轴齿轮等组成。

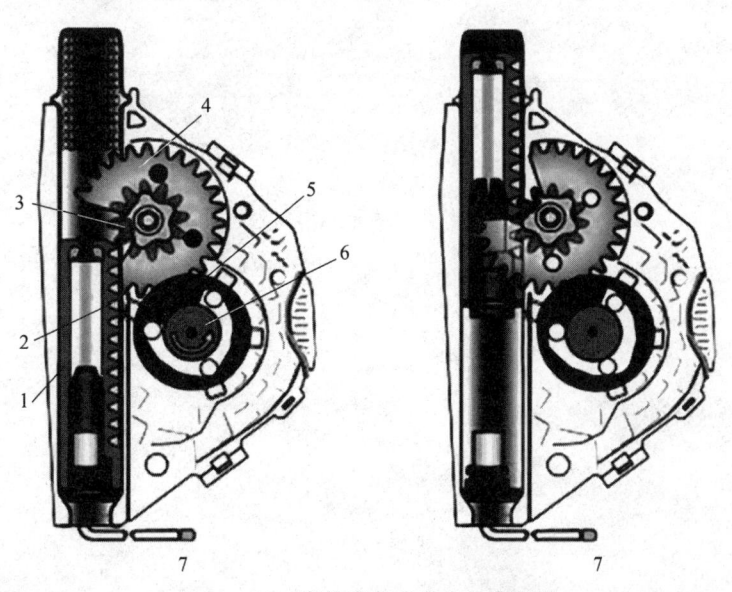

图 11 - 12 齿轮齿条式安全带收紧器
1—活塞；2—齿条；3—小齿轮；4—传动齿轮；5—转轴齿轮；6—转轴；7—导线

| 259 |

当汽车发生碰撞时，安全气囊电子控制器根据碰撞传感器的信号判断汽车碰撞强度，如果需要收紧安全带，则向安全带收紧器的点火器发出收紧指令，使气体发生药剂引爆膨胀，推动活塞带动齿条向上快速移动。

通过两套齿轮加速，快速促使安全带迅速收紧，将车内乘员拉向座椅靠背。

任务评价与总结

评价与总结

_____
_____
_____
_____

模块十二　汽车空调设备

序号	模块名称	能力点	知识点
1	模块十二 汽车空调设备	*能够正确维护与使用空调； *能够解析空调制冷系统的结构原理； *能够解析空调制暖系统的结构原理； *能够解析压缩机的电路控制； *能够解析出风模式的管理控制	*空调的技术要求； *空调系统及各部件的结构、类型、原理； *空调"四度"控制技术的方式
课程思政点：臭氧层的保护与地球变暖！			
任务1		任务2	任务3
正确维护与使用空调		制冷系统技术解析	制暖系统技术解析
任务4		任务5	
压缩机电路控制解析		出风模式的管理控制解析	

汽车空调是汽车空气调节装置的简称。

汽车空调系统是实现对车厢内空气进行制冷、加热、换气和空气净化的装置。

汽车空调用于把汽车车厢内的温度、湿度、空气清洁度及空气流动调整和控制在最佳状态，为驾乘人员提供舒适的乘坐环境，并创造良好的工作条件。

一、类型

汽车空调设备，按驱动动力来源可以分为以下几类：

（1）独立式空调。

独立式汽车空调由专用空调动力源来驱动压缩机，其制冷量大，工作稳定，但成本高，体积及质量较大，多用于大、中型客车。

（2）非独立式空调

非独立式汽车空调由发动机直接驱动压缩机，多用于小型客车和轿车。

二、汽车空调性能评价指标

汽车空调性能评价指标必须能满足以下几个技术要求：

（1）汽车空调功能。

对车内温度、湿度、气流速度与角度、空气干净度具有调节和净化功能。此外，空调还能除去风窗玻璃上的雾、霜、冰、雪，给驾驶员一个清晰的视野。

（2）"四度"性能指标。

常用车内空气的温度、湿度、气流速度与角度及空气的清新度等因素来评价空调的性能，这也就是常说的"四度"要求。

任务1　正确维护与使用汽车空调

任务描述

实施内容——正确维护与使用汽车空调；补充加注制冷剂。

任务目标

通过学习，能正确使用、保养与维护汽车空调；能独立补充加注制冷剂。

任务准备

1. 课前知识储备：上网查阅汽车空调方面的相关资讯，并去了解 R-134a 制冷剂等方面的知识。
2. 扫码完成课前预习。

任务实施过程

一、任务厘清

把正确维护与使用汽车空调及补充加注制冷剂两部分内容整合在一起完成。

二、任务实施

任务工作表见表 12-1。

模块十二 汽车空调设备

表12-1 任务工作表

正确维护与使用汽车空调	补充加注制冷剂的工艺

知识链接

一、空调显示面板

面板设有众多的空调操纵开关/按钮，用于开、关空调和选择空调的工作方式等，如图12-1所示。不同车型其空调显示面板上设置的空调操纵开关种类和数量会有所不同。

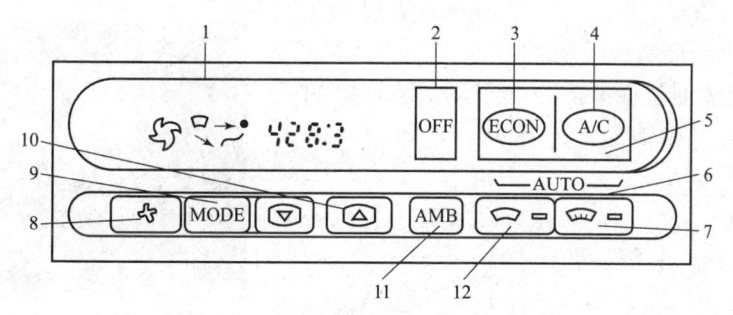

图12-1 全自动空调显示操作面板
1—显示屏；2—停用开关；3—经济（ECON）运行开关；4—空调开关；5—车外温度显示按键；
6—风向转换开关；7—风窗玻璃除霜开关；8—鼓风机开关；9—模式转换按键；
10—车内温度调节按键；11—车内/外切换；12—前风窗玻璃

二、汽车空调制冷剂

汽车空调制冷剂，又称冷媒、雪种和冰种。

汽车空调制冷剂使用的是 R-134a（四氟乙烷 CH_2FCF_3），是一种不含氯原子，对臭氧层不起破坏作用，具有良好的安全性能（不易燃、不爆炸、无毒、无刺激性、无腐蚀性）的冷媒，如图12-2所示。

R-134a 的毒性非常低，是一种无色透明液体，沸点为 26.1 ℃（101.3 kPa），在空气中不可燃，安全类别为 A1，是很安全的制冷剂。

R-134a 的化学稳定性很好，然而由于它的溶水性比 R22 高，所以对制冷系统不利，即使有少量水分存在，在

图12-2 冷媒（制冷剂）R-134a

263

润滑油等的作用下也将会产生酸、二氧化碳或一氧化碳，将对金属产生腐蚀作用，或产生"镀铜"作用，所以 R-134a 对系统的干燥和清洁要求更高。

三、冷冻机油

1. 作用

在压缩机中，冷冻机油主要起密封、能量调节、降温以及润滑四个作用。

能量调节只针对带有能量调节机构的制冷压缩机，可利用冷冻机油的油压作为能量调节机械的动力，这在轿车上比较少见。

系统中的润滑油会与制冷剂溶解在一起工作，这是在使用润滑油时需要考虑的一个非常重要的因素，使用冷冻机油时，须判别它们间的互溶性好坏，保证与使用的制冷剂有极好的相溶性。

2. 加注的方法

一般情况下，空调冷冻机油有直接加注法和真空吸入法两种添加方式。

（1）直接加注法：如图 12-3 所示，直接加注法只需将冷冻机油直接从压缩机的旋塞口处倒入即可，十分方便。其具体油量标准需要参照压缩机厂家的标准，如果是空调轻微泄漏，那补充的机油量一般为 50~100 mL。

（2）真空吸入法：使用专用的抽真空工具将空调系统内部的空气抽出，待空调系统内部空气抽出之后，再利用负压将冷冻油通过空调测试表中间的管道（黄色软管）吸入压缩机，待冷冻机油被完全吸入压缩机后冷冻机油的添加即可完成，然后直接添加冷媒即可。

图 12-3 压缩机加注螺栓孔

四、补充加注制冷剂

加注制冷剂的方法一般有两种：一种是高压端充注制冷剂，是一种静态加注；另一种是低压端充注法。前一种一般在新车或维修后的空调系统使用；后一种使用更多，任何情况都能满足要求，所以补充加注一般使用这种方法。

1. 高压端充注

高压端充注制冷剂时，严禁开启空调系统，否则会造成制冷剂罐的爆裂，此外也不可打开低压手动阀。

（1）如图 12-4 所示，将歧管压力表组与系统检修阀、制冷剂罐连接好。

（2）用制冷剂排除连接软管内的空气。

（3）将制冷剂罐直立于磅秤上，并记录起始质量。

（4）打开制冷剂罐阀门，然后打开低压手动阀，向系统充注气态制冷剂。

（5）起动发动机并将其转速调整在 1 250~1 500 r/min，接通空调开关，把风机开关和温度控制开关开至最大。

(6)当制冷剂充至规定质量时，先关闭低压手动阀，然后关闭制冷剂阀门。

(7)关闭空调开关，停止发动机运转，迅速将高、低压软管从检修阀上拆下。

2. 低压端充注

制冷剂从空调系统低压的一端加入系统中，是一种吸入方法，所以加注时需要打开空调系统才能加注进去。

(1)将空调压力表与压缩机和制冷剂罐系统连接好，如图12-4所示，高压管（红色）接至高压维修阀，低压管（蓝色）接至低压维修阀，中间管（黄色）接至制冷剂（罐）开启阀。

图12-4 空调压力表加注连接

(2)压力表管道排气。

关闭高、低手动阀，拆开高压端检修阀和软管的连接，然后打开高压手动阀，再打开制冷剂罐开关，在胶管口听到制冷剂蒸气出来的声音后，立即将软管与高压检修阀相连，关闭高压手阀。用同样的方法清除低压端和管路中的空气，然后关闭高、低压手动阀。

(3)拧开低压管手动阀至全开位置，将制冷剂罐正立，以便从低压管充注气态制冷剂。当系统压力值达到0.35~0.4 MPa时，关闭手动低压阀。

(4)起动发动机并将转速调整到1 250~1 500 r/min，打开空调开关，并将风机置于高速、温度开关调到最冷位置。

(5)打开空调压力表上的低压管手动阀，让制冷剂继续进入制冷系统，直至充注量达到规定值时，立即关闭低压管手动阀。

(6)加注到高压表值为0.88~1.10 MPa，此时低压表值应为0.17~0.2 MPa，此数值根据环境温度有所变化，此时测试出风口温度是否达标，一般$T_{min}=5~7$ ℃，加注量合适。

(7)充注规定量的制冷剂后，关闭制冷剂罐注入阀及空调压力表上的手动低压阀，使发动机停止运转，然后卸下仪表，卸下时动作要迅速，以免过多的制冷剂排出。

(8)关闭发动机，使用肥皂水检测是否有泄漏，或用荧光检漏仪检测是否有泄漏，装回所有保护帽和保护罩。

任务拓展

完成对空调系统制冷剂的重新加注。

知识提示

整个完整过程包括抽真空与检漏、补加机油、加制冷剂。

任务评价与总结

评价与总结

任务 2　制冷系统技术解析

任务描述

实施内容——完成解析制冷系统的五大部件，即压缩机、冷凝器、干燥瓶、膨胀阀、蒸发器等的结构与工作原理及制冷系统的热负荷控制。

> **任务目标**
> 通过学习，能完整解析制冷系统及其各部件的结构原理与系统热负荷控制的过程。

任务准备

1. 课前知识储备：上网查阅一些制冷系统的相关资讯，并去了解物质的"三相"转换。
2. 扫码完成课前预习。

任务实施过程

一、任务厘清

根据知识间的关联逻辑，将任务细分成系统组成与制冷原理、部件结构与热负荷控制。

二、任务实施

任务 12.2.1　完成对制冷系统组成与制冷原理的解读

任务工作表见表 12-2。

表 12-2　任务工作表

部件名称	制冷剂变化（压力、温度、形态）及其产生的作用
压缩机	
冷凝器	
干燥瓶	
膨胀阀	
蒸发器	

知识链接

汽车空调系统主要由制冷系统、加热系统、通风系统、操纵控制系统及空气净化系统五大系统组成。

一、制冷系统组成

汽车空调制冷系统由空调压缩机、冷凝器、膨胀阀、储液干燥器、蒸发器等组成，如图 12-5 所示。

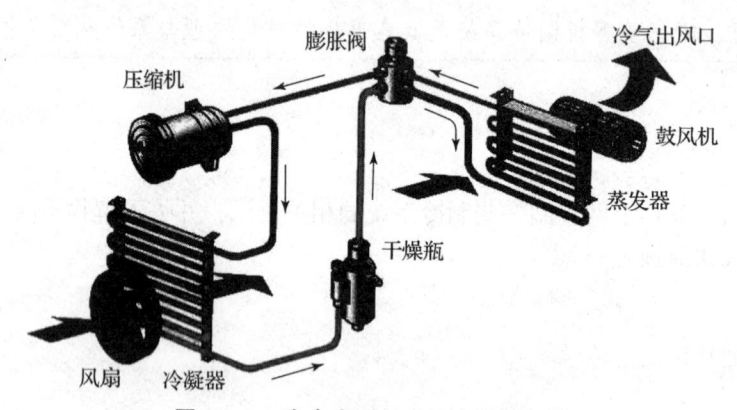

图 12-5 汽车空调制冷系统结构组成

二、热负荷（制冷）原理及五大部件各自起到的作用

在制冷过程中，系统内的冷媒在压缩机的循环推动下将会发生如图 12-6 所示的形态变化，通过形态变化完成对车内空间的制冷。

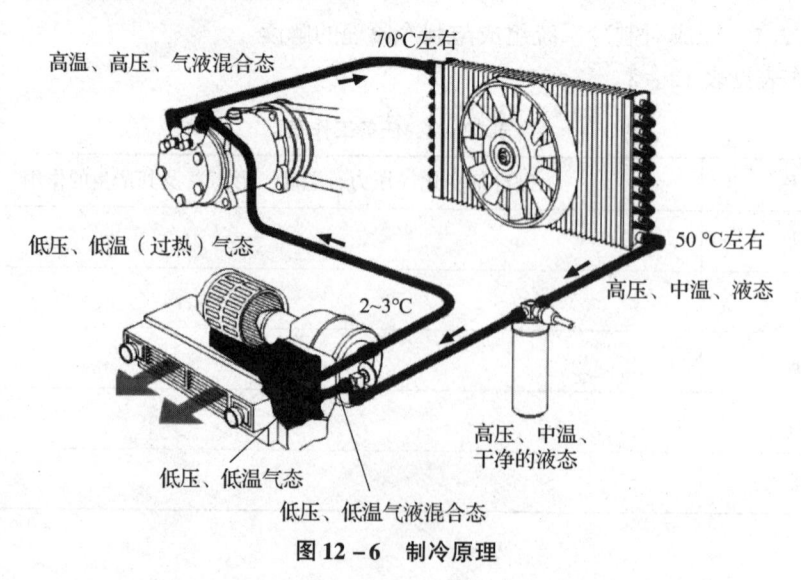

图 12-6 制冷原理

(1) 压缩机是制冷系统的核心部件，是负责推动制冷剂不断循环的关键装置。压缩机通过吸入蒸发器中的低压、低温气态制冷剂，并把其压缩成高压、高温的气液混合态制冷剂后送入冷凝器，温度大概在 70 ℃ 左右。

(2) 冷凝器是使气态制冷剂完成液化过程的热负荷器。从压缩机排出的高温、高压气态制冷剂的热量由冷凝器吸收并散发到车外，并通过风扇和汽车迎面来风对其进行强制冷却。

它负责把来自压缩机高压、高温的气态制冷剂在冷凝器中与车外空气进行热负荷（散热），变成高压、中温的液态制冷剂，其入口与出口的温差大概在 20 ℃。

(3) 膨胀阀安装在蒸发器的入口上，是一种感温或感压自动阀，通过其节流作用将高压液态制冷剂的压力降低，它可根据流向压缩机的制冷剂温度变化自动调节制冷剂的流量，以确保流入压缩机的是干净、低压、低温的气态制冷剂并送入蒸发器。

(4) 蒸发器是使液态制冷剂完成汽化过程的热负荷器。

流过蒸发器低压、低温的液态制冷剂通过蒸发器与车内空气进行热负荷（吸热），变成低压、饱和"过热"的气态制冷剂。

蒸发器周围的冷空气被鼓风机吹入车内，降低了车内空气的温度，蒸发器中制冷剂蒸气又被压缩机吸走。

如此循环，将车内空气中的热量散发到了车外空气中，从而降低了车内的温度和湿度。

任务 12.2.2 完成解析制冷系统的结构与热负荷管理

任务工作表见表 12-3。

表 12-3 任务工作表

简述压缩机构造组成	
调节 "H" 型膨胀阀的流量大小	
调整次序	调整过程

知识链接

一、压缩机

1. 类型

汽车一般采用容积式压缩机，常见的包括往复式空调压缩机和旋转式空调压缩机。旋转式压缩机又以"涡旋式"为代表，在越来越多的新能源汽车上被广泛采用。

此外，按排量控制的不同，可以分为定排量空调压缩机和变排量空调压缩机，也可分为有级变排量与无级变排量压缩机。

2. 构造

如图 12-7 所示的空调压缩机是由驱动控制机构、传动机构、风门驱动杆机构、排气机构等构建而成的。

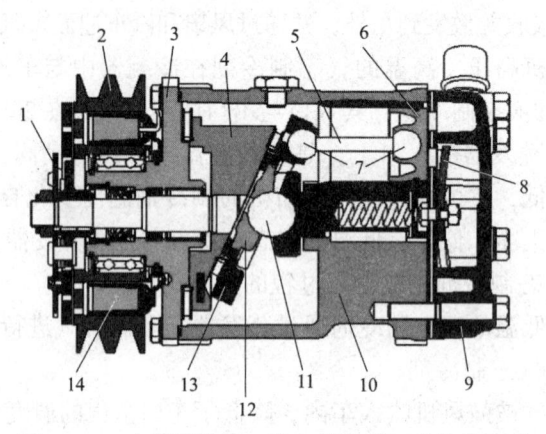

图 12-7　空调压缩机（轴向往复式）的构造组成

1—离合器盘；2—带轮；3—前缸盖；4—斜盘；5—连杆；6—活塞；7—球销；
8—排气阀门；9—气缸盖；10—气缸体；11—钢球；12—圆锥齿轮；13—推盘；14—电磁线圈

（1）驱动机构，包括电磁离合器、带轮、皮带。

（2）传动机构，包括斜盘、轴向推力轴承、推盘（驱动盘）、钢球等。

（3）风门驱动杆机构，包括风门驱动杆、活塞球销、气缸等。

（4）排气机构，由排气阀门、进气阀门及进、排气道等组成。

二、工作原理

1. 吸气行程

如图 12-7 所示，当压缩机的斜盘远端（最厚处）转至某个活塞正对位置时，压缩机的该缸活塞处于压缩终止/吸气开始位置，在驱动机构的作用下，当斜盘旋转时，它会推动推盘围绕中心的钢球按一定规律做翘摆运动，同时拉动活塞做容吸方向的移动。

此时，气缸内的容积变大，进入负压，并在压力差的作用下打开吸气阀门开始吸气，直至斜盘转过180°，该气缸完成一次完整的吸气过程，吸气阀门关闭。

2. 压缩行程

吸气终止后，压缩机的斜盘近端（最薄处）转至与之正对位置时，在驱动机构的作用下，斜盘旋转，推动推盘以钢球为中心，按一定规律做翘摆运动，同时开始推动活塞做挤压方向的移动。

此时，气缸内容积变小，进行挤压，缸内压力变大，并在压力差的作用下推开排气阀门开始高压排气，直至斜盘再转过180°，该气缸完成一次完整的压气过程，排气阀门同时关闭。

空调压缩机（循环泵）及时通过压缩机的不断抽吸和压缩，从而实现了制冷剂不断的循环流动，因此，压缩机也是制冷剂循环流动的动力源。

三、膨胀阀

膨胀阀也称节流阀，是组成汽车空调制冷系统的主要部件，是用于改变制冷剂压力参数的核心构件，也是制冷系统高压/低压部分的分界线装置，它安装于蒸发器入口处。

膨胀阀类型很多，比如有内平衡式、外平衡式、"H"型膨胀阀、节流管，目前，前两种几乎被淘汰，广泛使用的是后面两种类型。

基于现代车辆空调大多采用"H"型膨胀阀，部分采用节流管（变排量压缩机更多使用），所以只探讨"H"型膨胀阀的性能原理。

1. "H"型膨胀阀结构（见图 12-8）

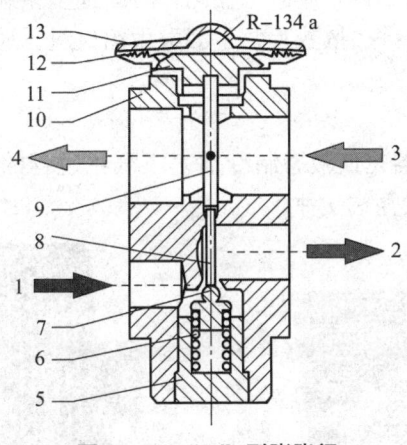

图 12-8　"H"型膨胀阀

1—来自高压侧；2—蒸发器入口；3—蒸发器出口；4—膨胀阀出口，通至压缩机进气口；5—调节螺栓；6—弹簧；7—球阀；8—推杆；9—热敏杆；10—阀体；11—滑块；12—膜片；13—感应包

如图 12-8 所示，"H"型膨胀阀主要由感温包、膜片、滑块、阀体、感温杆、阀杆、球阀、调节弹簧、调节螺母组成。

2. 热负荷感知与流量控制

"H"型膨胀阀将蒸发器的出口和入口做在一起，如图 12-8 所示，把来自干燥瓶的液态制冷剂经"H"阀的"1"与"2"通道，由球阀控制连通，并导入蒸发器；把出自蒸发器的制冷剂通过"H"阀的"3"与"4"通道直接连通，导回至压缩机的低压侧；同时，在"H"型膨胀阀顶部的感应包内封装一定量的制冷剂，用于感知热敏杆的温度变化，这就形成了所谓的"H"型膨胀阀。

"H"型膨胀阀中也有一个膜片，膜片的下方有一个热敏杆，热敏杆的周围是蒸发器出口处的制冷剂，制冷剂温度的变化（制冷负荷变化）可通过热敏杆使膜片上方气体的压力发生变化，从而使阀门的开度变化，调节制冷剂的流量，以适应制冷负荷的变化，保证了制冷系统的正常工作和制冷效率的提高。

3. 流量调节标定

调节流量时，需先测试出系统的静态压力值，并判断其是否符合标准，然后根据原厂数据进行动态调节标定。

四、冷凝器与储液干燥瓶

1. 冷凝器

1）类型

汽车空调的冷凝器一般有管片式、管带式及平行流式三种结构形式，轿车上大量采用的是平行流式

2）平行流冷凝器

如图 12-9 所示，平行流式冷凝器与管带式冷凝器的最大区别是：管带式只有一条扁管自始至终呈蛇形状弯曲，制冷剂只是在这条通道中流动而进行热交换；而平行流式冷凝器则是在两条集流管间用多条扁管相连，制冷剂在同一时间经多条扁管流通而进行热交换。

为了提高冷凝器的传热效率，散热片几乎都采用铝材料，通过风扇和汽车迎面来风对其进行强制冷却。

2. 蒸发器

如图 12-10 所示，蒸发器是使液态制冷剂完成汽化过程的热交换器，其构造与冷凝器相似，有管片式、管带式和层叠式三种。

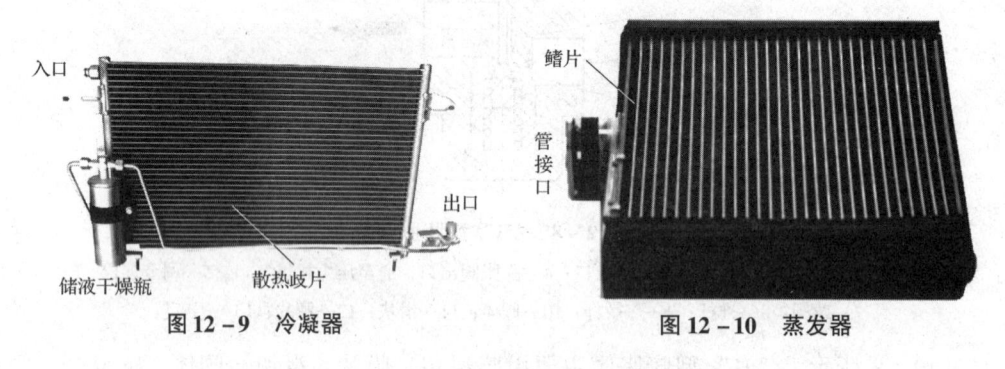

图 12-9　冷凝器　　　　　图 12-10　蒸发器

五、储液干燥器

如图 12-11 所示的储液干燥器内有滤网、干燥剂，早期的一些储液干燥器还装有压力开关和检视（液窗）孔等附件。

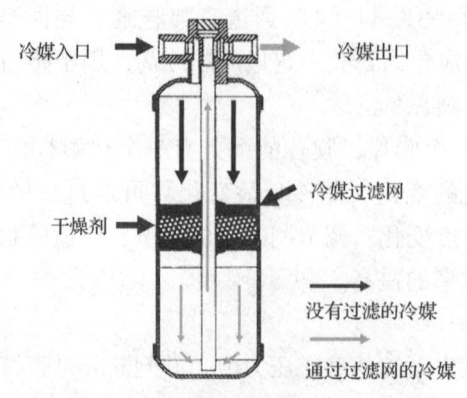

图 12-11　储液干燥器结构与原理图解

模块十二 汽车空调设备

任务拓展

完成对变排量压缩机的认知。

知识提示

1. 变排量压缩机

如图 12-12 所示，变排量压缩机主要由排量控制电磁阀、气缸、活塞、斜盘箱（压缩机箱）、驱动轴、斜盘（摇板）和枢轴支承销等组成。

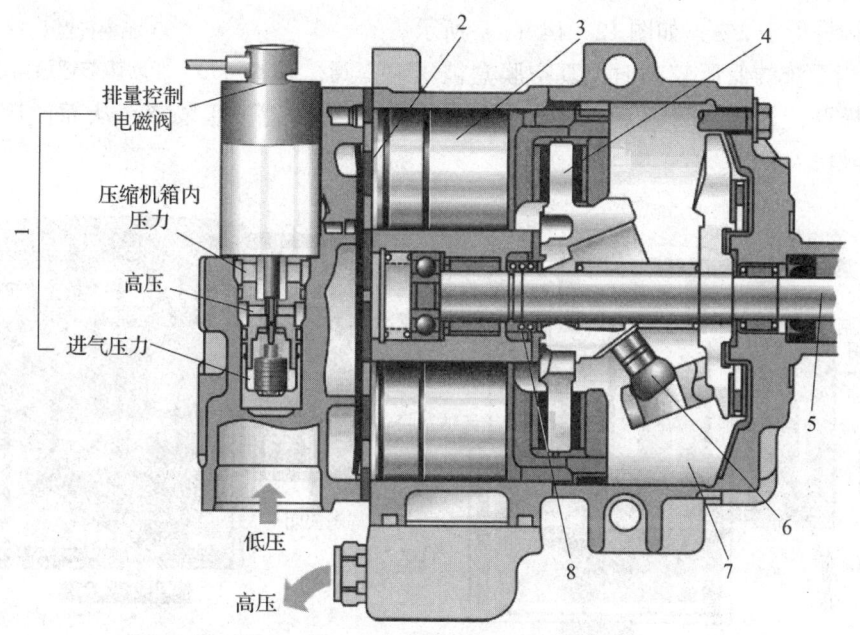

图 12-12 变排量压缩机的结构组成

1—压缩机箱内压力调节阀；2—压缩室；3—空心活塞；4—斜盘；
5—驱动轴；6—枢轴支承销；7—斜盘箱；8—回位弹簧

（1）三个重要压力参数。

一个是压缩机吸入的低压制冷剂；另一个是压缩机排出的高压制冷剂；第三个是斜盘或摇板所在的斜盘箱的压力 $P_{箱}$，斜盘箱内的压力基本大于或等于压缩机的吸入压力，而远小于压缩机的排气压力。

（2）排量控制阀使用 500 Hz 的脉冲频率来控制和调节斜盘箱内的压力，当斜盘箱压力等于压缩机的吸气压力时，压缩机处于最大排量；当控制斜盘箱压力高于吸气压力后，斜盘或摇板角度减小，压缩机的排量减小。

2. 变排量的控制原理

电控可变排量压缩机在无电流的状态下，排量控制阀阀门开启，压缩机的高压腔和斜盘箱相通，高压腔的压力和斜盘箱内的压力达到完全一致。

压缩机通过改变活塞两端的 ΔP 大小来改变摇板的角度，如图 12-13 所示，转动力矩来源于全部处于吸气行程活塞的压力差的总和，单缸活塞的缸内压力 $P_{缸}$ 与箱内压力 $P_{箱}$ 差的大小为

273

$$\Delta P = P_{箱} - P_{缸}$$

通常通过此压力差来控制压缩机排出量的大小，如图 12-14 所示。

（1）满负荷时，阀门关闭，斜盘箱和高压腔之间的通道被隔断，斜盘箱的压力下降，斜盘的倾斜角度加大直至排量达到 100%，如图 12-14（b）所示。

（2）关掉空调或所需的制冷量较低时，阀门开启，斜盘箱和高压腔之间的通道被打开，斜盘的倾斜角度减小直至排量低于 2%，如图 12-14（a）所示。

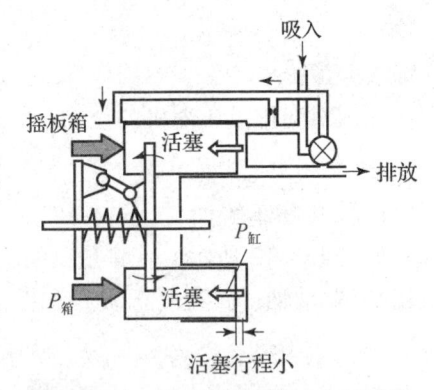

（3）当系统的低压较高时，真空膜盒被压缩，阀门挺杆被松开，继续向下移动，使得高压腔和斜盘箱被进一步隔离，从而使压缩机达到 100% 的排量。

图 12-13　驱动调节摇板角度示意图

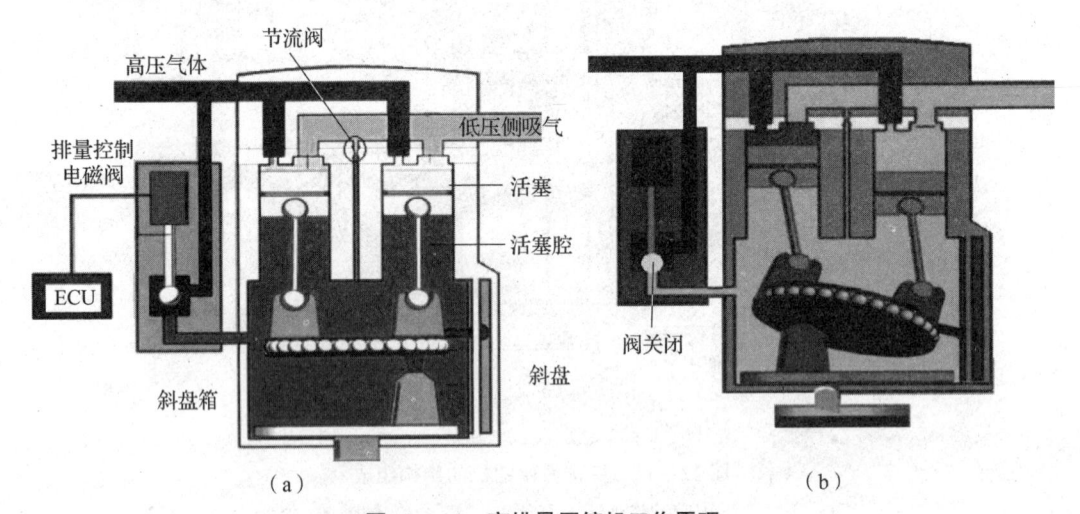

图 12-14　变排量压缩机工作原理
（a）近似零排量工作状态；（b）100%排量工作状态

（4）当系统的吸气压力特别低时，压力元件被释放，使挺杆的调节行程受到限制，这就意味着高压腔和斜盘箱不再能完全被隔断，从而使压缩机的排量变小。

任务评价与总结

评价与总结

任务3　制暖系统技术解析

任务描述

实施内容——完成认知并解析制暖系统的结构组件，包括暖水箱、控制水阀的结构原理及其调温方式。

任务目标

通过学习，能完整解析制暖系统制暖装置的结构原理与调温方式。

任务准备

1. 课前知识储备：上网查阅一些制暖系统相关的资讯，并复习发动机冷却系统的知识内容。

2. 扫码完成课前预习。

任务实施过程

一、任务厘清

认知并解析制暖系统。

二、任务实施

任务工作表见表12-4。

表12-4　任务工作表

制暖系统类型	热水取暖系统调温方式及各自特点

知识链接

在冬天出行，汽车的暖风系统可以将车内的空气或从车外吸入的空气进行加热，提高车内的温度，营造一个适宜、舒适的驾乘环境。

一、取暖系统的功能

取暖系统能与蒸发器一起将空气调节到成员感受舒适的温度，在冬季向车内提供暖气，提高车内环境的温度；当车上玻璃结霜和有雾时，可以输送热风来除霜除雾。

二、供暖设备的类型

按所使用的热源不同，供暖设备可分为以下两种。

1. 非独立式供暖系统

轿车一般均采用非独立式供暖系统。

非独立式供暖系统，也可称为余热式供暖系统，它利用汽车排气余热或发动机冷却循环水的余热作为热源并引入热交换器。

2. 独立式供暖系统

三、汽车空调暖风系统的组成

热水取暖系统主要由加热器芯、水阀、鼓风机和控制面板等组成，如图 12-15 所示。

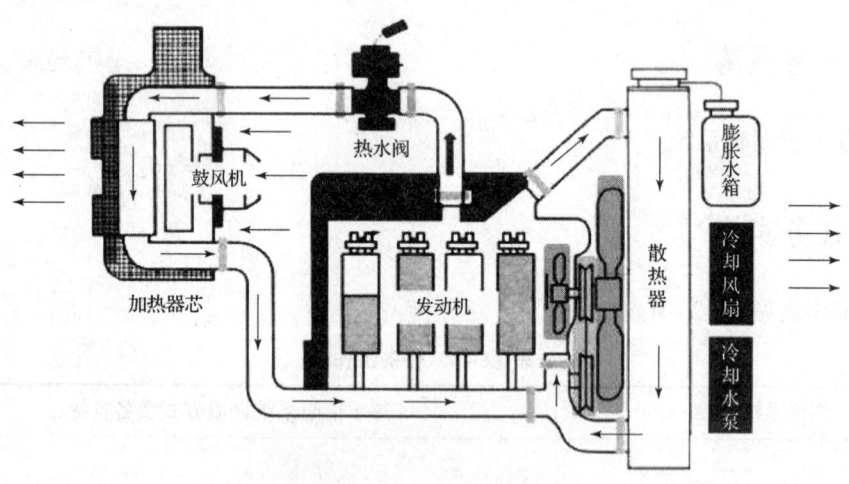

图 12-15　热水取暖系统

汽车空调暖风系统的热源通常是采用发动机的冷却水，使冷却水流过一个加热器芯，再使用鼓风机将冷空气吹过加热器芯加热空气。

四、汽车空调暖风系统的结构

1. 加热器芯

加热器芯的结构如图 12-16 所示，其由水管和散热器片组成，发动机的冷却水进入加热器芯的水管，通过散热器片散热后再返回发动机的冷却系统。

2. 控制水阀

控制水阀用于控制进入加热器芯的水量，如图 12-17 所示，进而调节暖风系统的加热量，调节时，可通过控制面板上的调节杆或旋钮进行控制。

图 12-16 加热器芯

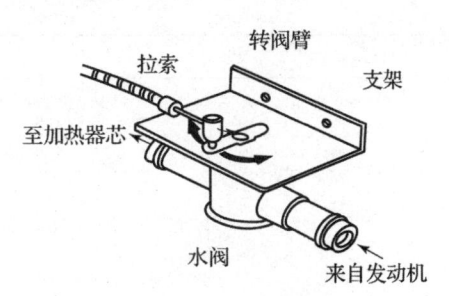

图 12-17 控制水阀

五、热水取暖系统调温方式

汽车空调的暖风系统的调节方式主要有两种：一种是空气混合型；另一种是水流调节型。

1. 空气混合型

空气混合型的暖风系统在暖风的气道中安装空气混合调节风门，这个风门可以控制通过加热器芯的空气和不通过加热器芯空气的比例，实现温度的调节。目前，绝大多数汽车均采用这种方式，如图 12-18 所示。

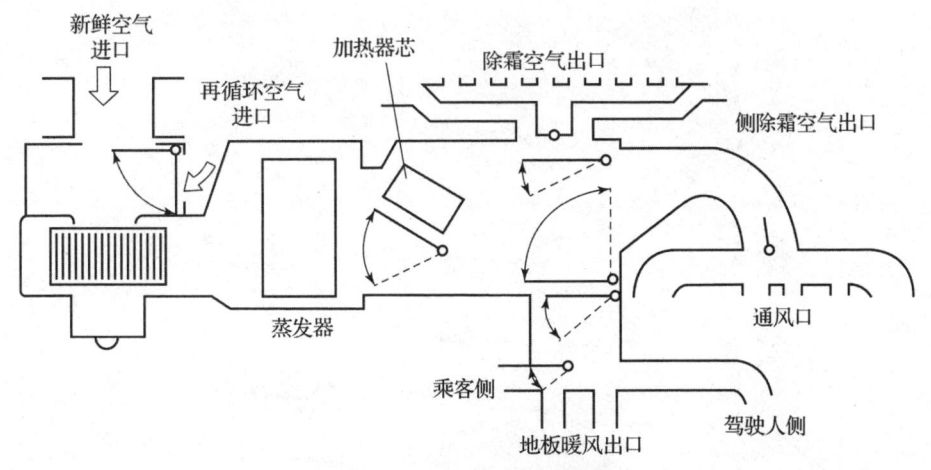

图 12-18 空气混合式调温结构

2. 水流调节型

水流调节型暖风系统采用控制水阀调节流经加热器芯的热水量，以改变加热器芯本身的温度，进而调节温度。目前几乎已很少使用。

任务评价与总结

评价与总结

任务 4　压缩机电路控制解析

任务描述

实施内容——完成认知并解析压缩机电路控制,包括电磁离合器、压力开关、AC 开关等的结构原理及其控制方式。

> **任务目标**
> 通过学习,能完整解析压缩机的电路控制,包括其结构特点和电路控制方式等。

任务准备

1. 课前知识储备:上网查阅一些压缩机控制相关的资讯。
2. 扫码完成课前预习。

任务实施过程

一、任务厘清

认知并解析压缩机电路控制,包括电磁离合器、压力开关、AC 开关等的结构原理及其控制方式。

二、任务实施

任务工作表见表 12-5。

表 12-5　任务工作表

简述电磁离合器的功能	
绘制电磁离合器的控制电路	

知识链接

为确保制冷系统正常、安全和可靠工作,必须能对空调制冷系统进行必要的控制,才能满足驾乘人员的需求，所以通常设有电磁离合器、高/低压的压力保护及设定温度控制等器件，进而监测、控制压缩机的工作，如图12-19所示。

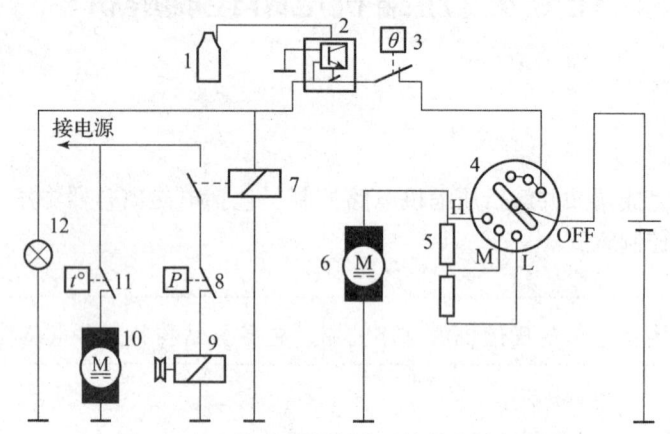

图12-19 汽车空调制冷系统基本控制电路
1—点火线圈；2—发动机转速检测电路；3—温控开关；4—空调开关；5—调速电阻；
6—蒸发器鼓风机电动机；7—空调继电器；8—压力开关；9—压缩机电磁离合器；
10—冷凝器风扇电动机；11—温度开关；12—指示灯

一、电磁离合器

（1）电磁离合器安装于压缩机前端，用于控制压缩机动力源的接入或断开。电磁离合器的闭合与断开受到温控开关和压力开关等的控制。

（2）电磁离合器主要由传力板、弹簧片、压板、带轮、固定铁芯和线圈组成，如图12-20所示。

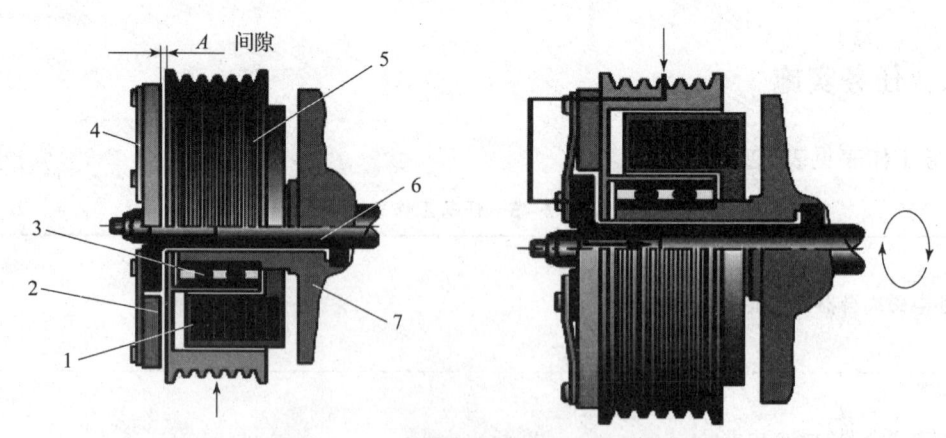

图12-20 电磁离合器结构与接合过程
1—电磁线圈；2—压板；3—轴承；4—弹簧；5—带轮；6—输入轴；7—壳体

传力板用半圆键与压缩机轴相连，是电磁离合器的从动件。电磁离合器线圈通电时产生磁力，将压板吸贴在带轮端面上（离合器接合），使压缩机随带轮一起转动。

当电磁离合器线圈断电时，电磁力消失，电磁离合器分离，压缩机停止转动。

二、电磁离合器控制

(1) 控制电路。

如图12-18所示，当空调开关拧离"OFF"挡，进入任何风挡位置后，蒸发器鼓风机电动机和空调继电器线圈通电，鼓风机将会按转至的挡位开始转动。

与此同时，电源经空调开关4，再由温控开关3把电继电器的励磁线圈电源接通供电，空调继电器触点闭合，大电流经继电器7开关触点组流经压力开关8，送至压缩机电磁离合器9并通电接合，使压缩机动力源接入开始工作。

(2) 空调温度调节控制。

空调温度控制的核心就是温控开关3，它串联在空调继电器线圈电路中，用于感知蒸发器处与人工设定的温度差值。

当蒸发器的温度高于设定温度时，温控开关接通去主电源的电路；蒸发器温度一旦低于设定温度，温控开关触点就断开，切断空调继电器线圈电路，压缩机电磁离合器断电分离，压缩机停止工作，保证制冷温度与调定温度一致。温控开关可将蒸发器的温度控制在设定的范围内，以确保制冷系统正常工作。

(3) 压力保护控制。

根据压力的大小决定是否切断或接通压缩机控制电路。

(4) 锁止传感器。

为了保护压缩机，防止由于机械故障造成卡住，导致压缩机损坏，一些中高端车辆会在压缩机内添加一个"锁止传感器"，根据发动机的转速及其回转信息，判断其脉冲数与一定的速比是否匹配，从而识别出压缩机是否存在打滑。ECU会根据此信息决定是否切断或保持接通电磁离合器线圈的工作。

三、压力开关

汽车空调电路中设有高/中压保护开关和低压保护开关，如图12-21所示。

(1) 高压保护开关。

高压保护开关用来防止制冷系统压力过高而使压缩机过载及有关器件损坏，一般将其安装在高压管路或储液干燥器上。

常闭型高压保护开关（3.14 MPa）：当超过高限值时，高压制冷剂可使常闭型高压保护开关触点张开，使电磁离合器分离，压缩机立刻停止工作。

(2) 中压（常开）压力保护开关（1.52 MPa）。

中压（常开）压力保护开关一般用来控制冷凝器风扇电动机的高速挡电路，当超过规定的上限值时，中压保

图12-21 压力开关

护开关触点闭合，使冷凝器风扇高速运转。

(3) 低压保护开关（低于 0.196 MPa 断开）。

低压保护开关的作用是防止压缩机在制冷系统严重缺少制冷剂的情况下继续工作而遭受损坏。低压保护开关一般安装在冷凝器与膨胀阀之间的高压管路或储液干燥器上，触点为常开。当低于设定值（0.196 MPa）时，低压保护开关触点断开，使电磁离合器分离，压缩机立刻停止工作。

四、冷凝器风扇控制

空调控制冷凝风扇，当空调开关打开时，冷凝器风扇开启运转，同时受到温度开关控制（见图 12 - 18），当其温度低于设定值时则将不会再工作。

现在很多车辆已经不用这种控制方式，几乎都是由空调 ECU 根据 AC 的开启状态、环境温度、冷却水温度等信息，实施对冷凝器风扇的精准控制。

任务拓展

压缩机锁止传感器的信息采集方式是什么？

任务评价与总结

评价与总结

_____

_____

_____

_____

任务 5　出风模式的管理控制解析

🏁 **任务描述**

实施内容——完成认知并解析出风模式的管理控制，这是现代空调的一个非常重要的部分，是空调品质的重要保证，包括换气、风口风向、风速等调节控制模式的管理。

❖ **任务目标**

通过学习，能完整解析出风模式的管理控制，包括位置识别和风门驱动等。

🏁 **任务准备**

1. 课前知识储备：上网查阅一些出风模式控制方面的相关资讯。
2. 扫码完成课前预习。

🏁 **任务实施过程**

一、任务厘清

根据知识的关联逻辑，把出风模式管理控制细分成两个部分：风源，也就是鼓风机控制；风向，即出风的方向调节部分。

二、任务实施

任务 12.5.1　完成认知并解析鼓风机的调速控制

任务工作表见表 12-6。

表 12-6　任务工作表

简述鼓风机控制电路组成	
绘制鼓风机"高速挡"的控制电路简图	

知识链接

一、鼓风机控制电路

鼓风机转速控制电路用于控制空调的风量大小，典型的鼓风机电动机控制电路如图 12-22 所示。

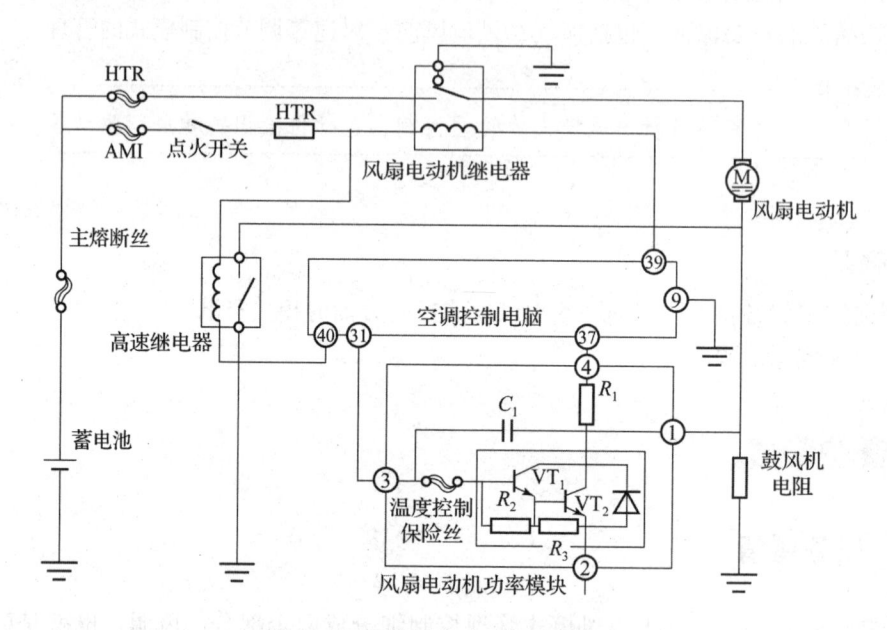

图 12-22 鼓风机电动机控制电路

二、鼓风机转速控制

（1）当按下"高速"按键时，ECU 的 40 号端子输出高速控制搭铁，高速继电器线圈通电而吸合触点，鼓风机经高速继电器触点直接搭铁，其电流最大而转速最快。

（2）当按下"低速"按键时，空调 ECU 输出低速控制信号（31 号端子无电流输出），鼓风机控制模块大功率晶体管 VT_2 截止，鼓风机电动机电路经电阻搭铁，其电流最小而低速旋转。

（3）当按下"自动控制"按键时，空调 ECU 根据计算结果输出相应的控制信号（31 端子输出占空比脉冲电压），使鼓风机控制模块大功率晶体管 VT_2 间歇性导通。当 VT_2 导通时，鼓风机电动机电路经 VT_2 搭铁，空调 ECU 使 VT_2 的导通时间增加，电动机的转速提高。

空调 ECU 通过 31 端子输出不同的占空比脉冲信号，实现对鼓风机电动机转速（风量）的无级调节。

任务 12.5.2 完成认知并解析出风模式的管理控制

任务工作表见表 12-7。

表 12-7 任务工作表

风门"位置"识别方法	
绘制送风模式"位置识别逻辑"表	

知识链接

为了提升主要系统的控制品质，如压缩机与温度控制，引入了发动机 ECU 直接控制，鼓风机速度由晶体管控制。

空调最关键的品质控制，理应是通风模式，这是驾乘人员最直接的体验，所以现代自动空调都引入了 AUTO 模式的风门驱动控制，来提高出风品质。

下面以雷克萨斯全自动空调的空调出风模式控制为例。

一、进风口风门伺服电动机总成

进风口风门伺服电动机用于控制进风方式，即内循环或外循环模式，进风口风门伺服机构与内部电路控制结构和原理如图 12-23 所示。

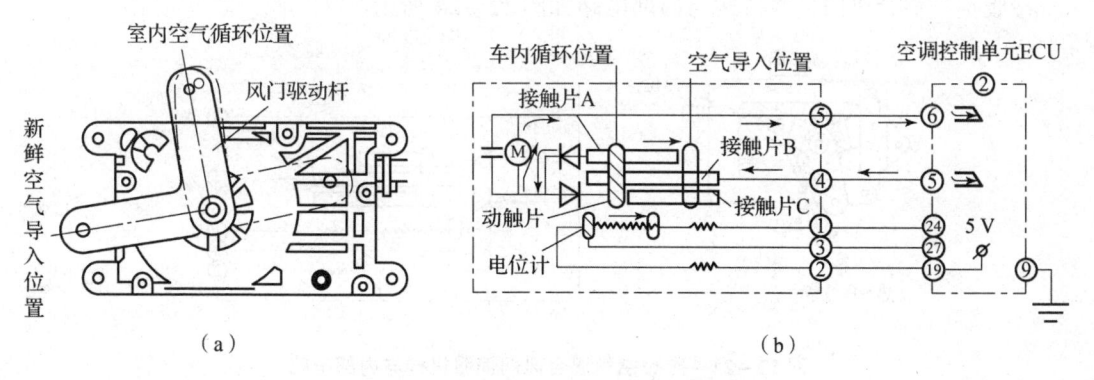

图 12-23 进口风门伺服机构与内部电路
(a) 伺服机构结构简图；(b) 电路原理

电动机的电枢轴经风门驱动杆与进风口风门连接，当空调 ECU 输出"车内空气循环"或"车外空气导入"控制信号时，电动机带动风门驱动杆顺时针或逆时针转动，使进风口风门转至相应的位置，以实现改变进风方式的控制。

(1) 当按下"车外空气导入"按键时，空调 ECU 从 5 号端子输出电流，电流经伺服电动机 4 号端子→接触片 B→动触片→接触片 A→电动机→伺服电动机 5 号端子→空调 ECU 6 号端子→空调 ECU 9 号端子到搭铁，电动机通电转动，带动进风口风门转动及动触片移动。

（2）当进风口风门转至"车外空气导入"位置时，动触片与接触片 A 脱离，电动机断电停转，进风口风门停在车外进气通道开启、车内进气通道关闭的位置。

（3）当按下"车内空气循环"按键时，空调 ECU 从 6 号端子输出电流，电流经伺服电动机 5 号端子→电动机→接触片 C→动触片→接触片 B→伺服电动机 4 号端子→空调 ECU 5 号端子→空调 ECU 9 号端子到搭铁，电动机通电转动，带动进风口风门及动触片向相反的方向转动和移动。当进风口风门转至"车内空气循环"位置时，动触片与接触片 C 脱离，电动机断电停转，进风口风门停在车内进气通道开启、车外进气通道关闭的位置。

（4）当按下"自动控制"按键时，空调 ECU 则根据各相关传感器的信号计算所需的出风温度，并根据计算结果自动控制进风口风门伺服电动机的转动方向，实现进风方式的自动控制。伺服电动机内部电位器动触片随电动机转动而移动，用于向空调 ECU 反馈进风口风门的位置电信号。

二、冷暖空气混合风门伺服电动机总成

冷暖空气混合风门伺服电动机用于控制出风温度，其结构与工作原理和进风口风门伺服电动机相似。

空调 ECU 根据驾驶人设置的温度高低及各信息传感器的电信号进行分析计算，得到所需的出风温度，当需要改变出风温度时，ECU 便输出控制信号，控制冷暖空气混合风门伺服电动机顺时针或逆时针转动，以改变冷暖空气混合风门的位置，通过改变冷、暖空气的混合比调节出风温度。

冷暖空气混合风门伺服电机内的电位器用于向 ECU 反馈冷暖空气混合风门的位置信息。冷暖空气混合风门伺服机构与内部电路如图 12 - 24 所示。

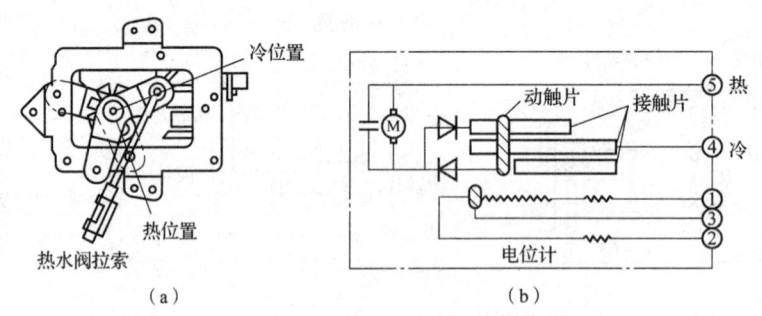

图 12 - 24 冷暖空气混合风门伺服机构与内部电路
(a) 伺服机构结构简图；(b) 电路原理

三、送风模式伺服电动机总成

送风模式伺服电动机用于控制送风方式，其结构与电路原理如图 12 - 25 所示。

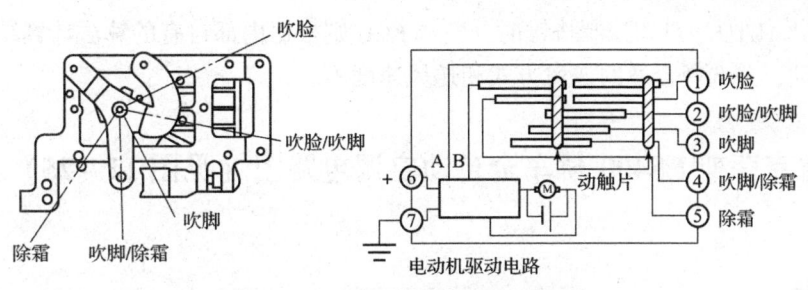

图 12-25 送风模式伺服电机总成

结合图 12-26，当按下空调控制面板上某种送风方式的按键时，空调 ECU 就使送风口风门伺服电动机的某个端子搭铁，电动机便转动相应的角度，带动送风口风门转动到相应的位置，使相应的送风口打开。

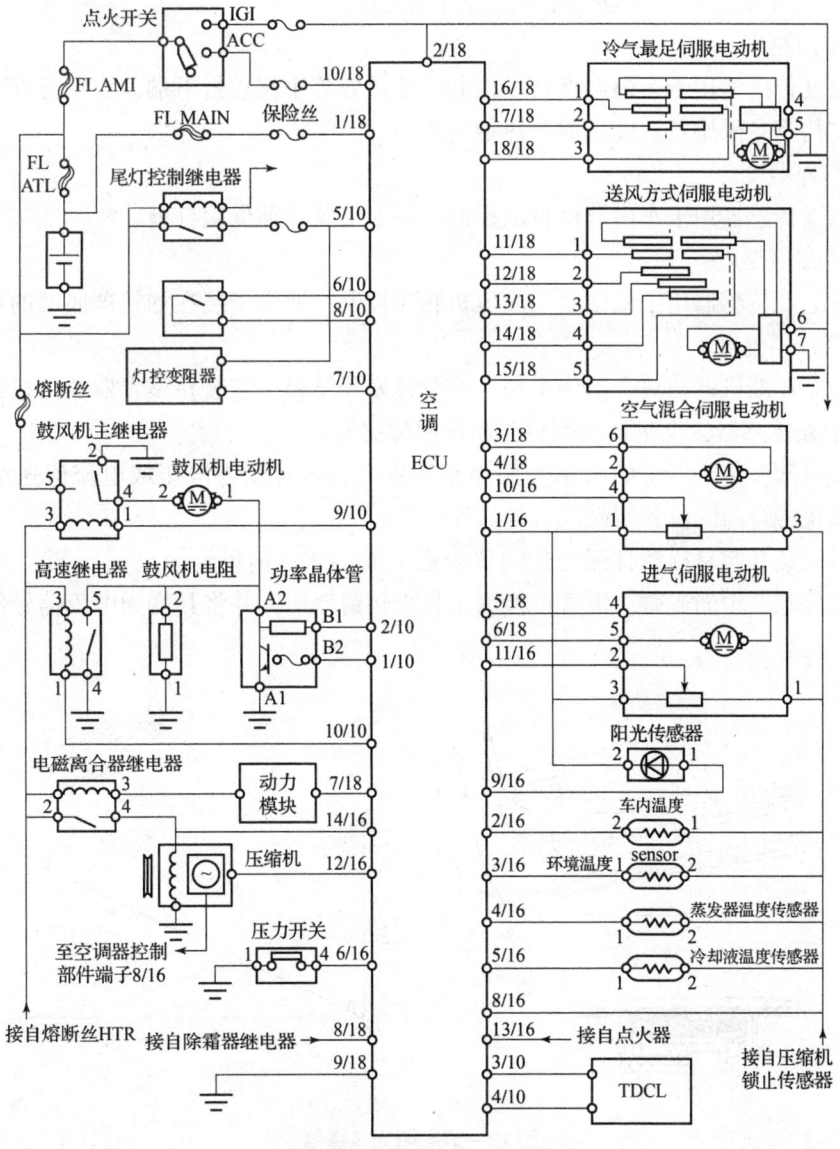

图 12-26 LS400 空调电路图

当按下"AUTO"自动控制按键时,空调 ECU 则根据内部自有的算法计算结果,自动控制电动机转动,并选择合适的送风方式和送风速度等。

四、雷克萨斯 LS400 轿车全自动空调电路图(见图 12-25)

任务拓展

认知阳光传感器、蒸发器温度传感器等的结构、类型、功能和作用。

知识提示

空调有着众多的开关信息、温度信息,这些都是用于向空调 ECU 提供车内外的重要参数,供以使空调 ECU 对车内空气环境进行控制处理。

(1) 车内温度。

车内温度传感器用于车内温度自动控制,通常安装于仪表板下端。空调温度传感器有很多,但其结构都是采用负温度系数的热敏电阻。

(2) 车外温度。

车外温度传感器用于车内温度自动控制,一般安装在前保险杠处。

(3) 冷却液温度。

冷却液温度传感器用于低温时的鼓风机转速控制,通常安装在加热器底部的水道中。

(4) 蒸发器温度。

用于控制压缩机电磁离合器的工作,避免蒸发器结霜,安装在蒸发器的出口处。

(5) 阳光传感器,也叫日光传感器和日照传感器。

它通过检测在传感器上的太阳光照强度,将光信号转变为电压或电流值送给空调控制器,用来修正混合门的位置与鼓风机的转速。

它一般安装在容易检测日照变化的仪表板上面,靠近前风窗玻璃的底部,如图 12-27 所示。阳光传感器中的光敏二极管可检测出日光辐射变化,并将其变为电流信号传至空调控制器。

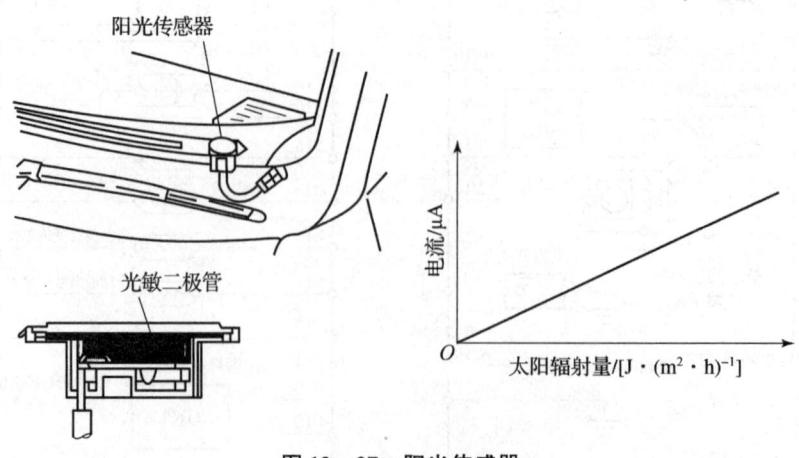

图 12-27 阳光传感器

任务评价与总结

评价与总结

参 考 文 献

[1] 古永祺,张伟. 汽车电器及电子设备 [M]. 6版. 重庆:重庆大学出版社,2017.
[2] 麻良友. 汽车电器与电子控制系统 [M]. 3版. 北京:机械工业出版社,2013.
[3] 纪光兰. 汽车电器设备构造与维修 [M]. 2版. 北京:机械工业出版社,2015.
[4] 戚金凤. 汽车电器设备技术 [M]. 北京:北京大学出版社,2018.
[5] [德] Klaus Beit. Grundschaltungen 基本电路 [M]. 张伦,译. 北京. 科学出版社,1999.
[6] 张新丰,杨殿阁. 车载电源管理系统设计 [J]. 电工技术学报. 2009.
[7] 赵三峰,谢明,陈玉明. 基于逆向投影全景泊车系统设计与实现 [J]. 计算机工程与应用,2017.
[8] Ronaldk. jurgen. Automotive Electronics Handbook [M]. 鲁植雄,译. 北京:电子工业出版社,2011.